高等职业教育农业农村部"十三五"规划教材

高等职业教育"十四五"规划教材

农产品质量

检测技术

第 二 版

杜宗绪　王正云 ◎ 主编

中国农业出版社

北 京

内容简介

　　本教材共分 8 个项目 37 个任务，主要内容包括检测程序、感官检验、物理检验、营养物质检测、添加剂检测、有毒有害成分检测、转基因检测和微生物检测。教材完整和系统地介绍了原理、仪器、试剂、方法、计算及注意事项，同时对各检测成分的性质和作用做了简要介绍。教材层次清晰，内容安排合理，采纳新版国家和行业检测标准，具有实用、规范、新颖的特点，并配有动画资源二维码、智农书苑数字教材和多媒体课件，实现立体化教学。

　　本教材可供高等职业院校农产品质量检测专业使用，也可供相关专业及食品生产加工、质量管理人员参考。

第二版编审人员名单

主　编　杜宗绪　王正云

副主编　刘小宁　张雪松　孙显慧

编　者（以姓氏笔画为序）

　　　　王正云　邢　茜　刘小宁

　　　　孙显慧　杜宗绪　张雪松

　　　　战旭梅　程婉莹　焦兴弘

审　稿　李英强

第一版编审人员名单

主　编　杜宗绪

副主编　郝瑞芳　刘小宁

编　者（以姓名笔画为序）

　　　　刘小宁　杜宗绪　张雪松　张朝辉

　　　　郝瑞芳　焦兴弘　谢虎军

审　稿　李英强　刘新明

第二版前言

《农产品质量检测技术》第一版自2015年出版以来，受到广大高等职业院校师生的好评。教材第二版按照高等职业教育高质量发展培养目标要求，在保留原有教材特色的基础上，对教材存在的疏漏及不当之处加以修正；依据现行的食品安全国家标准和行业检测标准，对教材内容进行更新；结合农产品质量检测岗位需求和多所高职院校本课程的教学实践，增加了酶制剂测定、转基因检测和微生物检测等内容。修订后的教材具有更全的检测项目、更强的实用性、更新的内容、更广的适用范围。

本教材本着"以真实检验任务为驱动，以检测项目为载体，突出职业能力培养"的精神进行编写，同时结合国家职业技能鉴定标准，注重从岗位工作过程中的实际需求出发，将课程学习分成若干项目，根据项目设计检测任务，将检测原理与检测技能相结合，力求做到"岗课赛证"融通。内容包括检测程序、感官检验、物理检验、营养物质检测、添加剂检测、有毒有害成分检测、转基因检测和微生物检测8个检测项目。主要介绍了新的食品安全国家标准的检测方法，兼顾行业标准的检测方法，以培养学生在今后的工作中执行国家标准及行业标准的能力。

本教材由杜宗绪、王正云担任主编，刘小宁、张雪松、孙显慧担任副主编。绪论、项目七由潍坊职业学院杜宗绪编写，项目一由山西林业职业技术学院邢茜编写，项目二由贵州农业职业学院程婉莹编写，项目三由江苏农牧科技职业学院战旭梅编写，项目四由杨凌职业技术学院刘小宁编写，项目五的任务一～六由甘肃畜牧工程职业技术学院焦兴弘编写，项目五的任务七和项目八由江苏农林职业技术学院张雪松编写，项目六的任务一～四由江苏农牧科技职业学院王正云编写，项目六的任务五由潍坊职业学院孙显慧编写。全书由杜宗绪统稿，中华人民共和国潍坊海关李英强对全书进行了审阅并提出许多宝贵意见，在此深表感谢。

本教材可作为高职院校农产品加工与质量检测专业、食品检验检测技术专业、食品质量与安全专业及与食品相关专业的教材，同时也可作为食品质量管理部门、食品检验机构、食品企业及有关食品质量与安全管理人员的参考用书。

由于编写者水平有限，加之农产品质量检测技术不断更新完善，教材中难免有不妥之处，恳请同行和读者批评指正。

编　者

2021年3月

第一版前言

本教材以真实检验任务为驱动，以检测项目为载体，以突出职业能力培养为目的进行编写，将课程学习分成若干项目，根据项目设计检测任务，将检测原理与检测技能相结合。教材内容包括检测程序、感官检验、物理检验、营养物质检测、添加剂检测和有害有毒成分检测6个检测项目。

内容以《中华人民共和国食品卫生检验方法（理化部分）》为蓝本，主要介绍国家的标准分析方法，以培养学生在今后的工作中执行国家标准的能力。同时结合国家职业技能鉴定标准（高级食品检验工），注重从岗位工作过程中的实际需求出发去组织编写教材内容。

本教材由杜宗绪主编，具体分工如下：绪论、项目三和项目四的任务八由潍坊职业学院杜宗绪编写，项目一由湖南生物机电职业技术学院张朝辉编写，项目二由江苏农林职业技术学院张雪松编写，项目四的任务一至任务七由山西林业职业技术学院郝瑞芳和杨凌职业技术学院刘小宁编写，项目五由甘肃畜牧工程职业技术学院焦兴弘编写，项目六由湖南商务职业技术学院谢虎军编写。全书由杜宗绪统稿，潍坊出入境检验检疫局李英强和寿光市农产品质量检测中心刘新明对全书进行了审阅并提出许多宝贵意见，在此深表感谢。

本书可作为高职院校农产品质量检测专业、食品营养与检测专业、食品质量与安全专业及与食品相关专业的教材，同时也可作为食品质量管理部门、食品检验机构、食品企业及有关食品质量与安全管理人员的参考用书。

由于编写者水平有限，加之农产品质量检测技术不断更新完善，教材中难免有不妥之处，恳请同行和读者批评指正。

编　者

2014 年 5 月

目 录

第二版前言

第一版前言

绪论 1

  一、检测任务 1

  二、检测内容 2

  三、标准认识 2

  四、基本规定 3

  实训操作 3

  氢氧化钠标准溶液（0.1 mol/L）的配制（GB/T 601—2016） 3

  盐酸标准溶液（0.1 mol/L）的配制（GB/T 601—2016） 4

项目一　检测程序 6

  任务一　采样 6

    一、采样原则 6

    二、采样程序 7

    三、采样方法 7

    四、采样数量 8

    五、注意事项 8

    实训操作 9

    粮食样品的采集 9

  任务二　样品制备与保存 9

    一、样品制备 9

    二、样品保存 9

    实训操作 9

　　农产品样品的制备与保存 ……………………………………………………………… 9

任务三　样品预处理 ……………………………………………………………………… 10

　一、有机物破坏法 ………………………………………………………………………… 10

　二、蒸馏法 ………………………………………………………………………………… 11

　三、溶剂提取法 …………………………………………………………………………… 11

　四、化学分离法 …………………………………………………………………………… 11

　五、色谱分离法 …………………………………………………………………………… 11

　六、浓缩法 ………………………………………………………………………………… 12

　实训操作 …………………………………………………………………………………… 12

　　检测样品的预处理 ……………………………………………………………………… 12

任务四　样品分析检测 …………………………………………………………………… 13

　一、方法选择 ……………………………………………………………………………… 13

　二、误差分析 ……………………………………………………………………………… 13

　三、结果评价 ……………………………………………………………………………… 14

　实训操作 …………………………………………………………………………………… 15

　　分析结果的评价 ………………………………………………………………………… 15

任务五　数据处理 ………………………………………………………………………… 16

　一、数据处理 ……………………………………………………………………………… 16

　二、结果表示 ……………………………………………………………………………… 16

　实训操作 …………………………………………………………………………………… 17

　　检测结果的数据处理 …………………………………………………………………… 17

任务六　检验报告 ………………………………………………………………………… 18

　一、原始记录 ……………………………………………………………………………… 18

　二、检验报告 ……………………………………………………………………………… 19

　实训操作 …………………………………………………………………………………… 19

　　检验报告单的设计与填写 ……………………………………………………………… 19

项目二　感官检验 ………………………………………………………………………… 21

任务一　差别检验 ………………………………………………………………………… 22

　一、成对比较检验（GB/T 12310—2012） ……………………………………………… 22

　二、三点检验（GB/T 12311—2012） …………………………………………………… 23

　三、二-三点检验（GB/T 17321—2012） ……………………………………………… 23

　实训操作 …………………………………………………………………………………… 23

　　茶叶的感官成对比较检验 ……………………………………………………………… 23

任务二　类别检验 ………………………………………………………………………… 24

　一、分类检验………………………………………………………………………………… 24

二、排序检验 ·· 24

三、评分检验 ·· 24

四、评估检验 ·· 24

实训操作 ·· 25

西瓜的感官排序检验 ·· 25

任务三　描述性检验 ··· 25

一、简单描述检验 ·· 25

二、定量描述检验 ·· 26

实训操作 ·· 26

面粉的感官简单描述检验 ·· 26

项目三　物理检验 ·· 28

任务一　相对密度测定（GB 5009.2—2016） ································ 28

一、密度瓶法 ··· 28

二、天平法 ·· 29

三、比重计法 ··· 30

实训操作 ·· 30

蜂蜜相对密度的测定 ·· 30

任务二　折射率和硬度测定 ·· 31

一、折射仪法（NY/T 2637—2014） ·· 31

二、硬度计法（NY/T 2009—2011） ·· 33

实训操作 ·· 34

饮料中可溶性固形物含量的测定 ·· 34

任务三　黏度测定（NY/T 1860.21—2016） ································ 35

一、毛细管黏度计法 ·· 35

二、旋转黏度计法 ·· 36

实训操作 ·· 36

蜂蜜黏度的测定 ··· 36

任务四　色度测定（GB/T 4928—2008） ···································· 37

一、比色计法 ··· 37

二、分光光度计法 ·· 38

实训操作 ·· 38

啤酒色度的测定 ··· 38

项目四　营养物质检测 ·· 40

任务一　水分测定（GB 5009.3—2016） ····································· 40

一、直接干燥法 ·· 41

二、卡尔·费休法 ⋯⋯⋯⋯⋯⋯⋯⋯⋯⋯⋯⋯⋯⋯⋯⋯⋯⋯⋯⋯⋯⋯⋯⋯⋯ 42

实训操作 ⋯⋯⋯⋯⋯⋯⋯⋯⋯⋯⋯⋯⋯⋯⋯⋯⋯⋯⋯⋯⋯⋯⋯⋯⋯⋯⋯⋯⋯⋯ 43

玉米粉中水分的测定 ⋯⋯⋯⋯⋯⋯⋯⋯⋯⋯⋯⋯⋯⋯⋯⋯⋯⋯⋯⋯⋯⋯⋯ 43

任务二　灰分测定（GB 5009.4—2016） ⋯⋯⋯⋯⋯⋯⋯⋯⋯⋯⋯⋯⋯ 44

一、总灰分测定 ⋯⋯⋯⋯⋯⋯⋯⋯⋯⋯⋯⋯⋯⋯⋯⋯⋯⋯⋯⋯⋯⋯⋯⋯⋯ 45

二、水不溶性灰分测定 ⋯⋯⋯⋯⋯⋯⋯⋯⋯⋯⋯⋯⋯⋯⋯⋯⋯⋯⋯⋯⋯⋯ 46

三、酸不溶性灰分测定 ⋯⋯⋯⋯⋯⋯⋯⋯⋯⋯⋯⋯⋯⋯⋯⋯⋯⋯⋯⋯⋯⋯ 48

实训操作 ⋯⋯⋯⋯⋯⋯⋯⋯⋯⋯⋯⋯⋯⋯⋯⋯⋯⋯⋯⋯⋯⋯⋯⋯⋯⋯⋯⋯⋯⋯ 49

面粉中灰分的测定 ⋯⋯⋯⋯⋯⋯⋯⋯⋯⋯⋯⋯⋯⋯⋯⋯⋯⋯⋯⋯⋯⋯⋯⋯ 49

任务三　酸的测定 ⋯⋯⋯⋯⋯⋯⋯⋯⋯⋯⋯⋯⋯⋯⋯⋯⋯⋯⋯⋯⋯⋯⋯⋯ 50

一、酸度测定（GB 5009.239—2016） ⋯⋯⋯⋯⋯⋯⋯⋯⋯⋯⋯⋯⋯⋯ 50

二、有机酸测定（GB 5009.157—2016） ⋯⋯⋯⋯⋯⋯⋯⋯⋯⋯⋯⋯⋯ 55

三、pH 测定（GB 5009.237—2016） ⋯⋯⋯⋯⋯⋯⋯⋯⋯⋯⋯⋯⋯⋯⋯ 59

实训操作 ⋯⋯⋯⋯⋯⋯⋯⋯⋯⋯⋯⋯⋯⋯⋯⋯⋯⋯⋯⋯⋯⋯⋯⋯⋯⋯⋯⋯⋯⋯ 62

乳粉酸度的测定 ⋯⋯⋯⋯⋯⋯⋯⋯⋯⋯⋯⋯⋯⋯⋯⋯⋯⋯⋯⋯⋯⋯⋯⋯⋯ 62

任务四　脂肪测定（GB 5009.6—2016） ⋯⋯⋯⋯⋯⋯⋯⋯⋯⋯⋯⋯⋯ 63

一、索氏抽提法 ⋯⋯⋯⋯⋯⋯⋯⋯⋯⋯⋯⋯⋯⋯⋯⋯⋯⋯⋯⋯⋯⋯⋯⋯⋯ 64

二、酸水解法 ⋯⋯⋯⋯⋯⋯⋯⋯⋯⋯⋯⋯⋯⋯⋯⋯⋯⋯⋯⋯⋯⋯⋯⋯⋯⋯⋯ 65

实训操作 ⋯⋯⋯⋯⋯⋯⋯⋯⋯⋯⋯⋯⋯⋯⋯⋯⋯⋯⋯⋯⋯⋯⋯⋯⋯⋯⋯⋯⋯⋯ 66

花生中脂肪的测定 ⋯⋯⋯⋯⋯⋯⋯⋯⋯⋯⋯⋯⋯⋯⋯⋯⋯⋯⋯⋯⋯⋯⋯⋯ 66

任务五　糖类测定 ⋯⋯⋯⋯⋯⋯⋯⋯⋯⋯⋯⋯⋯⋯⋯⋯⋯⋯⋯⋯⋯⋯⋯⋯ 67

一、还原糖测定（GB 5009.7—2016） ⋯⋯⋯⋯⋯⋯⋯⋯⋯⋯⋯⋯⋯⋯ 68

二、蔗糖测定（GB 5009.8—2016） ⋯⋯⋯⋯⋯⋯⋯⋯⋯⋯⋯⋯⋯⋯⋯ 73

三、总糖测定（GB/T 15672—2009） ⋯⋯⋯⋯⋯⋯⋯⋯⋯⋯⋯⋯⋯⋯⋯ 78

四、膳食纤维测定（GB 5009.88—2014） ⋯⋯⋯⋯⋯⋯⋯⋯⋯⋯⋯⋯ 80

实训操作 ⋯⋯⋯⋯⋯⋯⋯⋯⋯⋯⋯⋯⋯⋯⋯⋯⋯⋯⋯⋯⋯⋯⋯⋯⋯⋯⋯⋯⋯⋯ 85

葡萄中还原糖的测定 ⋯⋯⋯⋯⋯⋯⋯⋯⋯⋯⋯⋯⋯⋯⋯⋯⋯⋯⋯⋯⋯⋯⋯ 85

任务六　蛋白质和氨基酸测定 ⋯⋯⋯⋯⋯⋯⋯⋯⋯⋯⋯⋯⋯⋯⋯⋯⋯ 87

一、蛋白质测定（GB 5009.5—2016） ⋯⋯⋯⋯⋯⋯⋯⋯⋯⋯⋯⋯⋯⋯ 87

二、氨基酸测定（GB 5009.124—2016） ⋯⋯⋯⋯⋯⋯⋯⋯⋯⋯⋯⋯⋯ 91

实训操作 ⋯⋯⋯⋯⋯⋯⋯⋯⋯⋯⋯⋯⋯⋯⋯⋯⋯⋯⋯⋯⋯⋯⋯⋯⋯⋯⋯⋯⋯⋯ 94

牛乳中蛋白质的测定 ⋯⋯⋯⋯⋯⋯⋯⋯⋯⋯⋯⋯⋯⋯⋯⋯⋯⋯⋯⋯⋯⋯⋯ 94

任务七　维生素测定 ⋯⋯⋯⋯⋯⋯⋯⋯⋯⋯⋯⋯⋯⋯⋯⋯⋯⋯⋯⋯⋯⋯ 96

一、脂溶性维生素测定（GB 5009.82—2016） ⋯⋯⋯⋯⋯⋯⋯⋯⋯⋯ 96

二、水溶性维生素测定（GB 5009.86—2016） ⋯⋯⋯⋯⋯⋯⋯⋯⋯ 100

实训操作 ⋯⋯⋯⋯⋯⋯⋯⋯⋯⋯⋯⋯⋯⋯⋯⋯⋯⋯⋯⋯⋯⋯⋯⋯⋯⋯⋯⋯ 101

  番茄中维生素 C 的测定 ··· 101

任务八　营养元素测定 ·· 103
  一、铁的测定（GB 5009.90—2016） ··· 103
  二、硒的测定（GB 5009.93—2017） ··· 106
 实训操作 ··· 108
  稻米中硒的测定 ·· 108

项目五　添加剂检测 ·· 111

任务一　防腐剂测定（GB 5009.28—2016） ································· 111
  一、液相色谱法 ··· 112
  二、气相色谱法 ··· 114
 实训操作 ··· 116
  果汁中防腐剂山梨酸的测定 ··· 116

任务二　抗氧化剂测定（GB 5009.32—2016） ······························· 117
  一、高效液相色谱法 ··· 118
  二、液相色谱串联质谱法 ·· 121
 实训操作 ··· 124
  饼干中抗氧化剂 BHT 的测定 ··· 124

任务三　发色剂测定（GB 5009.33—2016） ································· 125
  一、离子色谱法 ··· 125
  二、分光光度法 ··· 128
 实训操作 ··· 134
  火腿中发色剂亚硝酸盐的测定 ··· 134

任务四　漂白剂测定 ·· 135
  一、滴定法（GB 5009.34—2016） ··· 135
  二、比色法（GB 5009.244—2016） ·· 137
 实训操作 ··· 141
  果脯中漂白剂二氧化硫的测定 ··· 141

任务五　甜味剂测定（GB 5009.279—2016） ······························· 142
  一、示差折光检测法 ··· 142
  二、蒸发光散射检测法 ·· 144
 实训操作 ··· 146
  饮料中甜味剂糖精钠的测定 ··· 146

任务六　着色剂测定 ·· 147
  一、比色法（GB 5009.141—2016） ·· 147
  二、高效液相色谱法（GB 5009.35—2016） ································· 149

实训操作 ………………………………………………………………………… 152

橘子汁中着色剂的测定 …………………………………………………………… 152

任务七 酶制剂测定 ……………………………………………………………… 153

一、α-淀粉酶活力测定（GB 1886.174—2016） ……………………………… 154

二、蛋白酶活力测定（GB 1886.174—2016） ………………………………… 155

三、纤维素酶活力测定（QB/T 2583—2003） ………………………………… 158

四、果胶酶活力测定（GB 1886.174—2016） ………………………………… 160

实训操作 ………………………………………………………………………… 162

α-淀粉酶酶活力的测定 …………………………………………………………… 162

项目六 有毒有害成分检测 ……………………………………………… 164

任务一 有害元素测定 …………………………………………………………… 164

一、镉的测定（GB 5009.15—2014） ………………………………………… 164

二、铅的测定（GB 5009.12—2017） ………………………………………… 167

三、砷的测定（GB 5009.11—2014） ………………………………………… 170

四、汞的测定（GB 5009.17—2021） ………………………………………… 172

实训操作 ………………………………………………………………………… 175

大米中镉的测定 …………………………………………………………………… 175

任务二 农药残留测定 …………………………………………………………… 176

一、液相色谱-质谱联用法（GB 23200.108—2018） ……………………… 176

二、高效液相色谱法（GB 23200.117—2019） ……………………………… 181

实训操作 ………………………………………………………………………… 184

蔬菜中有机磷和氨基甲酸酯农药残留的测定（GB/T 5009.199—2003） ……… 184

任务三 兽药残留测定 …………………………………………………………… 186

一、高效液相色谱法（GB 31660.9—2019） ………………………………… 186

二、液相色谱-串联质谱法（GB 31660.6—2019） …………………………… 188

实训操作 ………………………………………………………………………… 192

水产品中氟乐灵残留量的测定（GB 31660.3—2019） ………………………… 192

任务四 黄曲霉毒素测定（GB 5009.24—2016） ……………………………… 194

一、高效液相色谱法 ……………………………………………………………… 194

二、酶联免疫吸附筛查法 ………………………………………………………… 197

实训操作 ………………………………………………………………………… 198

乳粉中黄曲霉毒素的测定 ………………………………………………………… 198

任务五 接触材料有害物质测定 ………………………………………………… 199

一、甲醛迁移量的测定（GB 31604.48—2016） ……………………………… 199

二、荧光增白剂的测定（GB 31604.47—2016） ……………………………… 201

三、总迁移量的测定（GB 31604.8—2021） ·· 204

实训操作 ·· 206

食品接触材料及制品脱色试验（GB 31604.7—2016） ························· 206

项目七 转基因检测 ·· 208

任务一 检测要求 ·· 208

一、通用要求 ·· 208

二、通用检测（GB/T 38505—2020） ·· 209

任务二 检测方法 ·· 213

一、PCR 检测方法（GB/T 19495.4—2018） ··· 213

二、目标序列测序法（GB/T 38570—2020） ··· 217

实训操作 ·· 218

DNA 提取和纯化（农业部 1485 号公告-4-2010） ···························· 218

项目八 微生物检测 ·· 222

任务一 卫生检验 ·· 222

一、菌落总数测定（GB 4789.2—2016） ·· 222

二、大肠菌群计数（GB 4789.3—2016） ·· 224

实训操作 ·· 226

大肠菌群计数（GB 4789.3—2016） ··· 226

任务二 致病菌检测 ·· 227

一、沙门氏菌检验（GB 4789.4—2016） ·· 227

二、诺如病毒检验（GB 4789.42—2016） ·· 231

三、李斯特氏菌检验（GB 4789.30—2016） ·· 234

实训操作 ·· 237

金黄色葡萄球菌检验（GB 4789.10—2016） ·· 237

参考文献 ·· 239

Introduction

绪　论

国以民为本，民以食为天，食以安为先，安以质为本，质以诚为根。随着改革开放的不断推进、人民生活水平的不断提高，舌尖上的安全成了举国关注的话题。在党中央的坚强领导下，我国食品安全风险治理体系改革的大格局、大脉络日益清晰，风险治理能力现代化全面推进，治理效能持续提升，主要食用农产品与食品市场供应充足，食品安全保障水平稳中向好，书写了新征程上食品安全风险治理最为绚烂的篇章。

农产品是人类生存和社会发展的物质基础，其质量直接关系到人类的健康及生活水平。农产品质量检测是农产品生产和科学研究的"眼睛"和"参谋"，是不可缺少的手段。在保证食品的营养卫生，防止食物中毒及食源性疾病发生，确保食品的品质及食用的安全，研究食品化学性污染的来源、途径，以及控制污染等方面都有着十分重要的意义。

一、检测任务

农产品质量检测技术就是通过使用感官的、物理的、化学的、微生物学的方法对农产品的感官特性、理化性能及卫生状况进行分析检测，并将结果与规定的标准进行比较，以确定每项特性合格情况的活动。

农产品质量检测技术是专门研究各种农产品组成成分的检测方法及有关理论，进而评定农产品品质的一门技术性学科。

农产品质量检测工作是农产品质量管理过程中的一个重要环节，在确保原材料质量方面起着保障作用，在生产过程中起着监控作用，在最终产品检验方面起着监督和标示作用。农产品质量检测贯穿农产品开发、研制、生产和销售的全过程。

（1）根据制定的技术标准，运用现代科学技术和检测手段，对食品生产的原料、辅助材料、半成品、包装材料及成品进行分析与检验，从而对食品的品质、营养、安全与卫生进行评定，保证食品质量符合食品标准的要求。

（2）对食品生产工艺参数、工艺流程进行监控，确定工艺参数、工艺要求，掌握生产情况，以确保食品的质量，从而指导与控制生产工艺过程。

（3）检验机构根据政府质量监督行政部门的要求，对生产企业的产品或上市的商品进行检验，为政府管理部门对食品品质进行宏观监控提供依据。

（4）当发生产品质量纠纷时，第三方检验机构根据解决纠纷的有关机构（包括法院、仲裁委员会、质量管理行政部门及民间调解组织等）的委托，对有争议的产品做出仲裁检验，为有关机构解决产品质量纠纷提供技术依据。

（5）在进出口贸易中，根据国际标准、国家标准和合同规定，对进出口食品进行检测，保证进出口食品的质量，维护国家出口信誉。

（6）当发生食物中毒事件时，检验机构对残留食物做出仲裁检验，为事情的调查及解决提供技术依据。

二、检测内容

农产品质量检测旨在保证农产品既有营养性又有安全性，检测技术的主要内容是农产品的感官检验、理化检验和微生物检验。检测技术依据的标准是现行的国际标准、国家标准、行业标准、地方标准和企业标准。

1. 感官检验 农产品的感官检验是利用人体的感觉器官如视觉、嗅觉、味觉和触觉等对农产品的色、香、味、形等方面进行检验，以判断和评定农产品的品质。感官检验是农产品质量检测内容中的第一项。若感官检验不合格，即可判定该产品不合格，不需再进行理化检测了。感官检验具有简单、方便、快速的优势，是农产品生产、销售和管理人员所必须掌握的一项技能。

2. 理化检验 农产品的理化检验主要是利用物理、化学和仪器等分析方法对农产品中的营养成分和有毒有害化学成分进行检验。有资质的检测单位依据国家标准规定的方法而得到的检测结果具有法律效力。

3. 微生物检验 农产品的微生物检验是应用微生物学的相关理论和方法，对农产品中的菌落总数、大肠菌群以及致病菌进行测定。农产品的微生物污染情况是农产品卫生质量的重要指标之一。通过对农产品的微生物污染情况进行检验，可以正确而客观地揭示农产品的卫生情况，加强农产品卫生方面的管理，保障人体健康。

三、标准认识

标准是为了在一定的范围内获得最佳秩序，经协商一致制定并由公认机构批准，共同使用和重复使用的一种规范性文件。

1. 国际标准 由国际标准化组织（ISO）或国际标准组织通过并公开发布的标准。这类标准由 ISO 或国际标准组织的技术委员会起草，发布后在世界范围内适用，作为世界各国进行贸易和技术交流的基本准则和统一要求。

2. 国家标准 由国家标准机构通过并公开发布的标准。对需要在全国范围内统一的技术要求，应当制定国家标准。对我国而言，国家标准由国家标准化管理委员会（SAC）发布。

3. 行业标准 由行业机构通过并公开发布的标准。对没有国家标准又需要在全国某个行业范围内统一的技术要求，可以制定行业标准，作为对国家标准的补充，当相应的国家标准实施后，该行业标准应自行废止。

4. 地方标准 在国家的某个地区通过并公开发布的标准。对没有国家标准和行业标准而又需要在省（自治区、直辖市）范围内统一的要求，可以制定地方标准。

5. 团体标准 由团体按照团体确立的标准制定程序自主制定发布，由社会自愿采用的标准。团体标准（association standards）是国家标准、行业标准、地方标准的补充。鼓励将实施效果良好的团体标准转化为国家标准及行业标准。

6. **企业标准**　由企业通过供该企业使用的标准。对企业范围内需要协调、统一的技术要求、管理要求和工作要求所制定的标准。企业产品标准的要求不得低于相应的国家标准或行业标准的要求。

四、基本规定

1. **方法要求**　称取是指用天平进行的称量操作，其精度要求用数值的有效数位表示。准确称取是指用精密天平进行的称量操作，其精度为±0.000 1 g。量取是指用量筒或量杯取液体物质的操作，其精度要求用数值的有效数位表示。吸取是指用移液管或吸量管取液体物质的操作，其精度要求用数值的有效数位表示。

2. **方法选择**　标准方法中如有两个以上检验方法时，可根据所具备的条件选择使用，以第一种方法为仲裁方法。标准方法中根据适用范围设几个并列方法时，要依据适用范围选择适宜的方法。

3. **试剂和水**　根据质量标准及用途的不同，农产品质量检测中常用的化学试剂可大致分为基准试剂（JZ）、优级纯试剂（GR）、分析纯试剂（AR）、化学纯试剂（CP）、实验试剂（LR）、高纯试剂（EP）、色谱纯试剂（GC、LC）、光谱纯试剂（SP）等。检测中所用试剂，除特别注明外，均为分析纯。

检测中所使用的水，未注明其他要求时，是指蒸馏水或去离子水。配制高效液相色谱流动相和标准溶液所使用的水是指二次蒸馏水。未指明溶液用何种溶剂配制时，均指水溶液。

盐酸、硫酸、硝酸、氨水等，未指明具体浓度时，均指市售试剂规格的浓度。市售常用酸的相关信息见表 0 - 1。

表 0 - 1　常用酸的相关信息

酸类别	物质的量浓度/(mol/L)	市售质量分数/%	沸点/℃
浓盐酸	12.0	36~38	48.0
浓硝酸	14.5	65~68	83.0
浓硫酸	18.4	98	338.0
氢氟酸	22.4	40	112.2
高氯酸	12.7	70~72	203.0

液体的滴是指液体自滴定管流下的 1 滴的量，在 20 ℃时 20 滴相当于 1.0 mL。

试验时的温度，未注明者，是指室温。温度高低对试验结果有显著影响者，除另有规定外，应以（25±2）℃为准。

 实训操作

氢氧化钠标准溶液（0.1 mol/L）的配制（GB/T 601—2016）

【实训目的】了解用固体试剂配制标准溶液的过程，掌握电子天平的正确操作。

【实训原理】间接法配制标准溶液。固体氢氧化钠具有很强的吸湿性，容易吸收空气中的水分和二氧化碳，因此氢氧化钠标准溶液只能用间接法配制。

【实训试剂】固体氢氧化钠，邻苯二甲酸氢钾，酚酞指示剂（10 g/L）。

【实训仪器】电子天平，碱式滴定管，锥形瓶，吸量管，称量瓶，烧杯，聚乙烯塑料瓶。

【操作步骤】

1. 配制　称取 110 g 氢氧化钠，溶于 100 mL 无二氧化碳的蒸馏水中，摇匀，注入聚乙烯容器中，密闭放置至溶液清亮。用吸量管量取上层清液 5.4 mL，用无二氧化碳的蒸馏水稀释至 1 000 mL，摇匀。

2. 标定　称取于 105~110 ℃电烘箱中干燥至恒重的工作基准试剂邻苯二甲酸氢钾 0.75 g，加无二氧化碳的蒸馏水 50 mL 溶解，加 2 滴酚酞指示剂（10 g/L），用配制好的氢氧化钠溶液滴定至溶液呈粉红色并保持 30 s。

同时做空白试验。

【结果计算】

$$X = \frac{m \times 1\,000}{(V_1 - V_2) M}$$

式中：X——氢氧化钠标准溶液的浓度，mol/L；

$\quad\quad m$——邻苯二甲酸氢钾的质量，g；

$\quad\quad V_1$——滴定试样溶液消耗氢氧化钠溶液的体积，mL；

$\quad\quad V_2$——空白试验消耗氢氧化钠溶液的体积，mL；

$\quad\quad M$——邻苯二甲酸氢钾的摩尔质量（204.22 g/mol）。

盐酸标准溶液（0.1 mol/L）的配制（GB/T 601—2016）

【实训目的】了解用液体试剂配制标准溶液的过程，掌握移液管的正确操作。

【实训原理】间接法配制标准溶液。盐酸是氯化氢（HCl）气体的水溶液，具有极强的挥发性，因此盐酸标准溶液只能用间接法配制。

【实训试剂】盐酸；碳酸钠；溴甲酚绿-甲基红指示液：量取 30 mL 溴甲酚绿乙醇溶液（2 g/L），加入 20 mL 甲基红乙醇溶液（1 g/L），混匀。

【实训仪器】电子天平，酸式滴定管，锥形瓶，吸量管，称量瓶，烧杯，试剂瓶。

【操作步骤】

1. 配制　量取 9 mL 盐酸，注入 1 000 mL 水中，摇匀。

2. 标定　称取于 270~300 ℃高温炉中灼烧至恒重的工作基准试剂无水碳酸钠 0.2 g，溶于 50 mL 水中，加 10 滴溴甲酚绿-甲基红指示剂，用配制好的盐酸溶液滴定至溶液由绿色变为暗红色，煮沸 2 min，冷却后继续滴定至溶液再呈暗红色。

同时做空白试验。

【结果计算】

$$X = \frac{m \times 1\,000}{(V_1 - V_2) M}$$

式中：X——盐酸标准溶液的浓度，mol/L；

m——无水碳酸钠的质量，g；

V_1——滴定试样溶液消耗盐酸溶液的体积，mL；

V_2——空白试验消耗盐酸溶液的体积，mL；

M——1/2无水碳酸钠的摩尔质量（52.994 g/mol）。

问题思考

1. 农产品质量检测技术的含义及主要内容是什么？
2. 农产品质量检测技术依据的标准有哪些？
3. 如何配制标准溶液？

项目一
检测程序

【知识目标】

1. 了解采样、样品制备和保存的方法。

2. 掌握有机物破坏法、溶剂提取法和蒸馏法等各种样品的预处理方法。

3. 了解选择恰当的分析方法需要考虑的因素。

4. 掌握检验结果的数据处理方法。

【技能目标】

1. 能够正确地进行采样。

2. 能够熟练样品的制备、预处理的操作。

3. 能够正确地进行分析检测、数据处理和误差计算。

4. 能够独立完成检验报告的设计单并准确填写。

项目导入

农产品质量检测根据其检测目的、检测要求和检测方法的不同有其相应的检测程序，其检测的一般程序是采样、样品制备与保存、样品预处理、样品分析检测、数据处理、出具检验报告。

任务一 采 样

样品的采集简称采样，是指从大量的分析对象中抽取有代表性的一部分样品作为分析材料（分析样品）。采样是农产品质量检测的首项工作，也是检测工作中非常重要的环节。

一、采样原则

1. 代表性原则 采集的样品能代表全部被检对象，代表产品整体。否则，无论样品处理、检测等一系列环节做得如何认真、精确都是毫无意义的，甚至会得出错误的结论。

2. 真实性原则 采样过程中要设法保持原有的理化指标，防止成分逸散或带入杂质。如果检测样品的成分发生逸散（如水分、气味、挥发性酸等）或带入杂质，将会影响检测结果的正确性。

二、采样程序

采样一般分 3 步，依次获得检样、原始样品和平均样品。

$$待检食品 \xrightarrow{\text{采集}} 检样 \xrightarrow{\text{混合}} 原始样品 \xrightarrow{\text{处理、缩分}} 平均样品 \begin{cases} 检验样品 \\ 复验样品 \\ 保留样品 \end{cases}$$

1. 检样 从整批待检农产品的各个部分分别采集的少量样品。

2. 原始样品 把所有的检样混合在一起，构成原始样品。

3. 平均样品 原始样品经过处理，再按一定的方法抽取其中的一部分供分析检测的样品。

① 检验样品。由平均样品中分出，用于全部项目检验的样品。

② 复验样品。由平均样品中分出，当对检验结果有疑义或分歧时，用来进行复验的样品。

③ 保留样品。由平均样品中分出，封存保留一段时间，供备查用的样品。

三、采样方法

样品采集有随机抽样和代表性取样两种方法。

随机抽样是按照随机的原则，从大批物料中抽取部分样品。操作时，可采用多点取样法，使所有物料的各个部分均有被抽取的机会。

代表性取样是用系统抽样法进行采样，根据样品随空间（位置）和时间变化的规律，采集能代表其相应部分的组成和质量的样品。如分层采样、依生产程序流动定时采样、按批次或件数采样、定期抽取货架上陈列的食品采样等。

两种方法各有利弊。随机抽样可以避免人为的倾向性，但是对不均匀样品仅使用随机抽样法是不够的，必须结合代表性取样，从有代表性的各个部分分别取样，保证样品的代表性。因此，采样通常采用随机抽样和代表性取样相结合的方式。

1. 均匀固体样品 有完整包装（袋、桶、箱等）的样品，按 $\sqrt{总件数/2}$ 确定采样件（袋、桶、箱等）数，用采样器从每一包装上、中、下 3 层取出 3 份检样，将许多份检样综合起来得到原始样品，将原始样品用四分法做成平均样品。重复四分法操作，分取缩减直至取得所需数量为止，即得到平均样品。

无包装的散堆样品，先划成若干等体积层，然后在每层的四角和中心点，用采样器各取少量样品，得到检样，再按上法处理得到平均样品。

2. 黏稠半固体样品 这类样品不易充分混匀，可先按 $\sqrt{总件数/2}$ 确定采样件（桶、罐）数。打开包装，用采样器从各桶（罐）中分上、中、下 3 层分别取出检样，然后混合分取缩减到所需数量的平均样品。

3. 液体样品 包装体积不太大的液体样品，可先按 $\sqrt{总件数/2}$ 确定采样件数。打开包装，用混合器充分混合。然后从每个包装中用虹吸法分层取一定量样品，充分混合均匀后，分取缩减至所需的量。

大桶装的或散（池）装的液体样品，不易混合均匀，可用虹吸法分层（大池的还应分四角及中心五点）取样，每层 500 mL 左右，充分混合后，分取缩减至所需的量。

4. 不均匀固体样品

（1）肉类。可根据不同的分析目的和要求而定。有时从不同部位取样，混合后代表该只动物。有时从一只或多只动物的同一部位取样，混合后代表某一部位的情况。

（2）水产品。小鱼小虾可随机取多个样品，切碎混匀后分取缩减至所需数量。个体较大的鱼，可从若干个体上割少量可食部分，切碎混匀后分取缩减至所需数量。

（3）果蔬。体积较小的果蔬（如山楂、葡萄等），可随机取若干整体，切碎混匀后分取缩减至所需数量。体积较大的果蔬（如西瓜、苹果、萝卜等），可按成熟度及个体大小的组成比例，选取若干个体，对每个个体按生长轴纵剖分成 4 份或 8 份，取对角线两份，切碎混匀后分取缩减至所需数量。体积蓬松的叶菜类果蔬（如菠菜、小白菜、苋菜等），可由多个包装（筐、捆）分别抽取一定数量，混合后捣碎混匀，分取缩减至所需数量。

5. 小包装样品 一般按班次或批号连同包装一起采样。如果小包装外还有大包装（如纸箱），可按 $\sqrt{总件数}/2$ 在堆放的不同部位抽取一定数量的大包装，从每箱中抽取小包装（瓶、袋等）作为检样，将检样混合均匀后得到原始样品，再分取缩减到所需数量即得平均样品。

四、采样数量

确定采样的数量，应考虑分析项目的要求、分析方法的要求和被分析物的均匀程度 3 个因素。一般平均样品的数量不少于全部检验项目的 4 倍。检验掺伪物的样品，与一般的成分分析的样品不同，由于分析项目事先不明确，属于捕捉性分析，因此相对来讲取样数量要多一些。

总件数 ≤3 时，每件取样；3＜总件数 ≤300 时，取 $\sqrt{总件数}+1$ 件；总件数＞300 时，取 $\sqrt{总件数}/2+1$ 件。

五、注意事项

（1）一切采样工具（如采样器、容器、包装纸等）都应清洁，不应将任何有害物质带入样品中。供微生物检验用的样品，应严格遵守无菌操作规程。

（2）保持样品原有微生物状况和理化指标，在进行检测之前样品不得被污染，不得发生变化。

（3）感官性质不相同的样品，不可混在一起，应分别包装，并注明其性质。

（4）样品采集完后，应迅速送往分析室进行检验，以免发生变化。

（5）盛装样品的器具上要贴上标签，注明样品名称、采样地点、采样日期、样品批号、采样方法、采样数量、采样人及检验项目。

 **实训操作**

粮食样品的采集

【实训目的】学会并掌握有完整包装（袋、桶、箱等）粮食样品的采集。

【实训仪器】双套回转取样管。

【实训原理】

（1）按 $\sqrt{\text{总件数}/2}$ 确定采样件数。

（2）从样品堆放的上、中、下 3 层中的不同部位，按采样件数确定具体采样袋（桶、箱），再用双套回转取样管插入包装容器中采样，回转 180° 取出样品。采取部分样品混合。

（3）按四分法将原始样品做成平均样品，即将原始样品充分混合均匀后堆积在清洁的玻璃板上，压平成厚度在 3 cm 以下的形状，并划成对角线或"十"字线，将样品分成 4 份，取对角的两份混合。再如上分为 4 份，取对角的 2 份。这样操作直至取得所需数量为止。

【实训要求】自拟实施方案；教师修改；方案实施；实训小结。

任务二　样品制备与保存

一、样品制备

样品制备是指对采集的样品进行粉碎、混匀、缩分等处理工作。样品制备的目的是保证样品十分均匀，使在分析时任何部分都能代表全部样品的成分。

样品制备的方法因样品状态的不同而异。

1. 液体、浆体或悬浮液体　一般将样品充分混匀搅拌。常用的搅拌工具有玻璃棒、电动搅拌器、液体采样器。

2. 固体样品　应用切细、粉碎、捣碎、研磨等方法将样品处理至均匀可检状态。常用工具有粉碎机、组织捣碎机、研钵等。

3. 带核、带骨头的样品　对于带核、带骨头的样品，在制备前应该先去核、去骨、去皮。常用工具有高速组织捣碎机等。

二、样品保存

采集的样品应尽快分析，以防止样品污染、成分丢失、水分变化、腐败变质等。如果不能立即分析，则应妥善保存。保存的原则是干燥、低温、避光、密封。检验后的样品，一般应保存一个月，以备需要时复检。保留期从检验报告单签发之日开始计算。

 **实训操作**

农产品样品的制备与保存

【实训目的】学会并掌握农产品样品的制备与保存。

【实训仪器】组织粉碎机。

【实训原理】样品制备是指对采取的样品进行粉碎、混匀、缩分等处理工作。样品制备的目的是保证样品十分均匀，使在分析时任何部分都能代表全部样品的成分。

采集的样品应尽快分析，以防止样品污染、成分丢失、水分变化、腐败变质等。如果不能立即分析，则应妥善保存。

1. 苹果的制备 随机选取三个苹果→清洗→沿生长轴按四分法切→取对角两块→加入相同质量的水→组织粉碎机粉碎（长刀）→转移至干净容器→待测。

2. 青菜的制备 随机选取三棵青菜→清洗→沿生长轴按四分法切→取对角两块→组织粉碎机粉碎（长刀）→转移至干净容器→待测。

3. 大米的制备 取一定量的大米→按四分法取样→组织粉碎机粉碎（短刀）→过不锈钢筛（孔径为 0.18 mm）→转移至干净容器→装入铝盒保藏→待测。

4. 大排的制备 取一定量的大排→去骨去筋→按四分法取样→组织粉碎机粉碎（长刀）→转移至干净容器→待测。

制备好的试样应该一式三份，供检验、复验和备查用，每份不得少于 5 g。制备好的平均样品应装在洁净、密封的容器内（最好用玻璃瓶，切忌使用带橡皮垫的容器）。

【实训要求】自拟实施方案；教师修改；方案实施；实训小结。

任务三 样品预处理

预处理是对样品进行提取、净化、浓缩等操作，又称样品前处理。样品预处理总的原则是：排除干扰因素、完整保留被测组分、浓缩被测组分。样品预处理的方法主要有以下几种。

一、有机物破坏法

有机物破坏法主要用于食品中无机元素的测定。食品中的无机元素常与蛋白质等有机物质结合，成为难溶、难离解的化合物。要测定这些无机成分的含量，需要在测定前破坏有机结合体，释放出被测组分。通常可采用高温或高温加强氧化条件，使有机物质分解、呈气态逸散，而被测组分残留下来。有机物破坏法又可分为干法灰化法、湿法消化法和微波消解法。

1. 干法灰化法 这是一种用高温灼烧的方式破坏样品中有机物的方法，因而又称为灼烧法。除汞外大多数金属元素和部分非金属元素的测定都可用此法处理样品。将一定量的样品置于坩埚中加热，使其中的有机物脱水、炭化、分解、氧化，再置于高温的电炉中（温度一般为 550 ℃左右）灼烧灰化，直至残灰为白色或浅灰色，所得残渣即无机成分，供测定用。

2. 湿法消化法 湿法消化简称消化，是向样品中加入强氧化剂，并加热消解，使样品中的有机物质完全分解、氧化呈气态逸出，而待测成分转化为无机物状态存在于消化液中，供测试用。常用的强氧化剂有浓硝酸、浓硫酸、高氯酸、高锰酸钾、过氧化氢等。

3. 微波消解法 微波消解法是在 2 450 MHz 微波电磁场作用下，产生每秒 24.5 亿次的超高频率振荡，使样品与溶剂分子相互碰撞、摩擦、挤压，重新排列组合，因而产生高热，使样品在数分钟内分解完全。微波消解法以其快速、溶剂用量少、易挥发元素损失少、空白值低、节省能源、易于实现自动化等优点而广为应用。

二、蒸馏法

蒸馏法是利用液体混合物中各组分挥发度不同来进行分离的方法。可以用于除去干扰组分，也可以用于蒸馏逸出被测组分，收集馏出液进行分析。根据样品中待测组分性质的不同，可采取常压蒸馏、减压蒸馏、水蒸气蒸馏等方式。

三、溶剂提取法

在同一溶剂中，不同的物质具有不同的溶解度。利用样品各组分在某一溶剂中溶解度的差异，将各组分完全或部分地分离的方法称为溶剂提取法。此法常用于维生素、重金属、农药及黄曲霉毒素的测定。溶剂提取法又分为浸提法、萃取法。

1. 浸提法 用适当的溶剂从固体样品中将某种待测成分浸提出来的方法称为浸提法，又称液-固萃取法、浸泡法。为了提高物质在溶剂中的溶解度，往往在浸提时加热，如用索氏提取法提取脂肪。

2. 萃取法 利用某组分在两种互不相溶的溶剂中分配系数的不同，使其从一种溶剂转移到另一种溶剂中，而与其他组分分离的方法称为溶剂萃取法，又称溶剂分层法，通常可用分液漏斗多次提取以达到目的。

四、化学分离法

1. 磺化法 浓硫酸和油脂发生磺化反应，油脂由疏水性变为亲水性，不再被弱极性的有机溶剂所溶解，使油脂中需检测的非极性物质能较容易地被非极性或弱极性溶剂提取出来。用浓硫酸处理样品提取液，有效地除去脂肪、色素等干扰杂质，从而达到分离净化的目的。

2. 皂化法 碱（通常为强碱）和油脂发生皂化反应，油脂由疏水性变为亲水性，不再被弱极性的有机溶剂所溶解，使油脂中需检测的非极性物质能较容易地被非极性或弱极性溶剂提取出来。用碱处理样品提取液，以除去脂肪等干扰杂质。磺化法和皂化法是除去油脂经常使用的一种方法，常用于农药检验中样品的净化。

3. 沉淀分离法 沉淀分离法是利用沉淀反应进行分离的方法。在试样中加入适当的沉淀剂，使被测组分沉淀下来，或将干扰组分沉淀除去，从而达到分离的目的。

4. 掩蔽法 利用掩蔽剂与样品溶液中的干扰成分作用，使干扰成分转变为不干扰测定的状态，即被掩蔽起来。运用这种方法，可以不经过分离干扰成分的操作而消除其干扰作用，简化分析步骤，因而在农产品分析中的应用十分广泛，常用于金属元素的测定。

五、色谱分离法

色谱分离法是在载体上进行物质分离的方法的总称，根据分离原理的不同，可分为吸附色谱分离、分配色谱分离和离子交换色谱分离等。此类方法分离效果好，近年来在农产品分析中的应用越来越广泛。

1. 吸附色谱分离　利用经过活化处理后具有一定的吸附能力的聚酰胺、硅胶、硅藻土、氧化铝等吸附剂，对被测组分或干扰组分进行选择性吸附而进行的分离称为吸附色谱分离。如食品中色素的测定，可将样品溶液中的色素经吸附剂吸附（其他杂质不被吸附），经过过滤、洗涤，再用适当的溶剂解吸，得到比较纯净的色素溶液。可以将吸附剂直接加入样品中吸附色素，也可将吸附剂装入玻璃管制成吸附柱或涂布成薄层板使用。

2. 分配色谱分离　分配色谱分离是根据样品中的组分在两相间的分配比不同而进行的分离。两相中一相是流动的，称为流动相；另一相是固定的，称为固定相。被分离的组分在流动相中沿着固定相移动的过程中，由于不同物质在两相中具有不同的分配比，当溶剂渗透在固定相中并向上渗透展开时，这些物质在两相中进行反复分配，从而达到分离的目的。

3. 离子交换色谱分离　离子交换色谱分离是利用离子交换剂与溶液中的离子之间所发生的交换反应来进行分离的方法，根据被交换离子的电荷，分为阳离子交换和阴离子交换两种。交换作用可用下列反应式表示：

$$阳离子交换：R—H+MX \rightleftharpoons R—M+HX$$
$$阴离子交换：R—OH+MX \rightleftharpoons R—X+MOH$$

式中：R——离子交换剂的母体；

　　　MX——溶液中被交换的物质。

该法可从样品溶液中分离待测离子，也可从样品溶液中分离干扰组分。分离操作可将样液与离子交换剂一起混合振荡或将样液缓缓通过事先制备好的离子交换柱，则被测离子与交换剂上的 H^+ 或 OH^- 发生交换，被测离子或干扰组分上柱，从而被分离。

六、浓缩法

样品经提取、净化后，有时净化液的体积较大，在测定前需进行浓缩，以提高被测成分的浓度。常用的浓缩方法有常压浓缩法和减压浓缩法两种。

1. 常压浓缩法　主要用于待测组分为非挥发性的样品净化液的浓缩，通常采用蒸发皿直接挥发。若要回收溶剂，则可用一般蒸馏装置或旋转蒸发器。该方法简便、快速，是常用的方法。

2. 减压浓缩法　主要用于待测组分为热不稳定性或易挥发的样品净化液的浓缩。此法浓缩温度低、速度快、被测组分损失少，特别适用于农药残留量分析中样品净化液的浓缩。

近年来，在农产品质量检测中发展起来一些新的样品预处理技术，如超临界流体萃取（supercritical fluid extraction，SFE）、固相萃取（solid phase extraction，SPE）、固相微萃取（solid phase microextraction，SPME）、加速溶剂萃取（accelerated solvent extraction，ASE）、凝胶渗透色谱（gel permeation chromatography，GPC）等，主要用于农产品中农药残留的检测。

 实训操作

检测样品的预处理

【实训目的】学会并掌握果蔬中的有机磷农药残留检测样品的预处理。

【实训仪器】组织粉碎机，抽滤装置，旋转蒸发仪等。

【实训原理】样品预处理是对样品进行提取、净化、浓缩等操作，又称样品前处理。样品预处理总的原则是：排除干扰因素、完整保留被测组分、浓缩被测组分。

【操作步骤】

1. 制备　将果蔬洗净晾干、去掉非可食部分后制成待分析试样。

2. 提取　称取水果、蔬菜待分析试样 50.00 g，置于 300 mL 烧杯中，加入 50 mL 水和 100 mL 丙酮（提取液总体积为 150 mL），用组织捣碎机提取 1～2 min。匀浆液经铺有两层滤纸和约 10 g 助滤剂 Celite 545 的布氏漏斗减压抽滤。取滤液 100 mL 至 500 mL 分液漏斗中。

3. 净化　向滤液中加 10～15 g 氯化钠使溶液处于饱和状态。猛烈振摇 2～3 min，静置 10 min，使丙酮与水相分层，水相用 50 mL 二氯甲烷振摇 2 min，再静置分层。将丙酮与二氯甲烷提取液合并经装有 20～30 g 无水硫酸钠的玻璃漏斗脱水滤入 250 mL 圆底烧瓶中，再用约 40 mL 二氯甲烷分数次洗涤容器和无水硫酸钠，将洗涤液也并入烧瓶中。

4. 浓缩　将净化液用旋转蒸发器浓缩至约 2 mL，将浓缩液定量转移至 5～25 mL 容量瓶中，加二氯甲烷定容至刻度。做好标记，供色谱测定。

【实训要求】自拟实施方案；教师修改；方案实施；实训小结。

任务四　样品分析检测

一、方法选择

样品中待测成分的分析方法往往很多，选择最恰当的分析方法应综合考虑下列因素。

1. 分析要求　不同分析方法的灵敏度、准确度、精密度各不相同，要根据生产和科研工作对分析结果的要求选择适当的分析方法。

2. 分析方法　不同的分析方法操作步骤的繁简程度和所需时间及劳动力各不相同，每样次分析的费用也不同。要根据待测样品的数目和要求取得分析结果的时间等来选择适当的分析方法。同一样品需要测定几种成分时，应尽可能选用能用同一份样品处理液同时测定这几种成分的方法，以达到简便、快速的目的。

3. 样品特性　各种样品中待测成分的形态和含量不同，可能存在的干扰物质及其含量不同，样品的溶解性和待测成分提取的难易程度也不相同。要根据样品的这些特性来选择制备待测液、定量某成分和消除干扰的适宜方法。

4. 现有条件　分析工作一般在实验室进行，各级实验室的设备条件和技术条件也不相同，应根据具体条件来选择适当的分析方法。

在具体情况下究竟选择哪一种方法，必须综合考虑上述各项因素，但首先必须了解各类方法的特点，如方法的精密度、准确度、灵敏度等，以便加以比较。

二、误差分析

在农产品分析检测中，由于仪器和感官器官的限制及实验条件的变化，实验测得的数据只能达到一定的准确度。测量值与真实值之间的差异称为误差。

误差是客观存在的，一般误差可分为系统误差、偶然误差和过失误差。

1. 系统误差 系统误差是指在分析过程中由于某些固定的原因所造成的误差。系统误差产生的原因主要有以下几点。

（1）测量仪器的不准确性，如玻璃容器的刻度不准确、砝码未经校正等。

（2）测量方法本身存在缺点，如所依据的理论或所用公式的近似性。

（3）观察者本身的特点，如对颜色感觉不灵敏、滴定终点总是偏高等。

2. 偶然误差 偶然误差是指在分析过程中由某些偶然的原因所造成的误差，也称为随机误差或不可定误差。

偶然误差产生的原因主要有以下几点。

（1）观察者感官灵敏度的限制或技巧不够熟练。

（2）试验条件的变化（如试验时温度、压力都不是绝对不变的）。

3. 过失误差 过失误差是指由于在操作过程中犯了某种不应犯的错误而引起的误差，如加错试剂、看错标度、溅出分析操作液等错误操作。这类误差是完全可以避免的。分析人员应加强工作责任心，严格遵守操作规程，做好原始记录，反复核对，就能避免这类误差的产生。

三、结果评价

分析结果的评价通常采用准确度和精密度两项指标。

1. 准确度 准确度是指测定值与真实值相符合的程度，通常用误差来表示。误差的大小可用绝对误差和相对误差来表示。

$$绝对误差 = x - \mu$$

$$相对误差 = \frac{x - \mu}{\mu}$$

式中：x——测量值；

μ——真实值。

绝对误差和相对误差都有正值和负值。正值表示试验结果偏高，负值表示试验结果偏低。同样的绝对误差，当被测物的质量较大时，相对误差就比较小，测定的准确度就比较高，因此用相对误差来表示测定结果的准确度更为确切些。

对某一未知试样的测定来说，实际上真实值是不可能知道的，通常可以通过回收率的测定来确定真实值。回收率可按下式计算：

$$P = \frac{x_1 - x_0}{m} \times 100\%$$

式中：P——加入标准物质的回收率，%；

m——加入标准物质的量；

x_1——加标样品的测定值；

x_0——未知样品的测定值。

2. 精密度 精密度是指测定值之间相互接近的程度，通常用偏差来表示。偏差的大小可用绝对偏差、平均偏差、相对偏差、标准偏差、相对标准偏差等来表示。

（1）绝对偏差计算方法如下：

$$d = x_i - \overline{x_0}$$

（2）平均偏差计算方法如下：

$$\overline{d} = \frac{1}{n} \sum |x_i - \overline{x}|$$

（3）相对偏差计算方法如下：

$$RD = \frac{|x_i - \overline{x}|}{\overline{x}} \times 100\%$$

（4）标准偏差计算方法如下：

$$S = \sqrt{\frac{\sum (x_i - \overline{x})^2}{n - 1}}$$

（5）相对标准偏差（又称为变异系数）计算方法如下：

$$RSD = \frac{S}{\overline{x}} \times 100\%$$

对某一测定项目的一组测定数据，根据变异系数可了解测定结果的范围。一般情况下，变异系数低于5%的结果都是可以接受的。

$$测定结果 = \overline{x} \pm RSD$$

3. 两者关系　准确度说明测定结果准确与否，精密度说明测定结果稳定与否。精密度高不一定准确度高，而准确度高精密度一定也高。

 实训操作

分析结果的评价

【实训目的】学会并掌握分析结果的评价。

【实训原理】分析结果的评价通常采用准确度和精密度两项指标。准确度是指测定值与真实值相符合的程度，通常用误差来表示。误差的大小可用绝对误差和相对误差来表示。精密度是指测定值之间相互接近的程度，通常用偏差来表示。偏差的大小可用绝对偏差、平均偏差、相对偏差、标准偏差、相对标准偏差等来表示。

【实测数据】

有甲、乙、丙3人，在某一次试验中得到的测定值如表1-1所示。

表1-1　甲、乙、丙3人的试验测定值

试验人	甲	乙	丙
$X_1/\%$	50.40	50.20	50.36
$X_2/\%$	50.30	50.20	50.35
$X_3/\%$	50.25	50.18	50.34
$X_4/\%$	50.23	50.17	50.33

假设真实值为 50.38%，分析甲、乙、丙试验结果的准确度和精密度（使用相对平均偏差进行分析）。

【实训要求】自拟实施方案；教师修改；方案实施；实训小结。

任务五　数据处理

一、数据处理

1. 记录规则　数据的记录应根据分析方法和测量的准确度来决定，只允许保留一位可疑数字。除有特殊规定外，一般可疑数表示末位有一个单位的误差。

2. 修约规则　按"四舍六入五留双"的规则进行。修约数字时，只允许对原测量值一次修约到所需要的位数，不能分次修约。

3. 运算规则　运算过程中，根据"先修约，后计算，再修约"的规则进行计算，运算过程中可多保留一位有效数字。

（1）在加减运算中，各数及它们的和或差的有效数字的保留，以小数点后面有效数字位数最少的为标准。在加减法中，因是各数值绝对误差的传递，所以结果的绝对误差必须与各数中绝对误差最大的那个一致。例如：

$$12.56 + 0.082 + 1.832 = 14.47$$

（2）在乘除法运算中，各数及它们的积或商的有效数字的保留，以每数中有效数字位数最少的为标准。在乘除法中，因是各数值相对误差的传递，所以结果的相对误差必须与各数中相对误差最大的那个一致。例如：

$$0.013\,5 \times 17.5 \times 2.46 = 0.581$$

（3）乘方及开方运算的结果比原数据多保留一位有效数字。例如：

$$12^2 = 144, \quad \sqrt{5.6} = 2.37$$

（4）对数运算，对数前后的有效数字位数相等。例如：

$$\lg 2.584 = 0.412\,3, \quad \lg 2.584\,7 = 0.412\,41$$

4. 异常值的取舍　在一组平行测定的数据中，常发现有个别测定值比其余测定值明显偏大或偏小，这种明显偏大或偏小的数值称为异常值，又称可疑值。在分析过程中，如果已经知道某个数据是可疑的，计算时应将此数据立即舍去；复查分析结果时，如果已经找出可疑值出现的原因，也应将这个数据立即舍去；如果找不出可疑值出现的原因，不能随便保留或舍去，常用 Q 检验法或 $4\bar{d}$ 检验法进行统计检验。

二、结果表示

检测结果的表示应采用法定计量单位。

1. 固体试样　固体试样中待测组分的含量，一般以质量分数表示，在实际工作中通常使用的百分比符号"%"，是质量分数的一种表示方法，表示每 100 g 样品中所含被测物质的质量（g）。当待测组分含量很低时，可采用 mg/kg（或 μg/g）、μg/kg（或 ng/g）、pg/g 来表示。

2. 液体试样 液体试样检测结果的表示法主要有以下几种。

(1) 物质的量浓度。表示待测组分的物质的量除以试液的体积，常用单位为 mol/L。

(2) 质量摩尔浓度。表示待测组分的物质的量除以试液的质量，常用单位为 mol/kg。

(3) 质量分数。表示待测组分的质量除以试液的质量，无量纲。

(4) 体积分数。表示待测组分的体积除以试液的体积，无量纲。

(5) 质量浓度。表示单位体积中某种物质的质量，以 mg/L、$\mu g/mL$ 等表示。

 实训操作

检测结果的数据处理

【实训目的】学会并掌握果蔬中有机磷农药残留检测结果的数据处理。

【实训原理】数据处理需遵守记录规则、修约规则和运算规则。对实测值的记录应根据分析方法和测量的准确度来决定，只允许保留一位可疑数字。对实测数据的修约应按"四舍六入五留双"的规则进行。运算过程中，根据"先修约，后计算，再修约"的规则进行计算，运算过程中可多保留一位有效数字。在加减运算中，各数及它们的和或差的有效数字的保留，以小数点后面有效数字位数最少的为标准。在乘除法运算中，各数及它们的积或商的有效数字的保留，以各数中有效数字位数最少的为标准。

【实测数据】

表 1-2 为果蔬中有机磷农药残留检测回收率测定数据。

表 1-2 果蔬中有机磷农药残留检测数据处理——回收率的测定

项目	数据 1	数据 2	数据 3
称取果蔬的质量/g	20.00	20.00	20.00
标准溶液的加入量/μg	5.0	5.0	5.0
标样的色谱峰面积/AU	1 502.0	1 499.5	1 500.9
标准溶液中该农药的峰面积/AU	1 500.0	1 500.0	1 500.0
加标回收率			
平均回收率			
相对平均偏差			

表 1-3 为果蔬中有机磷农药残留检测样品含量测定数据。

表 1-3 果蔬中有机磷农药残留检测数据处理——样品含量的测定

项目	数据 1	数据 2	数据 3
称取果蔬的质量/g	20.00	20.00	20.00
标准溶液中有机磷农药的含量/μg	10	50	100
标准溶液中有机磷农药的色谱峰面积/AU	1 000	5 000	10 000
样品中有机磷农药的色谱峰面积/AU	4 888.8	4 888.8	4 888.8
样品中有机磷农药的含量/μg			

【实训要求】自拟实施方案；教师修改；方案实施；实训小结。

任务六 检验报告

一、原始记录

原始记录是进行检测溯源的基础，因此在农产品检测中原始记录尤为重要，必须如实记录并妥善保管，滴定操作原始记录示例见表1-4。

表1-4 滴定操作原始记录示例

样品名称		样品编号	
样品来源		生产批号	
检测项目		日期	
检测方法			
滴定次数	1	2	3
样品质量/g			
滴定管初读数/mL			
滴定管终读数/mL			
消耗滴定剂的体积/mL			
滴定剂的浓度/(mol/L)			
计算公式			
被测成分质量分数/%			
平均值			

（1）原始记录必须客观、真实、规范、完整。原始记录可设计成一定的格式，内容一般包括样品名称、样品来源、样品编号、采样地点、样品地点、样品处理方式、包装及保管状况、检测项目、检测地点、检测日期、检测依据和方法、所用试剂的名称与浓度、称量记录、滴定记录、计算记录、检测结果及参加检测人员（检测人、复核人）的签名、检测环境条件、仪器名称等。

（2）原始记录本应统一编号、专用，用蓝色或黑色钢笔、签字笔填写，不得用铅笔填写。

（3）原始记录应由检验人员在检验过程中及时填写，不得补记。

（4）不得随意更改，如遇记录错误确须更改时，应由项目检验人员在原始记录的错误字符上划上两横，将正确的字符填在上方并盖上更改人章或由更改人签名。不得采用涂改、粘贴等方式，以免辨认不出原有的字符。

（5）原始记录的计量单位必须符合我国法定计量单位的要求，不得使用非法定计量单位。数据修改和有效数字表达要符合有关检测方法标准的要求。

（6）确知在操作过程中存在错误的检验数据，不论结果好坏，都必须舍去，并在备注栏注明原因。

（7）原始记录应统一管理，归档保存，以备查验。

（8）原始记录未经批准，不得随意向外提供。

二、检验报告

检验报告是农产品质量检测的最终产物，是产品质量的凭证，也是产品质量是否合格的技术根据，因此其反映的信息和数据，必须客观公正、准确可靠、清晰完整。检验报告的内容一般包括样品名称、送检单位、生产日期及批号、采样时间、检验日期、检验项目、检验依据、检验结果、报告日期、检验员签字、主管负责人签字、检验单位盖章等（表1-5）。

表1-5　检验报告单示例

××××××（检验单位名称）

检验报告单

样品名称			生产日期		
送检单位			生产批号		
样品规格		送检日期		检验日期	
检验项目			检验依据		
检验结果					
结论					
技术负责人		复核人		检验人	

① ××××××。

② ××××××。

年　月　日

检验报告单的填写应做到以下几点。

（1）检验报告单必须由考核合格的检验技术人员填写。

（2）检验结果必须经第二人复核无误后，才能填写。检验报告单上应有检验人员和复核人员的签字及技术负责人的签字。

（3）检验报告单一式两份，其中正本提供给服务对象，副本留存备查。检验报告单经签字和盖章后即可报出，但如遇到检验不合格或样品不符合要求等情况，检验报告单应交给技术人员审查签字后才能报出。

 实训操作

检验报告单的设计与填写

【实训目的】学会并掌握农产品分析检验报告单的设计与填写方法。

【实训原理】检验报告是农产品质量检测的最终产物，是产品质量的凭证，也是产品质量是否合格的技术根据。因此其反映的信息和数据，必须客观公正、准确可靠、清晰完整。检验报告的内容一般包括样品名称、送检单位、生产日期及批号、采样时间、检验日期、检

验项目、检验依据、检验结果、报告日期、检验员签字、主管负责人签字、检验单位盖章等。

【实训设计】有机酸是柑橘类水果的特征性指标，根据其含量的高低，可以判定柑橘果实的成熟度，可以检测柑橘果实在储藏保鲜过程中的变化情况，可为食品加工企业制订加工工艺提供依据。

假设你是某食品（果汁）加工企业的质量检测技术人员，某果业生产企业送来一批鲜甜橙样品，需要你对这些样品进行有机酸含量的检测，用酸碱中和法测定结果表明，样品的含酸量为 1.20 g/100 g，请你设计并填写一份农产品分析检验报告单。

【实训要求】自拟实施方案；教师修改；方案实施；实训小结。

 项目总结

农产品质量检测的一般程序是采集、样品制备与保存、样品的预处理、样品分析检测、数据处理、出具检验报告。

问题思考

1. 采样的原则是什么？一般分哪几个步骤进行？
2. 为什么要进行样品预处理？样品预处理的方法有哪些？
3. 说明准确度与精密度的区别。
4. 有效数字的处理原则是什么？

Project 2

【知识目标】
1. 了解感官检验的基本要求。
2. 掌握常用的感官检验方法。

【技能目标】
1. 能够利用感官检验的方法对农产品进行检验。
2. 能够利用感官检验的知识对农产品进行评价。

项目导入

感官检验是根据人的感觉器官对农产品的各种质量特征的感觉，如味觉、嗅觉、视觉、听觉等，用语言、文字、符号或数据进行记录，再运用概率统计原理进行统计分析，从而得出结论，对农产品的色、香、味、形、质地、口感等各项指标做出评价的方法。

原始的感官检验往往采用少数服从多数的简单方法来确定最后的评价，缺乏科学性，可信度不高。随着统计学、生理学、心理学这3门学科的引入，感官检验成为一种科学的测定方法，被广泛应用于市场调研、新产品开发、产品质量控制和产品检验。

感官检验有分析型感官检验和偏爱型感官检验两大类型。分析型感官检验是把人的感觉器官作为一种检验测量的工具，来评价样品的质量特性或鉴别多个样品之间的差异等。如质量检查、产品评优等都属于这种类型。偏爱型感官检验与分析型感官检验正好相反，是以样品为工具，来了解人的感官反应及倾向。如在新产品开发过程中对试制品的评价、在市场调查中顾客不同的倾向。

感官检验过程不但受客观条件的影响，而且受主观条件的影响。客观条件包括感官检验室和样品的制备，主观条件则涉及参与感官检验人员的基本条件。因此，感官检验的基本要求是感官检验室、检验人员和样品制备。

1. **感官检验室** 感官检验室应隔音、整洁、无异味，室内墙壁宜用白色涂料，室内保持舒适的温度与通风，给检验人员以舒适感，使其注意力集中。室内应分隔成几个间隔，每一间隔内设有检验台和传递样品的小窗口以及简易的通信装置，检验台上装有洗漱盘和水龙头，用来冲洗品尝后吐出的样品。感官实验室常布置3个独立的区域：办公室、样品准备室和检验室。办公室用于工作人员管理事务。样品准备室用于准备和提供样品。检验室用于进行感官检验，检验室还应设集体工作区，用于检验员之间进行讨论。

2. **检验人员** 偏爱型感官检验和分析型感官检验对检验人员的要求不同。偏爱型检验人员的任务是对农产品进行可接受性评价,检验员可由任意的未经训练的人组成,不少于100人,这些人必须在统计学上能代表消费者总体,以保证检验结果的代表性和可靠性。分析型检验的任务是鉴定农产品的质量,检验人员必须具备一定的条件并经过挑选测试。

3. **样品制备** 每次提供给评价员的样品数一般控制在4~8个,每个样品的量控制在液体30 mL、固体28 g左右。温度控制在该农产品日常食用的温度,样品过冷或过热均可造成感官不适或感官迟钝,温度升高后,挥发性气味物质的挥发速度加快,会影响其他的感觉。

样品容器应洁净无味、无色或白色、大小形状一致,以避免一些由盛具带来的非评定特性引起的刺激偏差。

样品的编号应以多位数(3~5位)随机编号,检验样品的顺序也应随机化,以减少主观因素对检验结果的影响。通常采用双盲法进行检验,即由工作人员对样品进行编号,而检验人员和综合检验结果的人员不知道哪个编号是哪个样品。

评价员在进行新的评估之前应充分清洗口腔,直至余味全部消失。应根据检验样品来选择冲洗或清洗口腔的有效辅助剂,如水、无盐饼干、米饭、新鲜馒头或淡面包,对具有浓郁味道或余味较大的样品应用稀释的柠檬汁、苹果或不加糖的浓缩苹果汁等进行清洗。

感官检验可在上午、下午评价员感官敏感性较高的时间进行。在周末、饮食前1 h、饮食后1 h以及评价员刚上班和快下班时都不宜进行试验。常用的感官检验可以分为3类:差别检验、类别检验、描述性检验。

任务一 差别检验

差别检验的目的是要求评价员对两个或两个以上的样品得出是否存在感官差别的结论。差别检验的结果是以得出不同结论的评价员的数量及检验次数为基础进行概率统计分析的。例如有多少人回答样品A,多少人回答样品B,多少人回答正确。解释其结果主要运用统计学的二项分布参数检验。差别检验中,一般规定不允许"无差异"的回答,即评价员未能察觉出两种样品之间的差异(即强迫选择)。差别检验中需要注意样品外表、形态、温度等表现参数的明显差别所引起的误差。差别检验常用的有:成对比较检验(两点检验)、三点检验(三角形检验)、二-三点检验(对比检验)。

一、成对比较检验(GB/T 12310—2012)

成对比较检验又称两点检验,是以随机的方式向评价员同时出示两个样品A与B,要求评价员对这两个样品进行比较,判断两个样品之间是否存在某种差别及差别方向如何,是否偏爱某一个样品的一种检验。

成对比较检验的优点是简单且不易产生感官疲劳。在检验之前应明确是双边检验还是单边检验。双边检验(又称差别成对比较)是只需要发现两种样品在某一特性方面是否存在差别,或者是否其中之一被消费者偏爱。单边检验(又称定向成对比较)是希望某一指定样品具有较大的强度或被偏爱。例如两种饮料A和B,其中饮料A明显甜于B,则该检验是单边的;如果这两种样品有显著差异,但没有理由认为A或B的特性强度大于对方或被偏爱,则该检验是双边的。

　　具体试验方法：把 A、B 两个样品同时呈送给评价员，要求评价员根据要求进行评价。在检验过程中，检验样品的温度应相同；盛样品的容器编号应随机选用 3 位数字，每次检验的编号应不同；应使样品 A、B 和 B、A 在配对样品中出现的次数均等，并同时随机地呈送给评价员。为避免感官疲劳，在连续提供几个成对样品时，应将样品量降到最低限度。

二、三点检验（GB/T 12311—2012）

　　三点检验是同时向评价员提供一组 3 个不同编码的样品，其中 2 个是完全相同的，要求评价员挑出有差别的那个样品。为使 3 个样品的排列次序、出现次数的概率相等，可运用以下 6 组组合：ABB、AAB、ABA、BAA、BBA、BAB，从实验室样品中制备数目相等的样品组。在检验中，6 组出现的概率也应相等。盛装检验样品的容器应编号，一般是随机选取 3 位数。三点检验适用于鉴别样品间的细微差别，也可以用于选择和培训评价员或者检查评价员的能力。

三、二-三点检验（GB/T 17321—2012）

　　二-三点检验是先提供一个标准样品，再提供两个待检样品，并告知其中一个样品与标准样品相同，要求找出与标准样品无差别的样品。再统计有效评价表的正解数，若正解数大于或等于其中某数，说明在此数所对应的显著性水平上，两样品间有差别。若小于其中所有的数，则说明在 5% 的显著水平上，两样品间无显著差别。

　　二-三点检验每次试验猜测性概率为 1/2，检验效率不如三点检验，但二-三点检验比较简单，容易理解。常用于风味较强、刺激较烈和余味持久的产品的检验，以降低评鉴次数，避免味觉和嗅觉疲劳。

实训操作

茶叶的感官成对比较检验

　　【实训目的】学会并掌握茶叶的感官成对比较检验方法。

　　【实训原理】成对比较检验又称两点检验，是以随机的方式，同时出示两个样品 A 与 B 给评价员，要求评价员对这两个样品进行比较，判断两个样品之间是否存在某种差别及差别方向如何，是否偏爱某一个样品的一种检验。

　　【实训设计】现有两种茶叶，一种是原产品，一种是新种植的品种，通过感官成对比较检验这两种产品之间是否存在差异。两点检验法差异检验结果见表 2-1。

表 2-1　两点检验法差异检验结果

评价员	评价结果	
	有差异次数	无差异次数
第 1 位	2	2
第 2 位	3	1

（续）

评价员	评价结果	
	有差异次数	无差异次数
第3位	3	1
第4位	3	1
第5位	4	0
第6位	2	2
总数	17	7

检验总次数 $n=6\times4=24$（次），有差异次数 $x=17$（次）。

查两点检验法差异检验表，$n=24$ 时，$x=17$，在 5% 的显著水平上，说明两种茶叶（新产品和原产品）之间存在显著性差异。

【实训要求】自拟实施方案；教师修改；方案实施；实训小结。

任务二 类别检验

类别检验的目的是估计差别的顺序或大小，或者样品应归属的类别或等级。它要求评价员对两个以上的样品进行评价，判定出哪个样品好，哪个样品差，以及它们之间的差异大小和差异方向。通过检验可得出样品间差异的排序和大小，或样品应归属的类别或等级。常用的方法有分类检验、排序检验、评分检验和评估检验。选择何种方法解释数据，取决于检验的目的及样品数量。

一、分类检验

分类检验是把样品以随机的顺序出示给评价员，要求评价员在对样品进行样品评价后，划出样品应属的预先定义的类别，这种检验称为分类检验。当样品打分有困难时，可用分类法评价出样品的好坏差别，得出样品的优劣、级别。也可以鉴定出样品的缺陷等。

二、排序检验

排序检验是比较数个样品，按某一指定特性由强度或嗜好程度排出一系列样品。排序检验只排出样品的次序，不评价样品间差异的大小。排序检验只能按一种特性进行，如要求按不同的特性排序，则按不同的特性安排不同的顺序。排序检验简单并且能够同时判断两个以上样品，但无法判别样品之间的差别大小、差别程度。当样品种类较多或者样品之间差别很小时，检验难以进行。

三、评分检验

评分检验是要求评价员把样品的品质特性以数字标度的形式来鉴评的一种检验。可用于鉴评一种或多种产品的一个或多个指标的强度及其差异，特别适用于鉴评新产品。

四、评估检验

评估检验是随机地提供一个或多个样品，由评价员在一个或多个指标的基础上进行分类、排序，以评价样品的一个或多个指标的强度，或对产品的偏爱程度，也可根据各项指标对产品质量的重要程度，确定其加权数，然后对各指标的评价结果加权平均，从而得出整个样品的评估结果。

 实训操作

西瓜的感官排序检验

【实训目的】学会并掌握西瓜的感官排序检验方法。

【实训原理】排序试验是比较数个样品，按某一指定特性由强度或嗜好程度排出一系列样品。排序检验只排出样品的次序，不评价样品间差异的大小。排序检验只能按一种特性进行，如要求按不同的特性排序，则按不同的特性安排不同的顺序。排序检验简单并且能够同时判断两个以上样品，但无法判别样品之间的差别大小、差别程度。当样品种类较多或者样品之间差别很小时，检验难以进行。

【实训设计】5 个西瓜品种编号：101、102、103、104、105。感官的排序检验结果见表 2-2。

表 2-2　5 个西瓜品种感官检验结果

排序	名次	外表	气味	味道	口感	喜欢
最佳	1	102	104	102	104	104
	2	104	102	104	102	102
↓	3	101	103	101	103	101
	4	105	101	105	101	103
最差	5	103	105	103	105	105

【实训要求】自拟实施方案；教师修改；方案实施；实训小结。

任务三　描述性检验

描述性检验是评价员对产品的所有品质特性进行定性、定量的分析及描述。它要求评价产品的所有感官特性，因此要求评价员除具备相应的感知能力外，还要具备用适当和准确的词语描述产品品质特性及其在农产品中的实质含义的能力，以及总体印象、总体特征强度和总体差异分析的能力。可用于新产品的研制和开发，鉴别产品间的差别，质量控制，为仪器检验提供感官数据库，提供产品特征的永久记录，监测产品在储藏期间的变化等。描述性检验可分为简单描述检验（定性）和定量描述检验两种。

一、简单描述检验

简单描述检验是评价员对构成样品的特性进行定性描述，以评价样品品质的检验。可用于识别或描述某一特殊样品或许多样品的特殊指标，或将感觉到的特性指标建立一个序列。

常用于质量控制，监测产品在储藏期间的质量，以及评价员的培训等。变化或描述已经确定的差异检测也可用于培训评价员。

简单描述检验通常有两种评价形式：①由评价员用任意的词汇对样品的特性进行描述。②提供指标评价表，评价员按评价表中所列出描述各种质量特征的词汇进行评价。

评价员完成评价后，由鉴评小组的组织者进行统计分析，根据每一描述性词汇使用的频数，得出评价结果。

二、定量描述检验

要求评价员尽量完整地描述样品感官特性以及这些特性的强度的检验称为定量描述检验（quantitative descriptive analysis，QDA）。常用于质量控制、新产品研制、产品品质改良、质量分析等方面，还可以为仪器检验结果提供可对比的感官数据，使产品特征相对稳定地保存下来。定量描述检验依照检验方式的不同可分为一致方法和独立方法两大类。

（1）一致方法是在检验中所有的评价员都是作为一个集体的一部分而工作的，目的是获得一个评价小组赞同的综合印象，使对被评价的产品的风味特点达到一致的认识。在检验过程中如果不能一次达成共识，可借助参比样来进行，有时需要多次讨论方可达到目的。

（2）独立方法是由评价员先在小组内讨论产品风味，然后由每个评价员单独工作，记录对样品的感觉的评价成绩，最后用计算平均值的方法，获得评价结果。

无论是一致方法还是独立方法，在检验开始前，评价组织者和评价员应完成以下准备工作：①制订记录样品的特性目录。②确定参比样。③规定描述特性的词汇。④建立描述和检验样品的方法。

 实训操作

面粉的感官简单描述检验

【实训目的】学会并掌握面粉的感官简单描述检验。

【实训原理】简单描述检验是评价员对构成样品的特性进行定性描述，以评价样品品质的检验。可用于识别或描述某一特殊样品或许多样品的特殊指标，或将感觉到的特性指标建立一个序列。

【实训设计】面粉的感官简单描述检验结果如表2-3所示。

表2-3　面粉的感官简单描述检验结果

指　标	特　征
色泽	白色至微黄色，均匀一致，不发暗，没有杂色
组织	呈粉末状，不含杂质，无粗粒感，没有虫和结块，放在手中紧压后不成团
气味	气味正常，没有酸臭味、霉味、煤油味、苦味等异味
口味	淡而微甜，可口，没有发酸、刺喉、发苦等味道

【实训要求】自拟实施方案；教师修改；方案实施；实训小结。

项目总结

感官检验就是用感觉器官来评价农产品的色、香、味、形、质地和口感等质量特征，分为分析型感官检验和偏爱型感官检验两大类型。感官检验有着理化和微生物检验方法所不能替代的优越性。感官检验不合格的产品，不必进行理化检验，直接判为不合格产品。现代感官检验的三大支柱是统计学、生理学和心理学。感官检验的基本要求是感官实验室的选择、评价员的选择和样品的准备。常用的感官检验可以分差别检验、类别检验、描述性检验。

问题思考

1. 感官检验有哪些类型？它们的区别是什么？
2. 常用的感官检验是什么？
3. 感官检验的基本要求是什么？

Project 3

项目三 物理检验

项目导入

根据农产品的相对密度、可溶性固形物含量、硬度、黏度和色度等物理常数与农产品的组分及含量之间的关系进行的检测称为物理检验。物理检验简便快捷，通过测定物理特性，可以判断农产品品质的优劣，是农产品生产与加工过程中常用的检测方法。

任务一 相对密度测定（GB 5009.2—2016）

密度是指物质在一定温度下单位体积的质量，用符号 ρ 表示，其单位为 g/cm^3。相对密度是指某一温度下物质的质量与同体积某一温度下水的质量之比，用符号 d 表示。

一、密度瓶法

1. 原理　在 20 ℃时分别测定充满同一密度瓶的水及试样的质量，由水的质量可确定密度瓶的容积即试样的体积，根据试样的质量及体积可计算试样的密度，试样密度与水密度的比值为试样相对密度。

2. 仪器

（1）密度瓶：精密密度瓶，如图 3-1 所示。

（2）恒温水浴锅。

（3）分析天平。

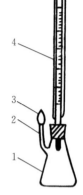

图 3-1　密度瓶
1. 密度瓶　2. 支管标线
3. 支管上小帽　4. 附温度计的瓶盖

3. 方法　取洁净、干燥、恒重、准确称量的密度瓶，装满试样后，置于 20 ℃ 水浴锅中浸 0.5 h，使内容物的温度达到 20 ℃，盖上瓶盖，并用细滤纸条吸去支管标线上的试样，盖好小帽后取出，用滤纸将密度瓶外擦干，置于天平室内 0.5 h，称量。再将试样倾出，洗净密度瓶，装满水，置于 20 ℃ 水浴锅中浸 0.5 h，使内容物的温度达到 20 ℃，盖上瓶盖，并用细滤纸条吸去支管标线上的水，盖好小帽后取出，用滤纸将密度瓶外擦干，置于天平室内 0.5 h，称量。密度瓶内不应有气泡，天平室内温度保持 20 ℃ 恒温条件，否则不应使用此方法。

4. 计算

$$d = \frac{m_2 - m_0}{m_1 - m_0}$$

式中：d——试样在 20 ℃ 时的相对密度；

$\qquad m_0$——密度瓶的质量，g；

$\qquad m_1$——密度瓶加水的质量，g；

$\qquad m_2$——密度瓶加液体试样的质量，g。

计算结果表示到称量天平的精度的有效数位（精确至 0.001 g）。在重复性条件下获得的两次独立测定结果的绝对差值不得超过算术平均值的 5%。

5. 注意　此法适用于液体试样相对密度的测定。

二、天平法

1. 原理　20 ℃ 时，分别测定玻锤在水及试样中的浮力，由于玻锤所排开的水的体积与排开的试样的体积相同，根据玻锤在水中与试样中的浮力可计算试样的密度，试样密度与水密度的比值为试样的相对密度。

2. 仪器

（1）韦氏相对密度天平：如图 3 - 2 所示。

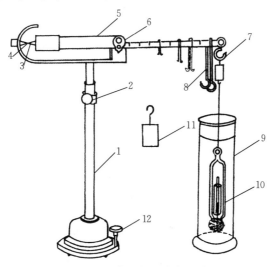

图 3 - 2　韦氏相对密度天平

1. 支架　2. 升降调节旋钮　3、4. 指针　5. 横梁　6. 刀口

7. 挂钩　8. 游码　9. 玻璃圆筒　10. 玻锤　11. 砝码　12. 调零旋钮

（2）分析天平：感量为 1 mg。

（3）恒温水浴锅。

3. 方法　测定时将支架置于平面桌上，横梁架于刀口处，挂钩处挂上砝码，调节升降旋钮至适宜高度，旋转调零旋钮，使两指针吻合。然后取下砝码，挂上玻锤，将玻璃圆筒内加水至 4/5 处，使玻锤沉于玻璃圆筒内，调节水温至 20 ℃（即玻锤内温度计指示温度），试放 4 种游码，至横梁上两指针吻合，读数为 P_1，然后将玻锤取出擦干，加欲测试样于干净圆筒中，使玻锤浸入至与以前相同的深度，保持试样温度在 20 ℃，试放 4 种游码，至横梁上两指针吻合，记录读数为 P_2。将玻锤放入圆筒内时，勿使碰及圆筒四周及底部。

4. 计算

$$d = \frac{P_2}{P_1}$$

式中：d——试样的相对密度；

　　　P_1——玻锤浸入水中时游码的读数，g；

　　　P_2——玻锤浸入试样中时游码的读数，g。

计算结果表示到韦氏相对密度天平精度的有效数位（精确至 0.001）。在重复性条件下获得的两次独立测定结果的绝对差值不得超过算术平均值的 5%。

5. 注意　此法适用于液体试样相对密度的测定。

三、比重计法

1. 原理　比重计利用了阿基米德原理，将待测液体倒入一个较高的容器，再将比重计放入液体中。比重计下沉到一定高度后呈漂浮状态。此时液面的位置在玻璃管上所对应的刻度就是该液体的密度。测得试样和水的密度的比值为相对密度。

2. 仪器　比重计。上部细管中有刻度标签，表示密度读数。

3. 方法　将比重计洗净擦干，缓缓放入盛有待测液体试样的量筒中，勿使其碰及容器四周及底部，保持试样温度在 20 ℃，待其静置后，再轻轻按下少许，然后待其自然上升，静置至无气泡冒出后，从水平位置观察与液面相交处的刻度，即试样的密度。分别测试试样和水的密度，两者的比值为试样相对密度。在重复性条件下获得的两次独立测定结果的绝对差值不得超过算术平均值的 5%。

4. 注意　此法适用于液体试样相对密度的测定。

 实训操作

蜂蜜相对密度的测定

【实训目的】学会并掌握密度瓶法测定蜂蜜的相对密度。

【实训原理】在 20 ℃时分别测定充满同一密度瓶的水及蜂蜜的质量，由水的质量可确定密度瓶的容积即蜂蜜的体积，根据蜂蜜的质量及体积可计算蜂蜜的密度，蜂蜜密度与水密度

的比值为蜂蜜的相对密度。

【实训仪器】精密密度瓶，恒温水浴锅，分析天平。

【操作步骤】取洁净、干燥、恒重、准确称量的密度瓶，装满蜂蜜后，置于 20 ℃水浴锅中浸 0.5 h，使蜂蜜的温度达到 20 ℃，盖上瓶盖，并用细滤纸条吸去支管标线上的蜂蜜，盖好小帽后取出，用滤纸将密度瓶外擦干，置于天平室内 0.5 h，称量。再将蜂蜜倾出，洗净密度瓶，装满水，置于 20 ℃水浴锅中浸 0.5 h，使水的温度达到 20 ℃，盖上瓶盖，并用细滤纸条吸去支管标线上的水，盖好小帽后取出，用滤纸将密度瓶外擦干，置于天平室内 0.5 h，称量。

【结果计算】

$$d = \frac{m_2 - m_0}{m_1 - m_0}$$

式中：d——蜂蜜在 20 ℃时的相对密度；

m_0——密度瓶的质量，g；

m_1——密度瓶加水的质量，g；

m_2——密度瓶加蜂蜜的质量，g。

计算结果表示到称量天平的精度的有效数位（精确至 0.001 g）。在重复性条件下获得的两次独立测定结果的绝对差值不得超过算术平均值的 5%。

任务二　折射率和硬度测定

折射率是物质的一种物理性质，不同的物质有不同的折射率。对于同一种物质，其折射率的大小取决于该物质溶液浓度的大小，随着溶液浓度的增大而递增。折射率还与入射光的波长、温度有关。波长较长折射率较小，波长较短折射率较大。温度升高折射率减小，温度降低折射率增大。

测定折射率可了解农产品的可溶性固形物含量，折射率大，说明农产品中的可溶性固形物含量高。同时测定苹果、梨、西瓜、香蕉等多种水果的硬度，可据此判定水果的成熟程度。

一、折射仪法（NY/T 2637—2014）

1. 原理　用折射仪测定样液的折射率，从显示器或刻度尺上读出样液的可溶性固形物含量，以蔗糖的质量分数表示。

2. 仪器

（1）折射仪：糖度（brix）刻度为 0.1%。常用的折射仪有两种：一种是数字阿贝折射仪，如图 3-3 所示；一种是手持式折射仪，如图 3-4 所示。

（2）高速组织捣碎机：转速为 10 000～12 000 r/min。

（3）天平：感量为 0.01 g。

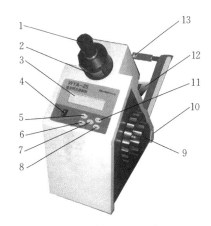

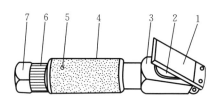

图 3-3　数字阿贝折射仪　　　　　　　图 3-4　手持式折射仪

1. 目镜　2. 色散手轮　3. 显示窗　4. 电源开关　　　　1. 盖板　2. 检测棱镜　3. 棱镜座

5. 读数显示键　6. 经温度修正锤度显示键　7. 折射率显示键　　4. 望远镜筒和外套　5. 调节螺丝

8. 未经温度修正锤度显示键　9. 调节手轮　10. RS232 接口　　　6. 视度调节圈　7. 目镜

11. 温度显示键　12. 折射棱镜部件　13. 聚光照明部件

3. 方法

（1）取样。按规定要求进行。

（2）样液制备。将水果和蔬菜洗净、擦干，取可食部分切碎、混匀，称取适量试样（含水量高的试样一般称取 250 g，含水量低的试样一般称取 125 g，加入适量蒸馏水），放入高速组织捣碎机中捣碎，用两层擦镜纸或 4 层纱布挤出匀浆汁液测定。

（3）仪器校准。在 20 ℃条件下，用蒸馏水校准折射仪，将可溶性固形物含量读数调整至零。环境温度不在 20 ℃时，需进行温度校正。

（4）样液测定。保持测定温度稳定，变幅不超过 ±0.5 ℃。用柔软绒布擦净棱镜表面，滴加 2～3 滴待测样液，使样液均匀分布于整个棱镜表面，对准光源（非数显折射仪应转动消色调节旋钮，使视野分成明暗两部分，再转动棱镜旋钮，使明暗分界线恰在物镜的十字交叉点上，如图 3-5 所示），记录折射仪读数。无温度自动补偿功能的折射仪，记录测定温度。用蒸馏水和柔软绒布将棱镜表面擦净。

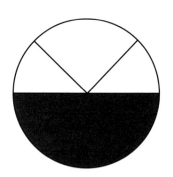

图 3-5　阿贝折射仪视场

注：测定时应避开强光干扰。

4. 计算

（1）有温度自动补偿功能的折射仪。未经稀释的试样，折射仪读数为试样可溶性固形物含量。加蒸馏水稀释过的试样，其可溶性固形物含量计算如下：

$$X = P \times \frac{m_0 + m_1}{m_0}$$

式中：X——样品可溶性固形物含量，%；

P——样液可溶性固形物含量，%；

m_0——试样质量，g；

m_1——试样中加入蒸馏水的质量，g。

注：常温下蒸馏水的质量按 1 g/mL 计。

（2）无温度自动补偿功能的折射仪。根据记录的测定温度，查出可溶性固形物含量温度校正值。未经稀释过的试样，测定温度低于 20 ℃时，折射仪读数减去校正值为试样可溶性固形物含量；测定温度高于 20 ℃时，折射仪读数加上校正值为试样可溶性固形物含量。加蒸馏水稀释过的试样，其可溶性固形物含量计算如下：

$$X = P \times \frac{m_0 + m_1}{m_0}$$

式中：X——样品可溶性固形物含量，%；

P——样液可溶性固形物含量，%；

m_0——试样质量，g；

m_1——试样中加入蒸馏水的质量，g。

结果以两次平行测定结果的算术平均值表示，保留一位小数。同一试样两次平行测定结果的最大允许绝对差值，未经稀释的试样为 0.5%，稀释过的试样为 0.5%乘以稀释倍数（即试样和所加蒸馏水的总质量与试样质量的比值）。

5. 注意 此法适用于水果和蔬菜可溶性固形物含量的测定。

二、硬度计法（NY/T 2009—2011）

1. 原理 以硬度计测头对水果果肉组织垂直施压，果肉所能承受的压力即水果硬度。

2. 仪器 根据水果的大小和硬度的不同，选用适宜类型和量程的水果专用手持硬度计，测量的硬度值应该在所选硬度计全量程值的 10%～90%范围内，测头直径的选择见表 3 - 1。

表 3 - 1 不同种类水果所需适宜的硬度计测头直径

水果种类	参考测头直径/mm
苹果	11.0
梨、桃、李、杏、草莓、杧果、猕猴桃	8.0
樱桃	3.0

3. 测定

（1）取样按规定要求进行。

（2）从同一批次、代表性的水果中，随机选取 20～30 个清洁、无病害、无伤痕的水果样品。若样品为冷藏水果应先将水果放在室温下，待果温与室温一致时测量。

（3）测量前，手压硬度计测头 2～3 次，以释放仪器内部弹簧压力，然后将仪器调整至初始位置（零位），测定硬度大于 10 kg 的果实时，应将手持硬度计装在支架上测量。

（4）大型果（苹果、梨、桃、杧果、猕猴桃），于每个果实从花萼至梗端中部在相对面或阳、阴面上，各选一个测试部位，用削皮器在选定的位置削去一薄层果皮，测试面要平整，削去的果皮厚度不宜过大，尽可能少损及果肉，削皮面积略大于所使用硬度计测头面积。

（5）小型果（李、杏、樱桃、草莓），于每个果实从花萼至梗端中部在果肉厚实的地方选一个测试部位，削去一薄层果皮，削皮面积略大于所使用硬度计测头面积（草莓果实不需削皮）。

（6）测量时，一只手握水果（或放置在坚硬的平台上），另一只手握硬度计，将硬度计测头垂直于果面，均匀、缓慢用力，插入硬度计测头，不得转动压入，测头进入水果的深度，应与测头上的标示一致，记录读数，结果保留至小数点后两位。

4. 计算

（1）同一批次水果硬度值按下式计算，以平均值表示，并应标明硬度计型号和测头直径（mm）。

$$F=\frac{f_i}{N}$$

式中：F——水果硬度，g 或 kg；

   f_i——每次测定的水果硬度计读数值，g 或 kg；

   N——测定次数。

结果保留至小数点后两位。

（2）使用不同测头直径（平头）硬度计测定苹果硬度时，进行数据比较时，宜统一单位，单位换算按下式进行。

$$P=\frac{F}{\pi\times r^2}$$

式中：P——水果硬度，kg/cm²；

   F——水果硬度，kg；

   π——3.14；

   r——硬度计测头半径，cm。

采用本方法，在重复性条件下获得的两次独立测试结果的绝对差值不得超过算术平均值的 10%。

5. 注意 此法适用于苹果、梨、桃、李、杏、樱桃、草莓、杧果、猕猴桃等果实硬度的测定。

**实训操作**

饮料中可溶性固形物含量的测定

【实训目的】学会并掌握折射仪法测定饮料中可溶性固形物的含量。

【实训原理】在 20 ℃条件下用折射仪测量待测样液的折射率，并用 20 ℃时的折射率与可溶性固形物含量换算或从折射仪上直接读出可溶性固形物含量。此方法适用于透明液体、半黏稠、含悬浮物的饮料制品。

【实训仪器】阿贝折射仪或其他折射仪，组织捣碎机。

【操作步骤】

1. 样品制备

（1）透明液体制品。将试样充分混匀，直接测定。

（2）半黏稠制品（果浆、菜浆类）。将试样充分混匀，用4层纱布挤出滤液，弃去最初几滴，收集滤液供测试用。

（3）含悬浮物制品（果粒果汁类饮料）。将待测样品置于组织捣碎机中捣碎，用4层纱布挤出滤液，弃去最初几滴，收集滤液供测试用。

2. 样品测定

（1）测定前按说明书校正折射仪，以阿贝折射仪为例，其他折射仪按说明书操作。

（2）分开折射仪两面棱镜，用脱脂棉蘸乙醚或乙醇擦净。

（3）用玻璃棒蘸取试液2～3滴，滴于折射仪棱镜面中央（注意勿使玻璃棒触及镜面）。

（4）迅速闭合棱镜，静置1 min，使试液均匀无气泡并充满视野。

（5）对准光源，通过目镜观察接物镜。旋转粗调螺旋，使视野分成明暗两部分，再旋转微调螺旋，使明暗界线清晰，并使其分界线恰在接物镜的"十"字交叉点上。读取目镜视野中的示数，并记录棱镜温度。

（6）如目镜读数标尺刻度为百分数，读数为可溶性固形物含量；如目镜读数标尺为折射率，查表换算为可溶性固形物含量，再查温度校正表校正为20 ℃时的可溶性固形物含量。

任务三　黏度测定（NY/T 1860.21—2016）

一、毛细管黏度计法

1. 原理　使恒温水浴达到所需温度，测定液体通过毛细管黏度计刻度线的时间以得到的黏度。

2. 仪器　恒温水浴锅：精度为±0.1 ℃。三管乌氏毛细管黏度计。秒表：精度为±0.1 s。

3. 方法　在（20±0.1）℃、（40±0.1）℃条件下分别测定。开启恒温水浴锅并将仪表设定到所需要的温度，将毛细管黏度计竖直固定于恒温水浴中，其上下基准刻度线应在水面以下并清晰可见。在上下通气管上接上乳胶软管，并用夹子夹住下通气管上的乳胶管使其不通大气。取适当体积被试物，经被试物加入管加到黏度计中。被试物温度与水浴温度平衡后，用洗耳球在上通气管的乳胶软管处吸气，将液面提高，直至上储液球半充满。此时放开下通气管上端夹子，使毛细管内液体同分离球内液体分开。松开洗耳球，使液体回流、液面降低。测定新月形液面从上刻度线降至下刻度线的时间。

4. 计算　被试物动力黏度 η（MPa·s）的计算如下：

$$\eta = c \times t \times \rho$$

式中：η——被试物动力黏度，MPa·s；

　　　　c——毛细管黏度计常数，mm^2/s^2；

　　　　t——新月形液面从上刻度线降至下刻度线的时间，s；

　　　　ρ——被试物的密度，g/mL。

5. 注意　每个温度应至少重复测定2次，结果的相对差值应小于1%，取其算术平均值作为测定结果。毛细管黏度计适用于黏度在 $5 \times 10^{-1} \sim 1 \times 10^5$ MPa·s 的液体。

二、旋转黏度计法

1. 原理　使恒温水浴锅达到所需温度，使用旋转黏度计自动测量被试物的黏度。

2. 仪器　恒温水浴锅：精度为±0.2 ℃。烧杯，旋转黏度计。

3. 方法　在（20±0.2）℃、（40±0.2）℃条件下分别测定。开启黏度计，取下转子，保持电机空载运转，使仪器自动校零。

安装水夹套，使其固定在仪器主机上，并确保水夹套的进/出水口与恒温水浴锅的相应接口妥善连接；开启恒温槽，设置到选定的温度进行恒温；将被试物加进盛样器内，再将盛样器放入水夹套内固定，使被试物开始恒温（或使用旋转黏度计专用恒温槽；即旋转黏度计由固定架固定，将被试物放入烧杯内，使液体温度直接传递给被试物）。安装合适的转子（根据样品黏度的大小，选择最合适的转子和转速，确保扭矩百分比读数在30%～70%），确保转子杆上的凹槽刻痕和液面相平。继续恒温1 h以上，确保被试物及转子均处于试验温度。

开启黏度计，选择转速，仪器自动测量被试物的黏度。每次更换转子，均应关停旋转电机，并恒温15 min以上。

注：具体操作参照各型号黏度计使用说明书。

4. 计算　被试物动力黏度计算如下：

$$\eta = k \times \alpha$$

式中：η——被试物动力黏度，MPa·s；

　　　k——旋转式黏度计系数表中转子的系数；

　　　α——旋转式黏度计刻度表盘中的读数。

5. 注意　每个温度应至少重复测定2次，结果的相对差值应小于1.5%，取其算术平均值作为测定结果。旋转黏度计适用于黏度在10～10^9 MPa·s的液体。

 **实训操作**

蜂蜜黏度的测定

【实训目的】学会并掌握毛细管黏度计法测定蜂蜜的黏度。

【实训原理】使恒温水浴锅达到所需温度，测定液体通过毛细管黏度计刻度线的时间以得到黏度。

【实训仪器】恒温水浴锅：精度为±0.1 ℃。三管乌氏毛细管黏度计。秒表：精度为±0.1 s。

【操作步骤】在（20±0.1）℃、（40±0.1）℃条件下分别测定。开启恒温水浴锅并将仪表设定到所需要的温度，将毛细管黏度计竖直固定于恒温水浴锅中，其上下基准刻度线应在水面以下并清晰可见。在上下通气管上接上乳胶软管，并用夹子夹住下通气管上的乳胶管使其不通大气。取适当体积蜂蜜，经蜂蜜加入管加到黏度计中。当蜂蜜温度与水浴温度平衡后，用洗耳球在上通气管的乳胶软管处吸气，将液面提高，直至上储液球半充满。此时放开下通气管上端夹子，使毛细管内液体同分离球内液体分开。松开洗耳球，使液体回流、液面降低。测定新月形液面从上刻度线降至下刻度线的时间。

【结果计算】

$$\eta = c \times t \times \rho$$

式中：η——蜂蜜动力黏度，MPa·s；

  c——毛细管黏度计常数，mm^2/s^2；

  t——新月形液面从上刻度线降至下刻度线的时间，s；

  ρ——被试物的密度，g/mL。

每个温度应至少重复测定两次，结果的相对差值应小于1%，取其算术平均值作为测定结果。

任务四 色度测定（GB/T 4928—2008）

液态食品如饮料、矿泉水、各种酒类都有其相应的色度、浊度、透明度等感官指标，色度、浊度、透明度是液体的物理特性，对某些食品来说，这些物理特性往往是决定其产品质量的关键。

一、比色计法

1. 原理 将除气后的试样注入EBC比色计的比色皿中，与标准EBC色盘比较，目视读取或自动数字显示试样的色度，以色度单位EBC表示。

2. 仪器 EBC比色计（或使用同等分析效果的仪器）：具有2～27 EBC的目视色度盘或自动数据处理与显示装置。

3. 试剂 哈同（Hartong）基准溶液：称取0.1 g（精确至0.001 g）重铬酸钾（$K_2Cr_2O_7$）和3.5 g（精确至0.001 g）亚硝酰铁氰化钠 $\{Na_2[Fe(CN)_5NO]\cdot 2H_2O\}$，用水溶解并定容至1 000 mL，储于棕色瓶中，于暗处放置24 h后使用。

4. 方法

（1）仪器校正。将哈同溶液注入40 mm比色皿中，用色度计测定。其标准色度应为15 EBC；若使用25 mm比色皿，其标准色度为9.4 EBC。仪器的校正应每月一次。

（2）测定。在保证样品有代表性，不损失或少损失酒精的前提下，用振摇、超声波或搅拌等方式除去试样中的二氧化碳。将无二氧化碳试样注入25 mm比色皿中，然后放到比色盒中，与标准色盘进行比较，当两者色调一致时直接读数。或使用自动数字显示色度计，自动显示、打印其结果。

5. 计算

$$S_1 = \frac{S_2}{H} \times 25$$

式中：S_1——试样的色度，EBC；

  S_2——实测的色度，EBC；

  H——使用比色皿厚度，mm；

  25——换算成标准比色皿的厚度，mm。

在重复性条件下获得的两次独立测定值之差，色度为 2～10 EBC 时，不得大于 0.5 EBC。色度大于 10 EBC 时，稀释样平行测定值之差不得大于 1 EBC。

6. 注意 如使用其他规格的比色皿，则需要换算成 25 mm 比色皿的数据，计算其结果。测定浓色和黑色啤酒时，需要将酒样稀释至合适的倍数，然后将测定结果乘以稀释倍数，所得结果保留至小数点后一位。

二、分光光度计法

1. 原理 样品的色泽愈深，则在一定波长下的吸光值愈大，因此可直接测定吸光度，然后转换为 EBC 单位表示色度。

2. 仪器

（1）可见分光光度计。

（2）玻璃比色皿：10 mm。

（3）离心机：4 000 r/min。

3. 方法

在保证样品有代表性、不损失或少损失酒精的前提下，用振摇、超声波或搅拌等方式除去试样中的二氧化碳。将无二氧化碳试样注入 10 mm 玻璃比色皿中，以水为空白调整零点，分别在波长 430 nm 和 700 nm 处测定试样的吸光度。

4. 计算

$$S_3 = A_{430} \times 25 \times n$$

式中：S_3——试样的色度，EBC；

$\quad A_{430}$——试样在波长 430 nm 处用 10 mm 玻璃比色皿测得的吸光度；

$\quad 25$——换算成标准比色皿的厚度，mm；

$\quad n$——稀释倍数。

所得结果保留至小数点后一位。在重复性条件下获得的两次独立测定值之差，不得大于 0.5 EBC。

5. 注意 若 $A_{430} \times 0.039 > A_{700}$ 表示试样是透明的，按公式计算 S_3。若 $A_{430} \times 0.039 < A_{700}$ 表示试样是混浊的，需要离心或过滤后，重新测定。当 A_{430} 在 0.8 以上时，需用水稀释后再测定。

 **实训操作**

啤酒色度的测定

【实训目的】学会并掌握比色计法测定啤酒的色度。

【实训原理】将除气后的啤酒注入 EBC 比色计的比色皿中，与标准 EBC 色盘比较，目视读取或自动数字显示试样的色度，以色度单位 EBC 表示。

【实训仪器】EBC 比色计（或使用同等分析效果的仪器）：具有 2～27 EBC 的目视色度盘或自动数据处理与显示装置。

【实训试剂】哈同（Hartong）基准溶液：称取 0.1 g（精确至 0.001 g）重铬酸钾

（$K_2Cr_2O_7$）和 3.5 g（精确至 0.001 g）亚硝酰铁氰化钠 $\{Na_2[Fe(CN)_5NO]\cdot 2H_2O\}$，用水溶解并定容至 1 000 mL，储于棕色瓶中，于暗处放置 24 h 后使用。

【操作步骤】

1. 仪器校正 将哈同溶液注入 40 mm 比色皿中，用色度计测定。其标准色度应为 15 EBC；若使用 25 mm 比色皿，其标准色度为 9.4 EBC。仪器的校正应每月一次。

2. 测定 在保证样品有代表性、不损失或少损失酒精的前提下，用振摇、超声波或搅拌等方式除去试样中的二氧化碳。将无二氧化碳试样注入 25 mm 比色皿中，然后放到比色盒中，与标准色盘进行比较，当两者色调一致时直接读数。或使用自动数字显示色度计，自动显示、打印其结果。

【结果计算】

$$S_1 = \frac{S_2}{H} \times 25$$

式中：S_1——啤酒的色度，EBC；

$\quad\quad S_2$——实测的色度，EBC；

$\quad\quad H$——使用比色皿厚度，mm；

$\quad\quad 25$——换算成标准比色皿的厚度，mm。

在重复性条件下获得的两次独立测定值之差，色度为 2～10 EBC 时，不得大于 0.5 EBC。色度大于 10 EBC 时，稀释样平行测定值之差不得大于 1 EBC。

项目总结

物理检验是根据一些物理常数（如相对密度、折射率和硬度、黏度、色度等）与农产品的组分及含量之间的关系进行检测的方法。物理检验是农产品生产与加工过程中常用的检测方法。

问题思考

1. 简述密度瓶法的测定步骤及使用注意事项。

2. 简要说明样品的组成及其浓度与折射率的关系。

3. 简述折射仪法的测定步骤及使用注意事项。

4. 简述硬度计法的测定步骤及使用注意事项。

5. 简述毛细管黏度计法的测定步骤及使用注意事项。

6. 简述比色计法的测定步骤及使用注意事项。

Project 4

项目四
营养物质检测

【知识目标】

1. 了解农产品中营养物质的种类、形态、性质及作用。

2. 掌握农产品中水分、酸度、脂肪、蛋白质、氨基酸、糖类、维生素、矿物元素等物质的检测原理。

【技能目标】

1. 能够正确使用农产品中营养物质检测所用的仪器设备。

2. 能够熟练掌握农产品中营养物质检测的操作技能。

项目导入

农产品中的营养物质是人类生活和生存的重要物质基础，人们通过食用农产品来摄入人体所需要的营养物质。农产品中的营养物质有水分、酸度、脂肪、蛋白质、氨基酸、糖类、维生素、矿物元素等。

任务一　水分测定（GB 5009.3—2016）

水分是农产品中最重要的成分之一。尽管水本身不能提供热量，但水和无机盐、维生素一样，是调节人体各种生理活动的重要物质。一定的水分含量可影响农产品的保鲜性、保藏性、加工性等。在一般情况下，将水分含量控制得低一点可防止微生物生长，但是并非水分含量越低越好。

农产品中水分的存在状态有两种：自由水和结合水。自由水（又名游离水）主要存在于植物细胞间隙，具有水的一切特性（100 ℃时沸腾，0 ℃时结冰，并且易汽化）。游离水是农产品的主要分散剂，可以溶解糖、酸、无机盐等，可用简单加热蒸发的方法除掉。结合水又分两类，即束缚水和结晶水。束缚水与农产品中脂肪、蛋白质、糖类等形成结合状态，以氢键的形式与有机物的活性基团结合在一起。束缚水不具有水的特性，所以要除掉这部分水是困难的。束缚水的特点是不易结冰（冰点为－40 ℃），不能作为溶质的溶剂。结晶水以配位键的形式存在，它们之间结合得很牢固，难以用普通方法除去这一部分水。

一、直接干燥法

1. 原理 利用食品中水分的物理性质，在101.3 kPa（一个大气压）、101~105 ℃条件下采用挥发的方法测定样品中干燥减失的重量，包括吸湿水、部分结晶水和该条件下能挥发的物质，再通过干燥前后的称量数值计算出水分的含量。

2. 仪器

（1）扁形铝制或玻璃制称量瓶。

（2）电热恒温干燥箱。

（3）干燥器：内附有效干燥剂。

（4）天平：感量为0.1 mg。

3. 试剂 除非另有说明，本方法所用试剂均为分析纯，水为GB/T 6682—2008《分析实验室用水规格和试验方法》规定的三级水。

（1）氢氧化钠（NaOH）。

（2）盐酸（HCl）。

（3）盐酸溶液（6 mol/L）：量取50 mL盐酸，加水稀释至100 mL。

（4）氢氧化钠溶液（6 mol/L）：称取24 g氢氧化钠，加水溶解并稀释至100 mL。

（5）海砂。取用水洗去泥土的海砂、河砂、石英砂或类似物，先用盐酸溶液（6 mol/L）煮沸0.5 h，用水洗至中性，再用氢氧化钠溶液（6 mol/L）煮沸0.5 h，用水洗至中性，经105 ℃干燥备用。

4. 方法

（1）固体试样。取洁净铝制或玻璃制的扁形称量瓶，置于101~105 ℃干燥箱中，将瓶盖斜支于瓶边，加热1.0 h，取出盖好，置于干燥器内冷却0.5 h，称量，并重复干燥至前后两次质量差不超过2 mg，即达恒重。将混合均匀的试样迅速磨细至颗粒小于2 mm，不易研磨的样品应尽可能切碎，称取2~10 g试样（精确至0.000 1 g），放入此称量瓶中，试样厚度不超过5 mm，如为疏松试样，厚度不超过10 mm，加盖，精密称量后，置于101~105 ℃干燥箱中，将瓶盖斜支于瓶边，干燥2~4 h后，盖好取出，放入干燥器内冷却0.5 h后称量。再放入101~105 ℃干燥箱中干燥1 h左右，取出放入干燥器内冷却0.5 h后再称量。并重复以上操作至前后两次质量差不超过2 mg，即达恒重。

注：两次恒重值在最后计算中，取质量较小的一次称量值。

（2）半固体或液体试样。取洁净的称量瓶，内加10 g海砂（试验过程中可根据需要适当增加海砂的量）及一根小玻棒，置于101~105 ℃干燥箱中，干燥1.0 h后取出，放入干燥器内冷却0.5 h后称量，并重复干燥至恒重。然后称取5~10 g试样（精确至0.000 1 g），置于称量瓶中，用小玻棒搅匀、沸水浴蒸干，并随时搅拌，擦去瓶底的水滴，置于101~105 ℃干燥箱中干燥4 h后盖好取出，放入干燥器内冷却0.5 h后称量。再放入101~105 ℃干燥箱中干燥1 h左右，取出，放入干燥器内冷却0.5 h后再称量。并重复以上操作至前后两次质量差不超过2 mg，即达恒重。

5. 计算

$$X = \frac{m_1 - m_2}{m_1 - m_3} \times 100$$

式中：X——试样中水分的含量，$g/100 g$；

m_1——称量瓶（加海砂、玻棒）和试样的质量，g；

m_2——称量瓶（加海砂、玻棒）和试样干燥后的质量，g；

m_3——称量瓶（加海砂、玻棒）的质量，g；

100——单位换算系数。

水分含量≥1 g/100 g 时，计算结果保留三位有效数字；水分含量＜1 g/100 g 时，结果保留两位有效数字。在重复性条件下获得的两次独立测定结果的绝对差值不得超过算术平均值的 10%。

6. 注意 此法适用于在 101～105 ℃条件下，蔬菜、谷物及其制品、水产品、豆制品、乳制品、肉制品、卤菜制品、粮食（水分含量低于 18%）、油料（水分含量低于 13%）、淀粉及茶叶类等食品中水分的测定，不适用于水分含量小于 0.5 g/100 g 的样品。

二、卡尔·费休法

1. 原理 根据碘能与水和二氧化硫发生化学反应，在有吡啶和甲醇共存时，1 mol 碘只与 1 mol 水作用，反应式如下：

$$C_5H_5N \cdot I_2 + C_5H_5N \cdot SO_2 + C_5H_5N + CH_3OH + H_2O \longrightarrow 2C_5H_5N \cdot HI + C_5H_6N[SO_4CH_3]$$

卡尔·费休水分测定法（Karl-Fisher titration）又分为库仑法和滴定法。其中滴定法测定的碘是作为滴定剂加入的，滴定剂中碘的浓度是已知的，根据消耗滴定剂的体积，计算消耗碘的量，从而计量出被测物质水的含量。

2. 仪器

（1）卡尔·费休水分测定仪。

（2）天平：感量为 0.1 mg。

3. 试剂

（1）卡尔·费休试剂。

（2）无水甲醇（CH_4O）：优级纯。

4. 方法

（1）卡尔·费休试剂的标定（滴定法）。在反应瓶中加一定体积（浸没铂电极）的甲醇，在搅拌下用卡尔·费休试剂滴定至终点。再加入 10 mg 水（精确至 0.000 1 g），滴定至终点并记录卡尔·费休试剂的用量（V）。卡尔·费休试剂的滴定度：

$$T = \frac{m}{V}$$

式中：T——卡尔·费休试剂的滴定度，mg/mL；

m——水的质量，mg；

V——滴定水消耗的卡尔·费休试剂的用量，mL。

（2）试样前处理。可粉碎的固体试样要尽量粉碎，使之均匀。不易粉碎的试样可切碎。

（3）试样中水分的测定。于反应瓶中加一定体积的甲醇或卡尔·费休测定仪中规定的溶剂浸没铂电极，在搅拌下用卡尔·费休试剂滴定至终点。迅速将易溶于甲醇或卡尔·费休测定仪中规定的溶剂的试样直接加入滴定杯中；对于不易溶解的试样，应采用对滴定杯进行加热或加入已测定水分的其他溶剂辅助溶解后用卡尔·费休试剂滴定至终点。采用滴定法测定的试样的含水量应大于 $100\,\mu g$。对于滴定时平衡时间较长且引起漂移的试样，需要扣除其漂移量。

（4）漂移量的测定。在滴定杯中加入与测定样品一致的溶剂，并滴定至终点，放置不少于 $10\,\min$ 后再滴定至终点，两次滴定之间的单位时间内的体积变化即漂移量（D）。

5. 计算　固体试样中水分的含量：

$$X = \frac{(V_1 - D \times t) \times T}{m} \times 100$$

液体试样品中水分的含量：

$$X = \frac{(V_1 - D \times t) \times T}{V_2 \rho} \times 100$$

式中：X——试样中水分的含量，g/100 g；

　　　V_1——滴定样品时卡尔·费休试剂的体积，mL；

　　　D——漂移量，mL/min；

　　　t——滴定时所消耗的时间，min；

　　　T——卡尔·费休试剂的滴定度，g/mL；

　　　m——样品质量，g；

　　　100——单位换算系数；

　　　V_2——液体样品体积，mL；

　　　ρ——液体样品的密度，g/mL。

水分含量≥1 g/100 g 时，计算结果保留三位有效数字；水分含量＜1 g/100 g 时，结果保留两位有效数字。在重复性条件下获得的两次独立测定结果的绝对差值不得超过算术平均值的 10%。

6. 注意

（1）卡尔·费休法适用于食品中微量水分的测定，不适用于含有氧化剂、还原剂、碱性氧化物、氢氧化物、碳酸盐、硼酸等食品中水分的测定。

（2）卡尔·费休滴定法适用于水分含量大于 1.0×10^{-3} g/100 g 的样品。

 **实训操作**

玉米粉中水分的测定

【实训目的】学会并掌握用直接干燥法测定玉米粉中水分的含量。

【实训原理】利用食品中水分的物理性质，在 101.3 kPa（一个大气压）、温度 101～105 ℃ 条件下采用挥发方法测定样品中干燥减失的质量，包括吸湿水、部分结晶水和该条件下能挥发的物质，再通过干燥前后的称量数值计算出水分的含量。

【实训仪器】电子天平，称量瓶，电热恒温干燥箱，干燥器。

【操作步骤】

（1）取洁净的称量瓶置于 105 ℃ 干燥箱中，将瓶盖斜支于瓶边，加热 1.0 h，取出盖好，置于干燥器内冷却 0.5 h，称量，并重复干燥直至恒重。

（2）在称量瓶中加入玉米粉 2～10 g，加盖，精密称量。然后置于 105 ℃ 干燥箱中，将瓶盖斜支于瓶边，干燥 4.0 h 后，盖好取出，放入干燥器内冷却 0.5 h 后称量。

（3）再放入 105 ℃ 干燥箱中干燥 1.0 h 左右，盖好取出，放入干燥器内冷却 0.5 h 后再称量。重复以上操作，直至恒重。

【结果计算】

$$X = \frac{m_1 - m_2}{m_1 - m_3} \times 100$$

式中：X——玉米粉中水分的含量，g/100 g；

m_1——称量瓶和玉米粉的质量，g；

m_2——称量瓶和玉米粉干燥后的质量，g；

m_3——称量瓶的质量，g；

100——单位换算系数。

水分含量 ≥ 1 g/100 g 时，计算结果保留三位有效数字；水分含量 < 1 g/100 g 时，结果保留两位有效数字。在重复性条件下获得的两次独立测定结果的绝对差值不得超过算术平均值的 10%。

任务二 灰分测定（GB 5009.4—2016）

农产品中除含有大量有机物质外，还含有较丰富的无机成分。这些无机成分在维持人体的正常生理功能，构成人体组织方面有着十分重要的作用。农产品经高温（500～600 ℃）灼烧后所残留的无机物质称为灰分。灰分主要是金属氧化物和无机盐类。灰分是标示农产品中无机成分总量的一项指标。

农产品在高温灼烧时，发生一系列物理和化学变化。水分及其挥发物以气态逸出；有机物质中的碳、氢、氮等元素与有机物质本身的氧及空气中的氧结合生成二氧化碳、氮的氧化物及水分而散失；有机酸的金属盐转变为碳酸盐或金属氧化物；有些组分转变成为氧化物、磷酸盐、硫酸盐或卤化物；有的元素或直接挥发散失（如氯、碘、铅等），或以容易挥发的化合物（如磷、硫生成含氧酸）的形式挥发。因此，农产品灰化后残留的灰分与农产品中原来存在的无机成分在数量和组成上并不完全相同，元素的挥发使农产品中的无机成分减少，形成的碳酸盐又使无机成分增多，农产品灰化后的残留灰分并不能准确地表示农产品中原来的无机成分的总量。所以通常把农产品经高温灼烧后的残留物称为粗灰分。

灰分按其溶解性还可分为水溶性灰分、水不溶性灰分和酸不溶性灰分等。水溶性灰分反映的是可溶性的钾、钠、钙、镁等的氧化物和盐类的含量；水不溶性灰分反映的是污染的泥沙和铁、铝等氧化物及碱土金属的碱式磷酸盐的含量；酸不溶性灰分反映的是污染的泥沙和食品中原来存在的微量氧化硅的含量。

测定灰分的意义在于：总灰分含量是控制农产品质量的重要依据；评定农产品是否污

染；判断农产品是否掺假；是评价营养的参考指标。

一、总灰分测定

1. 原理 食品经灼烧后残留的无机物质称为灰分。灰分数值经灼烧、称重后计算得出。

2. 仪器

（1）高温炉：最高使用温度≥950 ℃。

（2）分析天平：感量分别为 0.1 mg、1 mg、0.1 g。

（3）石英坩埚或瓷坩埚。

（4）干燥器：内有干燥剂。

（5）电热板。

（6）恒温水浴锅：控温精度为±2 ℃。

3. 试剂 除非另有说明，本方法所用试剂均为分析纯，水为 GB/T 6682—2008《分析实验室用水规格和试验方法》规定的三级水。

（1）浓盐酸（HCl）。

（2）盐酸溶液（10%）。量取 24 mL 分析纯浓盐酸用蒸馏水稀释至 100 mL。

4. 方法

（1）坩埚预处理。先用沸腾的稀盐酸洗涤，再用大量自来水洗涤，最后用蒸馏水冲洗。将洗净的坩埚置于高温炉内，在（900±25)℃条件下灼烧 30 min，并在干燥器内冷却至室温，称重，精确至 0.000 1 g。

（2）称样。迅速称取样品 2~10 g，精确至 0.000 1 g。将样品均匀分布在坩埚内，不要压紧。

（3）测定。

① 淀粉类食品。将坩埚置于高温炉口或电热板上，半盖坩埚盖，小心加热使样品在通气情况下完全炭化至无烟，即刻将坩埚放入高温炉内，将温度升高至（900±25)℃，保持此温度直至剩余的炭全部消失，一般 1 h 可灰化完毕，冷却至 200 ℃左右，取出，放入干燥器中冷却 30 min，称量前如发现灼烧残渣有炭粒，向试样中滴入少许水湿润，使结块松散，蒸干水分再次灼烧，无炭粒表示灰化完全，方可称量。重复灼烧至前后两次称量相差不超过 0.5 mg 为恒重。

② 其他食品。液体和半固体试样应先沸水浴蒸干。固体或蒸干后的试样，先在电热板上以小火加热使试样充分炭化至无烟，然后置于高温炉中，在（550±25)℃条件下灼烧 4 h。冷却至 200 ℃左右，取出，放入干燥器中冷却 30 min，称量前如发现灼烧残渣有炭粒，向试样中滴入少许水湿润，使结块松散，蒸干水分再次灼烧，无炭粒表示灰化完全，方可称量。重复灼烧至前后两次称量相差不超过 0.5 mg 为恒重。

5. 计算

（1）以试样质量计。

$$X = \frac{m_1 - m_2}{m_3 - m_2} \times 100$$

式中：X——试样中灰分的含量，g/100 g；

m_1——坩埚和灰分的质量，g；

m_2——坩埚的质量，g；

m_3——坩埚和试样的质量，g；

100——单位换算系数。

（2）以干物质计。

$$X=\frac{m_1-m_2}{(m_3-m_2)\times\omega}\times100$$

式中：X——试样中灰分的含量，g/100 g；

m_1——坩埚和灰分的质量，g；

m_2——坩埚的质量，g；

m_3——坩埚和试样的质量，g；

ω——试样干物质含量（质量分数），％；

100——单位换算系数。

试样中灰分含量≥10 g/100 g 时，保留三位有效数字；试样中灰分含量<10 g/100 g 时，保留两位有效数字。在重复性条件下获得的两次独立测定结果的绝对差值不得超过算术平均值的 5％。

6. 注意 此方法适用于食品中灰分的测定（淀粉类灰分的测定方法适用于灰分质量分数≤2％的淀粉和变性淀粉）。

二、水不溶性灰分测定

1. 原理 用热水提取总灰分，经无灰滤纸过滤、灼烧、称量残留物，测得水不溶性灰分，由总灰分和水不溶性灰分的质量之差计算水溶性灰分。

2. 仪器

（1）高温炉：最高温度≥950 ℃。

（2）分析天平：感量分别为 0.1 mg、1 mg、0.1 g。

（3）石英坩埚或瓷坩埚。

（4）干燥器：内有干燥剂。

（5）无灰滤纸。

（6）漏斗。

（7）表面皿：直径为 6 cm。

（8）烧杯（高型）：容量为 100 mL。

（9）恒温水浴锅：控温精度为±2 ℃。

3. 试剂 除非另有说明，本方法所用水为 GB/T 6682—2008《分析实验室用水规格和试验方法》规定的三级水。

4. 方法

（1）坩埚预处理。先用沸腾的稀盐酸洗涤，再用大量自来水洗涤，最后用蒸馏水冲洗。将洗净的坩埚置于高温炉内，在（900±25）℃条件下灼烧 30 min，并在干燥器内冷却至室温，称重，精确至 0.000 1 g。

（2）称样。迅速称取样品 2～10 g，精确至 0.000 1 g。将样品均匀分布在坩埚内，不要压紧。

（3）总灰分制备。

① 淀粉类食品。操作同总灰分的测定步骤"4.（3）①淀粉类食品"。

② 其他食品。操作同总灰分的测定步骤"4.（3）②其他食品"。

（4）测定。用约 25 mL 热蒸馏水分次将总灰分从坩埚中洗入 100 mL 烧杯中，盖上表面皿，用小火加热至微沸，防止溶液溅出。趁热用无灰滤纸过滤，并用热蒸馏水分次洗涤杯中残渣，直至滤液和洗涤体积约达 150 mL，将滤纸连同残渣移入原坩埚内，放在沸水浴锅上小心地蒸去水分，然后将坩埚烘干并移入高温炉内，以（550±25）℃灼烧至无炭粒（一般需1 h）。待炉温降至 200 ℃时，放入干燥器内，冷却至室温，称重（精确至 0.000 1 g）。再放入高温炉内，（550±25）℃灼烧 30 min，如前冷却并称重。如此重复操作，直至连续两次称重之差不超过 0.5 mg，记下最低值。

5. 计算

（1）以试样质量计。

$$X_1 = \frac{m_1 - m_2}{m_3 - m_2} \times 100$$

式中：X_1——水不溶性灰分的含量，g/100 g；

m_1——坩埚和水不溶性灰分的质量，g；

m_2——坩埚的质量，g；

m_3——坩埚和试样的质量，g；

100——单位换算系数。

$$X_2 = \frac{m_4 - m_5}{m_0} \times 100$$

式中：X_2——水溶性灰分的含量，g/100 g；

m_0——试样的质量，g；

m_4——总灰分的质量，g；

m_5——水不溶性灰分的质量，g；

100——单位换算系数。

（2）以干物质计。

$$X_1 = \frac{m_1 - m_2}{(m_3 - m_2) \times \omega} \times 100$$

式中：X_1——水不溶性灰分的含量，g/100 g；

m_1——坩埚和水不溶性灰分的质量，g；

m_2——坩埚的质量，g；

m_3——坩埚和试样的质量，g；

ω——试样干物质含量（质量分数），%；

100——单位换算系数。

$$X_2 = \frac{m_4 - m_5}{m_0 \times \omega} \times 100$$

式中：X_2——水溶性灰分的含量，g/100 g；

m_0——试样的质量，g；

m_4——总灰分的质量，g；

m_5——水不溶性灰分的质量，g；

ω——试样干物质含量（质量分数），%；

100——单位换算系数。

试样中灰分含量≥10 g/100 g时，结果保留三位有效数字；试样中灰分含量<10 g/100 g时，结果保留两位有效数字。在重复性条件下获得的两次独立测定结果的绝对差值不得超过算术平均值的5%。

6. 注意 此法适用于食品中水溶性灰分和水不溶性灰分的测定。

三、酸不溶性灰分测定

1. 原理 用盐酸溶液处理总灰分，过滤、灼烧、称量残留物。

2. 仪器

(1) 高温炉：最高温度≥950 ℃。

(2) 分析天平：感量分别为0.1 mg、1 mg、0.1 g。

(3) 石英坩埚或瓷坩埚。

(4) 干燥器：内有干燥剂。

(5) 无灰滤纸。

(6) 漏斗。

(7) 表面皿：直径为6 cm。

(8) 烧杯（高型）：容量为100 mL。

(9) 恒温水浴锅：控温精度为±2 ℃。

3. 试剂 除非另有说明，本方法所用试剂均为分析纯，水为GB/T 6682—2008《分析实验室用水规格和试验方法》规定的三级水。

(1) 浓盐酸（HCl）。

(2) 盐酸溶液（10%）：24 mL分析纯浓盐酸用蒸馏水稀释至100 mL。

4. 方法

(1) 坩埚预处理。先用沸腾的稀盐酸洗涤，再用大量自来水洗涤，最后用蒸馏水冲洗。将洗净的坩埚置于高温炉内，在（900±25）℃条件下灼烧30 min，并在干燥器内冷却至室温，称重，精确至0.000 1 g。

(2) 称样。迅速称取样品2~10 g，精确至0.000 1 g。使样品均匀分布在坩埚内，不要压紧。

(3) 总灰分制备。

① 淀粉类食品。操作同总灰分的测定步骤"4.（3）①淀粉类食品"。

② 其他食品。操作同总灰分的测定步骤"4.（3）②其他食品"。

(4) 测定。用25 mL盐酸溶液（10%）将总灰分分次洗入100 mL烧杯中，盖上表面皿，在沸水中小心加热，至溶液由混浊变为透明时，继续加热5 min，趁热用无灰滤纸过滤，用沸蒸馏水少量反复洗涤烧杯和滤纸上的残留物，直至中性（约150 mL）。将滤纸连同残渣移入原坩埚内，沸水浴小心蒸去水分，移入高温炉内，（550±25）℃灼烧至无炭粒（一般需

1 h）。待炉温降至 200 ℃时，取出坩埚，放入干燥器内，冷却至室温，称重（精确至 0.000 1 g）。再放入高温炉内，（550±25）℃灼烧 30 min，如前冷却并称重。如此重复操作，直至连续两次称重之差不超过 0.5 mg，记下最低值。

5. 计算

（1）以试样质量计。

$$X_1 = \frac{m_1 - m_2}{m_3 - m_2} \times 100$$

式中：X_1——酸不溶性灰分的含量，g/100 g；

     m_1——坩埚和酸不溶性灰分的质量，g；

     m_2——坩埚的质量，g；

     m_3——坩埚和试样的质量，g；

     100——单位换算系数。

（2）以干物质计。

$$X_1 = \frac{m_1 - m_2}{(m_3 - m_2) \times \omega} \times 100$$

式中：X_1——酸不溶性灰分的含量，g/100 g；

     m_1——坩埚和酸不溶性灰分的质量，g；

     m_2——坩埚的质量，g；

     m_3——坩埚和试样的质量，g；

     ω——试样干物质含量（质量分数），%；

     100——单位换算系数。

试样中灰分含量≥10 g/100 g 时，结果保留三位有效数字；试样中灰分含量＜10 g/100 g 时，结果保留两位有效数字。在重复性条件下同一样品获得的测定结果的绝对差值不得超过算术平均值的 5%。

6. 注意　此法适用于食品中酸不溶性灰分的测定。

 **实训操作**

面粉中灰分的测定

【实训目的】学会并掌握面粉中灰分的测定原理和方法。

【实训原理】样品炭化后放入高温炉内灼烧，使有机物中的碳、氢、氮等物质与氧结合成二氧化碳、水蒸气、氮氧化物等形式逸出，剩下的残留物为灰分，称量残留物的质量即得总灰分的含量。

【实训仪器】电子天平，高温炉（又称马弗炉），瓷坩埚，干燥器。

【操作步骤】

1. 坩埚准备　将坩埚用盐酸（10%）煮 1～2 h，洗净晾干后，用三氯化铁和蓝墨水的混合液在坩埚外壁及盖上写上编号，置于 550 ℃高温炉中灼烧 1 h，冷却至 200 ℃左右后取出，放入干燥器中冷却至室温，精密称量。重复灼烧、冷却、称量，直至恒重（两次称量之差不超过 0.5 mg)。

2. 取样 在坩埚中加入 3～5 g 面粉后，加盖，准确称量。

3. 炭化 将盛有面粉的坩埚置于电炉上，半盖坩埚盖，小心加热使面粉在通气条件下逐渐炭化，直至无黑烟产生。

4. 灰化 炭化后，将坩埚移入 550 ℃ 高温炉，将盖斜倚在坩埚上，灼烧 4 h，至残留物呈灰白色为止。将坩埚冷却至 200 ℃ 左右，移入干燥器中冷却至室温，准确称重。重复灼烧 2 h 直至恒重（前后两次称量相差不超过 0.5 mg）。

【结果计算】

$$X = \frac{m_1 - m_2}{m_3 - m_2} \times 100$$

式中：X——面粉中灰分的含量，g/100g；

m_1——坩埚和灰分的质量，g；

m_2——坩埚的质量，g；

m_3——坩埚和面粉的质量，g；

100——单位换算系数。

试样中灰分含量≥10 g/100 g 时，结果保留三位有效数字；试样中灰分含量<10 g/100 g 时，结果保留两位有效数字。

任务三 酸的测定

农产品中的酸性物质包括有机酸、无机酸、酸式盐以及酸性有机化合物。这些酸有些是本身固有的，如苹果酸、柠檬酸、酒石酸、醋酸、草酸等有机酸；有些是加工过程中添加的，如产品中的柠檬酸；有些是发酵产生的酸，如泡菜中的乳酸、醋酸。

酸的测定意义在于：①测定酸度可判断果蔬的成熟程度。不同种类的水果和蔬菜，酸的含量因成熟度、生长条件而异，一般成熟度越高，酸的含量越低。例如测出葡萄所含的有机酸中苹果酸含量高于酒石酸时，说明葡萄还未成熟，因为成熟的葡萄含大量的酒石酸。故通过对酸度的测定可判断原料的成熟度。②酸度反映了食品的质量指标。食品中有机酸的多少，直接影响食品的风味、色泽、稳定性和品质的高低。同时，酸的测定对微生物发酵过程具有一定的指导意义。如酒和酒精的生产中，对麦芽汁、发酵液、酒曲等的酸度都有一定的要求。发酵制品中的酒、酱油、食醋等中的酸也是一个重要的质量指标。

一、酸度测定（GB 5009.239—2016）

1. 原理 试样经过处理后，以酚酞作为指示剂，用 0.100 0 mol/L 氢氧化钠标准溶液滴定至中性，记录消耗氢氧化钠溶液的体积，经计算确定试样的酸度。

2. 仪器

（1）分析天平：感量为 0.001 g。

（2）碱式滴定管：容量为 10 mL，最小刻度为 0.05 mL。

（3）碱式滴定管：容量为 25 mL，最小刻度为 0.1 mL。

（4）水浴锅。

（5）锥形瓶：100 mL、150 mL、250 mL。

（6）具塞磨口锥形瓶：250 mL。

（7）粉碎机：可使粉碎的样品 95％以上通过 CQ16 筛［孔径为 0.425 mm（40 目）］，粉碎样品时磨膛不应发热。

（8）振荡器：往返式，振荡频率为 100 次/min。

（9）中速定性滤纸。

（10）移液管：10 mL、20 mL。

（11）量筒：50 mL、250 mL。

（12）玻璃漏斗和漏斗架。

3. 试剂　除非另有说明，本方法所用试剂均为分析纯，水为 GB/T 6682—2008《分析实验室用水规格和试验方法》规定的三级水。

（1）氢氧化钠（NaOH）。

（2）七水硫酸钴（$CoSO_4 \cdot 7H_2O$）。

（3）酚酞。

（4）95％乙醇。

（5）乙醚。

（6）氮气：纯度为 98％。

（7）三氯甲烷（$CHCl_3$）。

（8）氢氧化钠标准溶液（0.100 0 mol/L）：称取 0.75 g 于 105～110 ℃电烘箱中干燥至恒重的工作基准试剂邻苯二甲酸氢钾，加 50 mL 无二氧化碳的水溶解，加 2 滴酚酞指示液（10 g/L），用配制好的氢氧化钠溶液滴定至溶液呈粉红色，并保持 30 s。同时做空白试验。

注：把二氧化碳限制在洗涤瓶或者干燥管中，避免滴管中氢氧化钠因吸收二氧化碳而影响其浓度。可通过盛有 10％氢氧化钠溶液的洗涤瓶连接的装有氢氧化钠溶液的滴定管，或者通过连接装有新鲜氢氧化钠或氧化钙的滴定管末尾而形成一个封闭的体系，避免此溶液吸收二氧化碳。

（9）参比溶液：将 3 g 七水硫酸钴溶解于水中，并定容至 100 mL。

（10）酚酞指示剂（10 g/L）：称取 1 g 酚酞溶于 75 mL 体积分数为 95％的乙醇中，并加入 20 mL 水，然后滴加氢氧化钠标准溶液（0.100 0 mol/L）至微粉色，再加入水定容至 100 mL。

（11）中性乙醇-乙醚混合液：取等体积的乙醇、乙醚混合后，加 3 滴酚酞指示剂（10 g/L），用氢氧化钠标准溶液（0.100 0 mol/L）滴至微红色。

（12）不含二氧化碳的蒸馏水：将水煮沸 15 min，逐出二氧化碳，冷却，密闭。

4. 方法

（1）乳粉。

① 试样制备。将样品全部移到约两倍于样品体积的洁净干燥容器中（带密封盖），立即盖紧容器，反复旋转振荡，使样品彻底混合。在此操作过程中，应尽量避免样品暴露在空

气中。

② 测定。称取 4 g 样品（精确至 0.01 g）于 250 mL 锥形瓶中，用量筒量取 96 mL 约 20 ℃不含二氧化碳的蒸馏水，使样品复溶，搅拌，然后静置 20 min。向一只装有 96 mL 约 20 ℃不含二氧化碳的蒸馏水的锥形瓶中，加入 2.0 mL 参比溶液，轻轻转动使之混合，得到标准参比颜色，如果要测定多个相似的产品，则此参比溶液可用于整个测定过程，但时间不得超过 2 h。向另一只装有样品溶液的锥形瓶中加入 2.0 mL 酚酞指示液（10 g/L），轻轻转动使之混合，用 25 mL 碱式滴定管向该锥形瓶中滴加氢氧化钠标准溶液（0.1 mol/L），边滴加边转动烧瓶，直到颜色与参比溶液的颜色相似，且 5 s 内不消退，整个滴定过程应在 45 s 内完成。滴定过程中，向锥形瓶中吹氮气，防止溶液吸收空气中的二氧化碳。记录所用氢氧化钠标准溶液的体积（V_0），精确至 0.05 mL。

③ 空白滴定。用 96 mL 不含二氧化碳的蒸馏水做空白试验，读取所消耗氢氧化钠标准溶液的体积（V_0）。空白所消耗的氢氧化钠标准溶液的体积应不小于零，否则应重新制备和使用符合要求的蒸馏水。

（2）乳及其他乳制品。

① 制备参比溶液。向装有等体积相应溶液的锥形瓶中加入 2.0 mL 参比溶液，轻轻转动使之混合，得到标准参比颜色。如果要测定多个相似的产品，则此参比溶液可用于整个测定过程，但时间不得超过 2 h。

② 巴氏杀菌乳、灭菌乳、生乳、发酵乳。称取 10 g 样品（精确至 0.001 g）已混匀的试样，置于 150 mL 锥形瓶中，加 20 mL 新煮沸冷却至室温的水混匀，加入 2.0 mL 酚酞指示剂（10 g/L），混匀后用氢氧化钠标准溶液（0.1 mol/L）滴定，边滴加边转动锥形瓶，直到颜色与参比溶液的颜色相似，且 5 s 内不消退，整个滴定过程应在 45 s 内完成。滴定过程中向锥形瓶中吹氮气，防止溶液吸收空气中的二氧化碳。记录消耗的氢氧化钠标准溶液的体积（V_2）。

③ 奶油。称取 10 g（精确至 0.001 g）已混匀的试样，置于 250 mL 锥形瓶中，加 30 mL 中性乙醇-乙醚混合液混匀，加入酚酞指示剂（10 g/L），混匀后用氢氧化钠标准溶液（0.1 mol/L）滴定，边滴加边转动锥形瓶，直到颜色与参比溶液的颜色相似，且 5 s 内不消退，整个滴定过程应在 45 s 内完成。滴定过程中向锥形瓶中吹氮气，防止溶液吸收空气中的二氧化碳。记录消耗的氢氧化钠标准溶液的体积（V_2）。

④ 炼乳。称取 10 g（精确至 0.001 g）已混匀的试样，置于 250 mL 锥形瓶中，加 60 mL 新煮沸冷却至室温的水溶解混匀，加入 2.0 mL 酚酞指示剂（10 g/L），混匀后用氢氧化钠标准溶液（0.1 mol/L）滴定，边滴加边转动锥形瓶，直到颜色与参比溶液的颜色相似，且 5 s 内不消退，整个滴定过程应在 45 s 内完成。滴定过程中向锥形瓶中吹氮气，防止溶液吸收空气中的二氧化碳。记录消耗的氢氧化钠标准溶液的体积（V_2）。

⑤ 干酪素。称取 5 g（精确至 0.001 g）经研磨混匀的试样于锥形瓶中，加入 50 mL 不含二氧化碳的蒸馏水，于室温下（18~20 ℃）放置 4~5 h，或在水浴锅中加热到 45 ℃并在此温度下保持 30 min，再加 50 mL 不含二氧化碳的蒸馏水，混匀后通过干燥的滤纸过滤。吸取滤液 50 mL 于锥形瓶中，加入 2.0 mL 酚酞指示剂（10 g/L），混匀后用氢氧化钠标准

溶液滴定，边滴加边转动锥形瓶，直到颜色与参比溶液的颜色相似，且 5 s 内不消退，整个滴定过程应在 45 s 内完成。滴定过程中向锥形瓶中吹氮气，防止溶液吸收空气中的二氧化碳。记录消耗的氢氧化钠标准溶液的体积（V_3）。

⑥ 空白滴定。用等体积不含二氧化碳的蒸馏水做空白试验，读取耗用氢氧化钠标准溶液的体积（V_0），适用于巴氏杀菌乳、灭菌乳、生乳、发酵乳、炼乳、干酪素。用 30 mL 中性乙醇-乙醚混合液做空白试验，读取耗用氢氧化钠标准溶液的体积（V_0），适用于奶油。空白所消耗的氢氧化钠的体积应不小于零，否则应重新制备和使用符合要求的蒸馏水或中性乙醇-乙醚混合液。

（3）淀粉及其衍生物。

① 样品预处理。样品应充分混匀。

② 称样。称取样品 10 g（精确至 0.1 g），移入 250 mL 锥形瓶内，加入 100 mL 水，振荡并混合均匀。

③ 滴定。向一只装有 100 mL 约 20 ℃ 的水的锥形瓶中加入 2.0 mL 参比溶液，轻轻转动，使之混合，得到标准参比颜色。如果要测定多个相似的产品，则此参比溶液可用于整个测定过程，但时间不得超过 2 h。向装有样品的锥形瓶中加入 2～3 滴酚酞指示剂，混匀后用氢氧化钠标准溶液滴定，边滴加边转动锥形瓶，直到颜色与参比溶液的颜色相似，且 5 s 内不消退，整个滴定过程应在 45 s 内完成。滴定过程中向锥形瓶中吹氮气，防止溶液吸收空气中的二氧化碳。读取耗用氢氧化钠标准溶液的体积（V_4）。

④ 空白滴定。用 100 mL 不含二氧化碳的蒸馏水做空白试验，读取耗用氢氧化钠标准溶液的体积（V_0）。空白滴定所消耗的氢氧化钠的体积应不小于零，否则应重新制备和使用符合要求的蒸馏水。

（4）粮食及其制品。

① 试样制备。取混合均匀的样品 80～100 g，用粉碎机粉碎，粉碎细度要求 95％ 以上通过 CQ16 筛 [孔径为 0.425 mm（40 目）]，将粉碎后的全部筛分样品充分混合，装入磨口瓶中，制备好的样品应立即测定。

② 测定。称取制备的试样 15 g，置于 250 mL 具塞磨口锥形瓶，加不含二氧化碳的蒸馏水 150 mL（V_{51}）（先加少量水与试样混成稀糊状，再全部加入），滴入三氯甲烷 5 滴，加塞后摇匀，在室温下放置提取 2 h，每隔 15 min 摇动 1 次（或置于振荡器上振荡 70 min），浸提完毕后静置数分钟用中速定性滤纸过滤，用移液管吸取滤液 10 mL（V_{52}），注入 100 mL 锥形瓶中，再加不含二氧化碳的蒸馏水 20 mL 和酚酞指示剂 3 滴，混匀后用氢氧化钠标准溶液滴定，边滴加边转动锥形瓶，直到颜色与参比溶液的颜色相似，且 5 s 内不消退，整个滴定过程应在 45 s 内完成。滴定过程中，向锥形瓶中吹氮气，防止溶液吸收空气中的二氧化碳。记下所消耗的氢氧化钠标准溶液的体积（V_5）。

③ 空白滴定。用 30 mL 不含二氧化碳的蒸馏水做空白试验，记下所消耗的氢氧化钠标准溶液体积（V_0）。

注：三氯甲烷有毒，操作时应在通风良好的通风橱内进行。

5. 计算

（1）乳粉试样中的酸度数值以（°T）表示（以 100 g 干物质为 12％ 的复原乳所消耗的

0.1 mol/L 氢氧化钠的体积计，单位为 mL）。

$$X_1 = \frac{c_1 \times (V_1 - V_0) \times 12}{m_1 \times (1 - w) \times 0.1}$$

式中：X_1——试样的酸度，°T；

c_1——氢氧化钠标准溶液的浓度，mol/L；

V_1——滴定试样溶液消耗氢氧化钠标准溶液的体积，mL；

V_0——空白试验消耗氢氧化钠标准溶液的体积，mL；

12——12 g 乳粉相当于 100 mL 复原乳（脱脂乳粉应为 9，脱脂乳清粉应为 7）；

m_1——称取样品的质量，g；

w——试样中水分的质量分数，g/100g；

$1-w$——试样中乳粉的质量分数，g/100g；

0.1——酸度理论定义氢氧化钠的物质的量浓度，mol/L。

以重复性条件下获得的两次独立测定结果的算术平均值表示，结果保留三位有效数字。

注：若以乳酸含量表示样品的酸度，那么样品的乳酸含量（g/100 g）＝$T \times 0.009$。T 为样品的滴定酸度 [0.009 为乳酸的换算系数，即 1 mL 氢氧化钠标准溶液（0.1 mol/L）相当于 0.009 g 乳酸]。

（2）巴氏杀菌乳、灭菌乳、生乳、发酵乳、奶油和炼乳试样中的酸度数值以（°T）表示（以 100 g 样品所消耗的 0.1 mol/L 氢氧化钠的体积计，单位为 mL）。

$$X_2 = \frac{c_2 \times (V_2 - V_0) \times 100}{m_2 \times 0.1}$$

式中：X_2——试样的酸度，°T；

c_2——氢氧化钠标准溶液的浓度，mol/L；

V_2——滴定试样溶液消耗氢氧化钠标准溶液的体积，mL；

V_0——空白试验消耗氢氧化钠标准溶液的体积，mL；

100——100g 试样；

m_2——试样的质量，g；

0.1——酸度理论定义氢氧化钠的物质的量浓度，mol/L。

以重复性条件下获得的两次独立测定结果的算术平均值表示，结果保留三位有效数字。

（3）干酪素试样中的酸度数值以（°T）表示（以 100 g 样品所消耗的 0.1 mol/L 氢氧化钠的体积计，单位为 mL）。

$$X_3 = \frac{c_3 \times (V_3 - V_0) \times 100 \times 2}{m_3 \times 0.1}$$

式中：X_3——试样的酸度，°T；

c_3——氢氧化钠标准溶液的浓度，mol/L；

V_3——滴定试样溶液消耗氢氧化钠标准溶液的体积，mL；

V_0——空白试验消耗氢氧化钠标准溶液的体积，mL；

100——100 g 试样；

2——试样的稀释倍数；

m_3——试样的质量，g；

0.1——酸度理论定义氢氧化钠的浓度，mol/L。

以重复性条件下获得的两次独立测定结果的算术平均值表示，结果保留三位有效数字。

（4）淀粉及其衍生物试样中的酸度数值以（°T）表示（以 10 g 试样所消耗的 0.1 mol/L 氢氧化钠的体积计，单位为 mL）。

$$X_4 = \frac{c_4 \times (V_4 - V_0) \times 10}{m_4 \times 0.1}$$

式中：X_4——试样的酸度，°T；

$\quad c_4$——氢氧化钠标准溶液的浓度，mol/L；

$\quad V_4$——滴定试样溶液消耗氢氧化钠标准溶液的体积，mL；

$\quad V_0$——空白试验消耗氢氧化钠标准溶液的体积，mL；

$\quad$ 10——10 g 试样；

$\quad m_4$——试样的质量，g；

$\quad$ 0.1——酸度理论定义氢氧化钠的物质的量浓度，mol/L。

以重复性条件下获得的两次独立测定结果的算术平均值表示，结果保留三位有效数字。

（5）粮食及制品试样中的酸度数值以（°T）表示（以 10 g 样品所消耗的 0.1 mol/L 氢氧化钠的体积计，单位为 mL）。

$$X_5 = (V_5 - V_0) \times \frac{V_{51}}{V_{52}} \times \frac{c_5}{0.1} \times \frac{10}{m_5}$$

式中：X_5——试样的酸度，°T；

$\quad V_5$——滴定试样溶液消耗的氢氧化钠标准溶液的体积，mL；

$\quad V_0$——空白试验消耗氢氧化钠标准溶液的体积，mL；

$\quad V_{51}$——浸提试样的水体积，mL；

$\quad V_{52}$——用于滴定的试样滤液体积，mL；

$\quad c_5$——氢氧化钠标准溶液的浓度，mol/L；

$\quad$ 0.1——酸度理论定义氢氧化钠的浓度，mol/L。

$\quad$ 10——10 g 试样；

$\quad m_5$——试样的质量，g；

以重复性条件下获得的两次独立测定结果的算术平均值表示，结果保留三位有效数字。

6. 注意 此方法适用于生乳及乳制品、淀粉及其衍生物、粮食及其制品酸度的测定。在重复性条件下获得的两次独立测定结果的绝对差值不得超过算术平均值的 10%。

二、有机酸测定（GB 5009.157—2016）

1. 原理 试样直接用水稀释或用水提取后，经强阴离子交换固相萃取柱净化，经反相色谱柱分离，以保留时间定性，用外标法定量。

2. 仪器

（1）高效液相色谱仪：带二极管阵列检测器或紫外检测器。

（2）天平：感量为 0.01 mg 和 0.01 g。

（3）高速均质器。

（4）高速粉碎机。

（5）固相萃取装置。

（6）水相型微孔滤膜：孔径为 $0.45~\mu m$。

3. 试剂 除非另有说明，本方法所用试剂均为分析纯，水为 GB/T 6682—2008《分析实验室用水规格和试验方法》规定的一级水。

（1）甲醇（CH_3OH）：色谱纯。

（2）无水乙醇（CH_3CH_2OH）：色谱纯。

（3）磷酸（H_3PO_4）。

（4）磷酸溶液（0.1%）：量取磷酸 0.1 mL，加水至 100 mL，混匀。

（5）磷酸-甲醇溶液（2%）：量取磷酸 2 mL，加甲醇至 100 mL，混匀。

（6）乳酸标准品（$C_3H_6O_3$）：纯度≥99%。

（7）酒石酸标准品（$C_4H_6O_6$）：纯度≥99%。

（8）苹果酸标准品（$C_4H_6O_5$）：纯度≥99%。

（9）柠檬酸标准品（$C_6H_8O_7$）：纯度≥98%。

（10）丁二酸标准品（$C_4H_6O_4$）：纯度≥99%。

（11）富马酸标准品（$C_4H_4O_4$）：纯度≥99%。

（12）己二酸标准品（$C_6H_{10}O_4$）：纯度≥99%。

（13）酒石酸、苹果酸、乳酸、柠檬酸、丁二酸和富马酸混合标准储备溶液：分别称取酒石酸 1.25 g、苹果酸 2.5 g、乳酸 2.5 g、柠檬酸 2.5 g、丁二酸 6.25 g（精确至 0.01 g）和富马酸 2.5 mg（精确至 0.01 g）于 50 mL 小烧杯中，加水溶解，用水转移到 50 mL 容量瓶中，定容，混匀，于 4 ℃ 条件下保存，其中酒石酸为 25 000 $\mu g/mL$，苹果酸为 50 000 $\mu g/mL$，乳酸为 50 000 $\mu g/mL$，柠檬酸为 50 000 $\mu g/mL$，丁二酸为 125 000 $\mu g/mL$，富马酸为 50 $\mu g/mL$。

（14）酒石酸、苹果酸、乳酸、柠檬酸、丁二酸、富马酸混合标准曲线工作液：分别吸取混合标准储备溶液 0.50 mL、1.00 mL、2.00 mL、5.00 mL、10.00 mL 于 25 mL 容量瓶中，用磷酸溶液（0.1%）定容至刻度，混匀，于 4 ℃ 条件下保存。

（15）己二酸标准储备溶液（500 $\mu g/mL$）：准确称取按其纯度折算为 100% 质量的己二酸 12.5 mg，置于 25 mL 容量瓶中，加水到刻度，混匀，于 4 ℃ 条件下保存。

（16）己二酸标准曲线工作液：分别吸取标准储备溶液 0.50 mL、1.00 mL、2.00 mL、5.00 mL、10.00 mL 于 25 mL 容量瓶中，用磷酸溶液（0.1%）定容至刻度，混匀，于 4 ℃ 条件下保存。

（17）强阴离子固相萃取柱（SAX）：1 000 mg，6 mL。使用前依次用 5 mL 甲醇、5 mL 水活化。

4. 方法

警告：实验人员在使用液氮时，应佩戴手套等防护工具，防止意外洒溅，造成冻伤。

（1）试样制备及保存。

① 液体样品。将果汁及果汁饮料、果味碳酸饮料等样品摇匀分装，密闭常温或冷藏保存。

② 半固态样品。对果冻、水果罐头等样品取可食部分匀浆后，搅拌均匀，分装，密闭冷藏或冷冻保存。

③ 固体样品。饼干、糕点和生湿面制品等低含水量样品，经高速粉碎机粉碎、分装，于室温下避光密闭保存；对于固体饮料等呈均匀状的粉状样品，可直接分装，于室温下避光密闭保存。

④ 特殊样品。对于胶基糖果类黏度较大的特殊样品，先将样品用剪刀铰成约 2 mm×2 mm 大小的碎块放入陶瓷研钵中，再缓慢倒入液氮，样品迅速冷冻后采用研磨的方式获取均匀的样品，分装后密闭冷冻保存。

（2）试样处理。

① 果汁及果汁饮料、果味碳酸饮料。称取 5 g（精确至 0.01 g）均匀试样（若试样中含二氧化碳应先加热除去），放入 25 mL 容量瓶中，加水至刻度，经 0.45 μm 水相滤膜过滤，注入高效液相色谱仪分析。

② 果冻、水果罐头。称取 10 g（精确至 0.01 g）均匀试样，放入 50 mL 塑料离心管，向其中加入 20 mL 水后在 15 000 r/min 的转速下均质提取 2 min，4 000 r/min 离心 5 min，取上层提取液至 50 mL 容量瓶中，残留物再用 20 mL 水重复提取一次，合并提取液于同一容量瓶中，并用水定容至刻度，经 0.45 μm 水相滤膜过滤，注入高效液相色谱仪分析。

③ 胶基糖果。称取 1 g（精确至 0.01 g）均匀试样，放入 50 mL 具塞塑料离心管，加入 20 mL 水后在旋混仪上振荡提取 5 min，4 000 r/min 离心 3 min，将上清液转移至 100 mL 容量瓶中，向残渣加入 20 mL 水重复提取 1 次，合并提取液于同一容量瓶中，用无水乙醇（色谱纯）定容，摇匀。

准确移取上清液 10 mL 于 100 mL 鸡心瓶中，向鸡心瓶中加入 10 mL 无水乙醇（色谱纯），在（80±2）℃条件下旋转浓缩至近干时，再加入 5 mL 无水乙醇（色谱纯）继续浓缩至彻底干燥后，用水洗涤鸡心瓶 2 次，每次用水 1 mL。将待净化液全部转移至经过预活化的 SAX 固相萃取柱中，控制流速在 1～2 mL/min，弃去流出液。用 5 mL 水淋洗净化柱，再用 5 mL 磷酸-甲醇溶液（2%）洗脱，控制流速在 1～2 mL/min，收集洗脱液于 50 mL 鸡心瓶中，将洗脱液在 45 ℃条件下旋转蒸发近干后，再加入 5 mL 无水乙醇（色谱纯）继续浓缩至彻底干燥后，用 1.0 mL 磷酸溶液（0.1%）振荡溶解残渣，过 0.45 μm 滤膜后注入高效液相色谱仪分析。

④ 固体饮料。称取 5 g（精确至 0.01 g）均匀试样，放入 50 mL 烧杯中，加入 40 mL 水溶解并转移至 100 mL 容量瓶中，用无水乙醇（色谱纯）定容至刻度，摇匀，静置 10 min。

准确移取上清液 20 mL 于 100 mL 鸡心瓶中，向鸡心瓶中加入 10 mL 无水乙醇（色谱纯），在（80±2）℃条件下旋转浓缩至近干时，再加入 5 mL 无水乙醇（色谱纯）继续浓缩至彻底干燥后，用水洗涤鸡心瓶 2 次，每次用水 1 mL。将待净化液全部转移至经过预活化的 SAX 固相萃取柱中，控制流速在 1～2 mL/min，弃去流出液。用 5 mL 水淋洗净化柱，再用 5 mL 磷酸-甲醇溶液（2%）洗脱，控制流速在 1～2 mL/min，收集洗脱液于 50 mL 鸡心瓶中，将洗脱液在 45 ℃条件下旋转蒸发近干后，再加入 5 mL 无水乙醇（色谱纯）继续浓缩至彻底干燥后，用 1.0 mL 磷酸溶液（0.1%）振荡溶解残渣后过 0.45 μm 滤膜，然后注入高效液相色谱仪分析。

⑤ 面包、饼干、糕点、烘焙食品馅料和生湿面制品。称取 5 g（精确至 0.01 g）均匀试样，放入 50 mL 塑料离心管中，向其中加入 20 mL 水后 15 000 r/min 均质提取 2 min，4 000 r/min 离心 3 min 后，将上清液转移至 100 mL 容量瓶中，向残渣加入 20 mL 水重复提取 1 次，合并提取液于同一容量瓶中，用无水乙醇（色谱纯）定容，摇匀。

准确移取上清液 10 mL 于 100 mL 鸡心瓶中，向鸡心瓶中加入 10 mL 无水乙醇（色谱纯），在（80±2）℃条件下旋转浓缩至近干时，再加入 5 mL 无水乙醇（色谱纯）继续浓缩至彻底干燥后，用水洗涤鸡心瓶 2 次，每次用水 1 mL。将待净化液全部转移至经过预活化的 SAX 固相萃取柱中，控制流速在 1～2 mL/min，弃去流出液。用 5 mL 水淋洗净化柱，再用 5 mL 磷酸-甲醇溶液（2%）洗脱，控制流速在 1～2 mL/min，收集洗脱液于 50 mL 鸡心瓶中，将洗脱液在 45 ℃条件下旋转蒸发近干后，用 5.0 mL 磷酸溶液（0.1%）振荡溶解残渣后过 0.45 μm 滤膜，然后注入高效液相色谱仪分析。

（3）仪器参考条件。

① 酒石酸、苹果酸、乳酸、柠檬酸、丁二酸和富马酸的测定。色谱柱：CAPECELL PAK MG S5 C$_{18}$ 柱，4.6 mm×250 mm，5 μm，或同等性能的色谱柱。流动相：用 0.1% 磷酸溶液-甲醇（97.5＋2.5，体积比）比例的流动相等梯度洗脱 10 min，然后用较短的时间梯度让甲醇相达到 100% 并平衡 5 min，再将流动相调整为 0.1% 磷酸溶液-甲醇（97.5＋2.5，体积比）的比例，平衡 5 min。柱温：40 ℃。进样量：20 μL。检测波长：210 nm。

② 己二酸的测定。色谱柱：CAPECELL PAK MG S5 C$_{18}$ 柱，4.6 mm×250 mm，5 μm，或同等性能的色谱柱。流动相：0.1% 磷酸溶液-甲醇（75＋25，体积比）等梯度洗脱 10 min。柱温：40 ℃。进样量：20 μL。检测波长：210 nm。

（4）标准曲线的制作。将标准系列工作液分别注入高效液相色谱仪中，测定相应的峰高或峰面积。以标准工作液的浓度为横坐标，以色谱峰高或峰面积为纵坐标，绘制标准曲线。标准图谱如图 4-1 和图 4-2 所示。

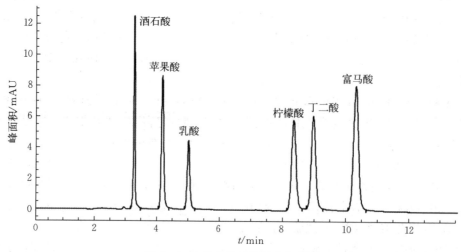

图 4-1 6 种有机酸的标准色谱图

注：酒石酸为 50 mg/L，苹果酸为 100 mg/L，乳酸为 50 mg/L，柠檬酸为 50 mg/L，丁二酸为 250 mg/L，富马酸为 0.25 mg/L。

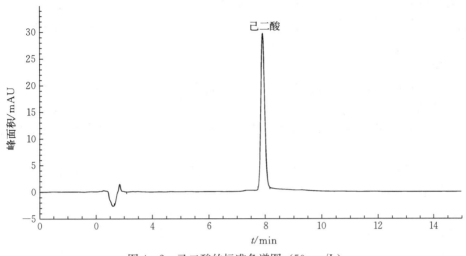

图 4 - 2　己二酸的标准色谱图（50 mg/L）

（5）试样溶液的测定。将试样溶液注入高效液相色谱仪中，得到峰高或峰面积，根据标准曲线得到待测液中有机酸的浓度。

5. 计算

$$X = \frac{c \times V \times 1\,000}{m \times 1\,000 \times 1\,000}$$

式中：X——试样中有机酸的含量，g/kg；

　　　　c——由标准曲线求得试样溶液中某有机酸的浓度，μg/mL；

　　　　V——样品溶液定容体积，mL；

　　　　m——最终样液代表的试样质量，g；

　　　　1 000——单位换算系数。

计算结果以重复性条件下获得的两次独立测定结果的算术平均值表示，结果保留两位有效数字。在重复性条件下获得的两次独立测定结果的绝对差值不得超过算术平均值的10%。

6. 注意

（1）果汁、果汁饮料、果冻和水果罐头的检出限与定量限均为：酒石酸 250 mg/kg、苹果酸 500 mg/kg、乳酸 250 mg/kg、柠檬酸 250 mg/kg、丁二酸 1 250 mg/kg、富马酸 1.25 mg/kg、己二酸 25 mg/kg。

（2）胶基糖果、面包、糕点、饼干和烘焙食品馅料的检出限与定量限均为：酒石酸 500 mg/kg、苹果酸 1 000 mg/kg、乳酸 500 mg/kg、柠檬酸 500 mg/kg、丁二酸 2 500 mg/kg、富马酸 2.5 mg/kg、己二酸 50 mg/kg。

（3）固体饮料的检出限与定量限均为：酒石酸 50 mg/kg、苹果酸 100 mg/kg、乳酸 50 mg/kg、柠檬酸 50 mg/kg、丁二酸 250 mg/kg、富马酸 0.25 mg/kg、己二酸 5 mg/kg。

三、pH 测定（GB 5009.237—2016）

1. 原理　利用玻璃电极作为指示电极，甘汞电极或银-氯化银电极作为参比电极，当试样或试样溶液中氢离子浓度发生变化时，指示电极和参比电极之间的电动势也随着发生变化而产生直流电势（即电位差），通过前置放大器输入到 A/D 转换器，以达到 pH 测量的目的。

2. 仪器

（1）机械设备：用于试样的均质化，包括高速旋转的切割机或多孔板的孔径不超过 4 mm 的绞肉机。

（2）pH 计：准确度为 0.01。仪器应有温度补偿系统，若无温度补偿系统，应在 20 ℃以下使用，并能防止外界感应电流的影响。

（3）复合电极：由玻璃指示电极和 Ag/AgCl 或 Hg/Hg_2Cl_2 参比电极组装而成。

（4）均质器：转速可达 20 000 r/min。

（5）磁力搅拌器。

3. 试剂　除非另有说明，本方法所用试剂均为分析纯，水为 GB/T 6682—2008《分析实验室用水规格和试验方法》规定的三级水。用于配制缓冲溶液的水应新煮沸，或用不含二氧化碳的氮气排除了二氧化碳。

（1）邻苯二甲酸氢钾 $[KHC_6H_4(COO)_2]$。

（2）磷酸二氢钾（KH_2PO_4）。

（3）磷酸氢二钠（Na_2HPO_4）。

（4）酒石酸氢钾（$KHC_4H_4O_6$）。

（5）柠檬酸氢二钠（$Na_2HC_6H_5O_7$）。

（6）一水柠檬酸（$C_5H_8O_7 \cdot H_2O$）。

（7）氢氧化钠（NaOH）。

（8）氯化钾（KCl）。

（9）碘乙酸（$C_2H_3IO_2$）。

（10）乙醚（$C_4H_{10}O$）。

（11）乙醇（C_2H_6O）。

（12）pH 为 3.57 的缓冲溶液（20 ℃）：酒石酸氢钾在 25 ℃条件下配制的饱和水溶液，此溶液的 pH 在 25 ℃时为 3.56，而在 30 ℃时为 3.55。或使用经国家认证并授予标准物质证书的标准溶液。

（13）pH 为 4.00 的缓冲溶液（20 ℃）：于 110~130 ℃条件下将邻苯二甲酸氢钾干燥至恒重，并于干燥器内冷却至室温。称取邻苯二甲酸氢钾 10.211 g（精确至 0.001 g），加入 800 mL 水溶解，用水定容至 1 000 mL。此溶液的 pH 在 0~10 ℃时为 4.00，在 30 ℃时为 4.01。或使用经国家认证并授予标准物质证书的标准溶液。

（14）pH 为 5.00 的缓冲溶液（20 ℃）：将柠檬酸氢二钠配制成 0.1 mol/L 的溶液即可。或使用经国家认证并授予标准物质证书的标准溶液。

（15）pH 为 5.45 的缓冲溶液（20 ℃）：称取 7.010 g（精确至 0.001 g）一水柠檬酸，加入 500 mL 水溶解，加入 375 mL 氢氧化钠溶液（1.0 mol/L），用水定容至 1 000 mL。此溶液的 pH 在 10 ℃时为 5.42，在 30 ℃时为 5.48。或使用经国家认证并授予标准物质证书的标准溶液。

（16）pH 为 6.88 的缓冲溶液（20 ℃）：于 110～130 ℃条件下将无水磷酸二氢钾和无水磷酸氢二钠干燥至恒重，于干燥器内冷却至室温。称取上述磷酸二氢钾 3.402 g（精确至 0.001 g）和磷酸氢二钠 3.549 g（精确至 0.001 g），溶于水中，用水定容至 1 000 mL。此溶液的 pH 在 0 ℃时为 6.98，在 10 ℃时为 6.92，在 30 ℃时为 6.85。或使用经国家认证并授予标准物质证书的标准溶液。

以上缓冲液一般可保存 2～3 个月，但发现有混浊、发霉或沉淀等现象时，不能继续使用。

（17）氢氧化钠溶液（1.0 mol/L）：称取 40 g 氢氧化钠，溶于水中，用水稀释至 1 000 mL。或使用经国家认证并授予标准物质证书的标准溶液。

（18）氯化钾溶液（0.1 mol/L）：称取 7.5 g 氯化钾于 1 000 mL 容量瓶中，加水溶解，用水稀释至刻度（若待测试样处在僵硬前的状态，需加入已用氢氧化钠溶液调节 pH 至 7.0 的 925 mg/L 碘乙酸溶液，以阻止糖酵解）。或使用经国家认证并授予标准物质证书的标准溶液。

4. 方法

（1）试样制备。

① 肉及肉制品。按照标准 GB/T 9695.19—2008《肉与肉制品　取样方法》取样。实验室所收到的样品要具有代表性且在运输和储藏过程中没受损或发生变化，取有代表性的样品且根据实际情况使用 1～2 个不同水的梯度进行溶解。非均质化的试样，在试样中选取有代表性的 pH 测试点。均质化的试样，使用机械设备将试样均质。注意避免试样的温度超过 25 ℃。若使用绞肉机，试样至少通过该仪器两次，将试样装入密封的容器里，防止变质和成分变化。试样应尽快进行分析，均质化后最迟不超过 24 h。

② 水产品中牡蛎（蚝、海蛎子）。称取 10 g（精确至 0.01 g）绞碎试样，加新煮沸后冷却的水至 100 mL，摇匀，浸渍 30 min 后过滤或离心，取约 50 mL 滤液于 100 mL 烧杯中。

③ 罐头食品。液态制品混匀备用，固相和液相分开的制品则取混匀的液相部分备用。稠厚或半稠厚制品以及难以从中分出汁液的制品［如糖浆、果酱、果（菜）浆类、果冻等］，取一部分样品在混合机或研钵中研磨，如果得到的样品仍太稠厚，加入等量的刚煮沸过的水，混匀备用。

（2）测定。

① pH 计的校正。用两个已知精确 pH 的缓冲溶液（尽可能接近待测溶液的 pH），在测定温度下用磁力搅拌器搅拌的同时校正 pH 计。若 pH 计不带温度补偿系统，应保证缓冲液的温度在（20±2）℃范围内。

② 试样（仅用于肉及肉制品）。在已均质化的试样中，加入 10 倍于待测试样质量的氯化钾溶液，用均质器进行均质。

③ 均质化试样的测定。取一定量能够浸没或埋置电极的试样，将电极插入试样中，将 pH 计的温度补偿系统调至试样温度。若 pH 计不带温度补偿系统，应保证待测试样的温度在（20±2）℃范围内。采用适合所用 pH 计的步骤进行测定，读数显示稳定以后，直接读数，精确至 0.01。同一个制备试样至少要进行两次测定。

④ 非均质化试样的测定。用小刀或大头针在试样上打一个孔，以免复合电极破损。将

pH 计的温度补偿系统调至试样的温度。若 pH 计不带温度补偿系统，应保证待测试样的温度在（20±2）℃范围内。采用适合所用 pH 计的步骤进行测定，读数显示稳定以后，直接读数，精确至 0.01。鲜肉通常保存于 0～5 ℃条件下，测定时需要用带温度补偿系统的 pH 计。在同一点重复测定。必要时可在试样的不同点重复测定，测定点的数目据试样的性质和大小而定。同一个制备试样至少要进行两次测定。

⑤ 电极的清洗。用脱脂棉先后蘸乙醚和乙醇擦拭电极，最后用水冲洗并按生产商的要求保存电极。

5. 注意

（1）非均质化试样的测定。在同一试样上同一点的测定，取两次测定的算数平均值作为结果。pH 读数精确至 0.05。在同一试样不同点的测定，描述所有的测定点及各自的 pH。

（2）均质化试样的测定。结果精确至 0.05。

（3）在重复性条件下获得的两次独立测定结果的绝对差值不得超过 0.1。

实训操作

乳粉酸度的测定

【实训目的】学会并掌握 pH 计法测定乳粉的酸度。

【实训原理】中和试样溶液至 pH 为 8.30 所消耗的 0.100 0 mol/L 氢氧化钠标准溶液的体积，经计算确定其酸度。

【实训仪器】

1. 分析天平 感量为 0.001 g。

2. 碱式滴定管 分刻度为 0.1 mL，可精确至 0.05 mL。或者自动滴定管满足同样的使用要求。可以进行手工滴定，也可以使用自动电位滴定仪。

3. pH 计 带玻璃电极和适当的参比电极。

4. 磁力搅拌器

5. 高速搅拌器 如均质器。

6. 恒温水浴锅

【实训试剂】本方法所用试剂均为分析纯，水为 GB/T 6682—2008《分析实验室用水规格和试验方法》规定的三级水。

1. 氢氧化钠标准溶液（0.100 0 mol/L） 称取 0.75 g 于 105～110 ℃电烘箱中干燥至恒重的工作基准试剂邻苯二甲酸氢钾，加 50 mL 不含二氧化碳的蒸馏水溶解，加 2 滴酚酞指示剂（10 g/L），用配制好的氢氧化钠溶液滴定至溶液呈粉红色，并保持 30 s。同时做空白试验。把二氧化碳限制在洗涤瓶或者干燥管中，避免滴管中氢氧化钠因吸收二氧化碳而影响其浓度。可通过盛有 10%氢氧化钠溶液的洗涤瓶连接的装有氢氧化钠溶液的滴定管，或者通过连接装有新鲜氢氧化钠或氧化钙的滴定管末尾而形成一个封闭的体系，避免此溶液吸收二氧化碳。

2. 氮气 纯度为 98%。

3. 不含二氧化碳的蒸馏水 将水煮沸 15 min，逐出二氧化碳，冷却，密闭。

【操作步骤】

1. 试样制备 将样品全部移到约两倍于样品体积的洁净干燥容器中（带密封盖），立即盖紧容器，反复旋转振荡，使样品彻底混合。在此操作过程中，应尽量避免样品暴露在空气中。

2. 测定 称取 4 g 样品（精确至 0.01 g）于 250 mL 锥形瓶中。用量筒量取 96 mL 约 20 ℃不含二氧化碳的蒸馏水，使样品复溶，搅拌，然后静置 20 min。用滴定管向锥形瓶中滴加氢氧化钠标准溶液（0.100 0 mol/L），直到 pH 稳定在 8.30±0.01 4～5 s。滴定过程中，始终用磁力搅拌器进行搅拌，同时向锥形瓶中吹氮气（纯度为 98%），防止溶液吸收空气中的二氧化碳。整个滴定过程应在 1 min 内完成。记录所用氢氧化钠溶液的体积，精确至 0.05 mL。

3. 空白滴定 用 100 mL 不含二氧化碳的蒸馏水做空白试验，读取所消耗氢氧化钠标准溶液的体积。空白所消耗的氢氧化钠的体积应不小于零，否则应重新制备和使用符合要求的蒸馏水。

【结果计算】

$$X = \frac{c \times (V - V_0) \times 12}{m \times (1 - w) \times 0.1}$$

式中：X——乳粉试样中的酸度，°T；

c——氢氧化钠标准溶液的浓度，mol/L；

V——滴定试样溶液消耗氢氧化钠标准溶液的体积，mL；

V_0——空白试验消耗氢氧化钠标准溶液的体积，mL；

12——12 g 乳粉相当于 100 mL 复原乳（脱脂乳粉应为 9，脱脂乳清粉应为 7）；

m——称取样品的质量，g；

w——试样中水分的含量，g/100 g；

$1-w$——试样中乳粉的含量，g/100 g；

0.1——酸度理论定义氢氧化钠的物质的量浓度，mol/L。

以重复性条件下获得的两次独立测定结果的算术平均值表示，结果保留三位有效数字。在重复性条件下获得的两次独立测定结果的绝对差值不得超过算术平均值的 10%。

注：若以乳酸含量表示样品的酸度，那么样品的乳酸含量（g/100 g）＝$T \times 0.009$。T 为样品的滴定酸度（0.009 为乳酸的换算系数，即 1 mL 0.1 mol/L 的氢氧化钠标准溶液相当于 0.009 g 乳酸）。

任务四 脂肪测定（GB 5009.6—2016）

脂肪是人类重要的营养物质，也是食品中重要的组成成分，是一类不溶于水而溶于大部分有机溶剂的物质。脂肪是由一分子甘油和三分子高级脂肪酸脱水生成的。农产品中的脂肪以两种形态存在，即游离态脂肪和结合态脂肪。对大多数食品来说，游离态脂肪是主要的，结合态脂肪含量较低。

脂肪是脂溶性维生素的良好溶剂，食品中的脂溶性维生素一般存在于脂肪组织中，摄取

脂肪有助于脂溶性维生素的吸收；脂肪是高效的能量储备物质，每克脂肪在体内可提供
37.62 kJ 的能量，比糖类和蛋白质高一倍以上，是人体能量储存的主要形式；脂肪与某些蛋
白质结合生成的脂蛋白，可对人体某些生理机能进行调节，脂蛋白的种类和含量与人体的健
康密切相关。此外，在食品加工中，脂肪对产品的风味、组织结构、品质、外观、口感等都
有直接的影响。

人们对于很多食品的脂肪的含量都有一定的要求，所以农产品中的脂肪含量是食品分析
中的一项重要指标，测定食品中的脂肪有助于评价食品的品质，对改善食品的储藏性亦有着
重要的意义。

一、索氏抽提法

1. 原理 脂肪易溶于有机溶剂。试样直接用无水乙醚或石油醚等溶剂抽提后，蒸发除
去溶剂，干燥，得到游离态脂肪的含量。

2. 仪器

（1）索氏抽提器。

（2）恒温水浴锅。

（3）分析天平：感量为 0.001 g 和 0.000 1 g。

（4）电热鼓风干燥箱。

（5）干燥器：内装有效干燥剂（如硅胶）。

（6）滤纸筒。

（7）蒸发皿。

3. 试剂 除非另有说明，本方法所用试剂均为分析纯，水为 GB/T 6682—2008《分析
实验室用水规格和试验方法》规定的三级水。

（1）无水乙醚（$C_4H_{10}O$）。

（2）石油醚（C_nH_{2n+2}）：石油醚沸程为 30～60 ℃。

（3）石英砂。

（4）脱脂棉。

4. 方法

（1）试样处理。

① 固体试样。称取充分混匀后的试样 2～5 g，精确至 0.001 g，全部移入滤纸筒内。

② 液体或半固体试样。称取混匀后的试样 5～10 g，精确至 0.001 g，置于蒸发皿中，
加入约 20 g 石英砂，于沸水浴上蒸干后，在电热鼓风干燥箱中（100±5）℃干燥 30 min 后，
取出，研细，全部移入滤纸筒内。蒸发皿及蘸有试样的玻璃棒均用蘸有乙醚的脱脂棉擦净，
并将棉花放入滤纸筒内。

（2）抽提。将滤纸筒放入索氏抽提器的抽提筒内，连接已干燥至恒重的接收瓶，由抽提
器冷凝管上端加入无水乙醚或石油醚至瓶内容积的 2/3 处，水浴加热，使无水乙醚或石油醚
不断回流抽提（6～8 次/h），一般抽提 6～10 h。提取结束时，用磨砂玻璃棒接取一滴提取
液，磨砂玻璃棒上无油斑表明提取完毕。

（3）称量。取下接收瓶，回收无水乙醚或石油醚，待接收瓶内溶剂剩余 1～2 mL 时水

浴蒸干，再（100±5）℃干燥 1 h，放在干燥器内冷却 0.5 h 后称量。重复以上操作直至恒重（直至两次称量的差不超过 2 mg）。

5. 计算

$$X = \frac{m_1 - m_0}{m_2} \times 100$$

式中：X——试样中脂肪的含量，g/100 g；

m_1——恒重后接收瓶和脂肪的含量，g；

m_0——接收瓶的质量，g；

m_2——试样的质量，g；

100——单位换算系数。

计算结果表示到小数点后一位。在重复性条件下获得的两次独立测定结果的绝对差值不得超过算术平均值的 10%。

6. 注意　此方法适用于水果、蔬菜及其制品、粮食及粮食制品、焙烤食品、糖果等食品中游离态脂肪含量的测定。

二、酸水解法

1. 原理　食品中的结合态脂肪必须用强酸使其游离出来，游离出的脂肪易溶于有机溶剂。试样经盐酸水解后用无水乙醚或石油醚提取，除去溶剂即得游离态和结合态脂肪的总含量。

2. 仪器

（1）恒温水浴锅。

（2）电热板：满足 200 ℃高温。

（3）锥形瓶。

（4）分析天平：感量为 0.1 g 和 0.001 g。

（5）电热鼓风干燥箱。

3. 试剂　除非另有说明，本方法所用试剂均为分析纯，水为 GB/T 6682—2008《分析实验室用水规格和试验方法》规定的三级水。

（1）盐酸（HCl）。

（2）乙醇（C_2H_5OH）。

（3）无水乙醚（$C_4H_{10}O$）。

（4）石油醚（C_nH_{2n+2}）：沸程为 30～60 ℃。

（5）碘（I_2）。

（6）碘化钾（KI）。

（7）盐酸溶液（2 mol/L）：量取 50 mL 盐酸，加到 250 mL 水中，混匀。

（8）碘液（0.05 mol/L）：称取 6.5 g 碘和 25 g 碘化钾于少量水中溶解，稀释至 1 L。

（9）蓝色石蕊试纸。

（10）脱脂棉。

（11）滤纸：中速滤纸。

4. 方法

（1）试样酸水解。

① 固体试样。称取试样 2～5 g，精确至 0.001 g，置于 50 mL 试管内，加入 8 mL 水，混匀后再加 10 mL 盐酸。将试管放入 70～80 ℃水中，每隔 5～10 min 用玻璃棒搅拌一次，至试样消化完全，需 40～50 min。

② 液体试样。称取试样约 10 g，精确至 0.001 g，置于 50 mL 试管内，加 10 mL 盐酸。将试管放入 70～80 ℃水中，每隔 5～10 min 用玻璃棒搅拌一次，至试样消化完全，需 40～50 min。

（2）抽提。取出试管，加入 10 mL 乙醇，混合。冷却后将混合物移入 100 mL 具塞量筒中，以 25 mL 无水乙醚分数次洗试管，一并倒入量筒中。待无水乙醚全部倒入量筒后，加塞振摇 1 min，小心开塞，放出气体，再塞好，静置 12 min，小心开塞，并用乙醚冲洗塞及量筒口附着的脂肪。静置 10～20 min，待上部液体澄清，吸出上清液于已恒重的锥形瓶内，再加 5 mL 无水乙醚于具塞量筒内，振摇，静置后，仍将上层乙醚吸出，放入原锥形瓶内。

（3）称量。取下接收瓶，回收无水乙醚或石油醚，待接收瓶内溶剂剩余 1～2 mL 时水浴蒸干，再（100±5）℃干燥 1 h，放在干燥器内冷却 0.5 h 后称量。重复以上操作直至恒重（直至两次称量的差不超过 2 mg）。

5. 计算

$$X = \frac{m_1 - m_0}{m_2} \times 100$$

式中：X——试样中脂肪的含量，g/100 g；

$\qquad m_1$——恒重后接收瓶和脂肪的含量，g；

$\qquad m_0$——接收瓶的质量，g；

$\qquad m_2$——试样的质量，g；

$\qquad 100$——单位换算系数。

计算结果表示到小数点后一位。在重复性条件下获得的两次独立测定结果的绝对差值不得超过算术平均值的 10%。

6. 注意 此方法适用于水果、蔬菜及其制品、粮食及粮食制品、焙烤食品、糖果等食品中游离态脂肪及结合态脂肪总量的测定。

 实训操作

花生中脂肪的测定

【实训目的】学会并掌握索氏抽提法测定花生中的脂肪。

【实训原理】脂肪能溶于乙醚等有机溶剂，将样品置于索氏提取器中，用乙醚反复萃取，提取样品中的脂肪后，回收溶剂所得的残留物即粗脂肪。

【实训仪器】索氏抽提器，电热恒温箱，电子天平。

【操作步骤】

1. 滤纸筒制备 将滤纸剪成长方形（8 cm×15 cm），卷成圆筒，直径为 6 cm，将圆筒

底部封好。最好放一些脱脂棉，避免漏样。

2. 索氏抽提器准备 索氏抽提器由冷凝管、提取筒、提脂瓶三部分组成。提脂瓶在使用前需烘干至恒重，其余两部分需干燥。

3. 称样 精确称取烘干磨细的花生样品 2.00～5.00 g，放入已称重的滤纸筒，封好上口。

4. 抽提 将装好样的滤纸筒放入抽提筒，连接已恒重的脂肪烧瓶，从提取器冷凝管上端加入乙醚，加入的量为提取瓶体积的 2/3。接上冷凝装置，在恒温水浴中抽提，水浴温度约为 55 ℃，抽提 6～12 h。提取结束时可用滤纸检验，接取一滴抽提液，无油斑即表明提取完毕。

5. 回收乙醚 取下提脂瓶，回收乙醚。待烧瓶内乙醚剩下 1～2 mL 时，水浴蒸干，再于 100～105 ℃烘箱中烘干至恒重。

【结果计算】

$$X = \frac{m_1 - m_0}{m_2} \times 100$$

式中：X——花生中粗脂肪的含量，g/100 g；

$\quad\ m_1$——接收瓶和粗脂肪的质量，g；

$\quad\ m_0$——接收瓶的质量，g；

$\quad\ m_2$——花生的质量，g。

计算结果表示到小数点后一位。在重复性条件下获得的两次独立测定结果的绝对差值不得超过算术平均值的 10%。

任务五　糖类测定

糖类是由碳、氢和氧三种元素组成的一大类化合物，是大多数农产品的主要成分之一，也是人类日常膳食的主要供能物质。根据缩合分子的多寡，食物中的糖类分为单糖、低聚糖和多糖。单糖为多羟基的醛或酮，是不能再被水解的糖类，如葡萄糖、果糖、半乳糖等。低聚糖是由 2～10 个单糖残基通过分子间脱水形成糖苷、由糖苷键结合而成的糖类，包括双糖和寡糖，双糖如蔗糖、乳糖等，寡糖为 3～9 个单糖组成的聚合物，主要有低聚果糖、水苏糖、棉籽糖等。多糖是由 10 个以上单糖或其衍生物以糖苷键结合而成的高分子化合物，按其化学组成不同可分为同多糖和杂多糖，主要有果胶、纤维素、淀粉、琼脂、糖原等。单糖、低聚糖、多糖中的淀粉和糖原是人体可以吸收利用的糖类，又称为有效糖，而纤维素、果胶、半纤维素等是人体不能消化利用的糖类，称为无效糖，然而这些无效糖能促进肠道蠕动，改善消化系统机能，对维持人体健康有着重要的作用。

糖类的测定方法主要有物理法、化学法、色谱法和酶法等。物理法包括相对密度法、折射法、旋光法等。化学法是一种广泛采用的常规方法，包括还原糖法（直接滴定法、高锰酸钾滴定法、铁氰化钾法等）、碘量法、缩合反应法等。化学法测得的多为糖的总量，不能确定糖的种类及每种糖的含量。色谱法包括气相色谱法、液相色谱法和离子交换色谱法等。色谱法可以对试样中的各种糖进行分离定量。酶法也可用来测定糖类的含量，如用葡萄糖氧化酶测定葡萄糖，用 β-半乳糖脱氢酶测定半乳糖、乳糖等。

一、还原糖测定（GB 5009.7—2016）

还原糖是指具有还有性的糖类。在糖类中，分子中含有游离醛基（葡萄糖）或酮基（果糖）的单糖和含有游离的半缩醛羟基的双糖（乳糖和麦芽糖）都具有还原性。所有的单糖均是还原糖。而本身不具有还原性的非还原性糖（双糖、多糖），都可以通过水解而生成相应的还原性单糖，再进行测定，然后换算成样品中相应糖类的含量。所以糖类的测定是以还原糖的测定为基础的。

（一）直接滴定法

1. 原理　试样除去蛋白质后，将亚甲蓝作为指示剂，在加热条件下滴定标定过的碱性酒石酸铜溶液（已用还原糖标准溶液标定），根据样品液消耗体积计算还原糖含量。

2. 仪器

（1）天平：感量为 0.1 mg。

（2）水浴锅。

（3）可调温电炉。

（4）酸式滴定管：25 mL。

3. 试剂　除非另有说明，本方法所用试剂均为分析纯，水为 GB/T 6682—2008《分析实验室用水规格和试验方法》规定的三级水。

（1）盐酸（HCl）。

（2）硫酸铜（$CuSO_4 \cdot 5H_2O$）。

（3）亚甲蓝（$C_{16}H_{18}ClN_3S \cdot 3H_2O$）。

（4）酒石酸钾钠（$C_4H_4O_6KNa \cdot 4H_2O$）。

（5）氢氧化钠（NaOH）。

（6）乙酸锌〔$Zn(CH_3COO)_2 \cdot 2H_2O$〕。

（7）冰乙酸（$C_2H_4O_2$）。

（8）亚铁氰化钾〔$K_4Fe(CN)_6 \cdot 3H_2O$〕。

（9）盐酸溶液（1+1）：量取盐酸 50 mL，加水 50 mL 混匀。

（10）碱性酒石酸铜甲液：称取硫酸铜 15 g 和亚甲蓝 0.05 g，溶于水中，并稀释至 1 000 mL。

（11）碱性酒石酸铜乙液：称取酒石酸钾钠 50 g 和氢氧化钠 75 g，溶解于水中，再加入亚铁氰化钾 4 g，完全溶解后，用水定容至 1 000 mL，储存于橡胶塞玻璃瓶中。

（12）乙酸锌溶液：称取乙酸锌 21.9 g，加冰乙酸 3 mL，加水溶解并定容至 100 mL。

（13）亚铁氰化钾溶液（106 g/L）：称取亚铁氰化钾 10.6 g，加水溶解并定容至 100 mL。

（14）氢氧化钠溶液（40 g/L）：称取氢氧化钠 4 g，加水溶解后，放冷，并定容至 100 mL。

（15）葡萄糖（$C_6H_{12}O_6$）：CAS 为 50-99-7，纯度≥99%。

（16）果糖（$C_6H_{12}O_6$）：CAS 为 57-48-7，纯度≥99%。

（17）乳糖（含水）（$C_6H_{12}O_6 \cdot H_2O$）：CAS 为 5989-81-1，纯度≥99%。

（18）蔗糖（$C_{12}H_{22}O_{11}$）：CAS 为 57-50-1，纯度≥99%。

（19）葡萄糖标准溶液（1.0 mg/mL）：准确称取在98～100 ℃烘箱中干燥2 h的葡萄糖1 g，加水溶解后加入盐酸溶液5 mL，并用水定容至1 000 mL。每毫升此溶液相当于1.0 mg葡萄糖。

（20）果糖标准溶液（1.0 mg/mL）：准确称取98～100 ℃干燥2 h的果糖1 g，加水溶解后加入盐酸溶液5 mL，并用水定容至1 000 mL。每毫升此溶液相当于1.0 mg果糖。

（21）乳糖标准溶液（1.0 mg/mL）：准确称取94～98 ℃干燥2 h的乳糖（含水）1 g，加水溶解后加入盐酸溶液5 mL，并用水定容至1 000 mL。每毫升此溶液相当于1.0 mg乳糖（含水）。

（22）转化糖标准溶液（1.0 mg/mL）：准确称取1.052 6 g蔗糖，用100 mL水溶解，置于具塞锥形瓶中，加盐酸溶液5 mL，68～70 ℃水浴加热15 min，放置至室温，转移至1 000 mL容量瓶中并加水定容至1 000 mL，每毫升标准溶液相当于1.0 mg转化糖。

4. 方法

（1）试样制备。

① 含淀粉的食品。称取粉碎或混匀后的试样10～20 g（精确至0.001 g），置于250 mL容量瓶中，加水200 mL，45 ℃水浴加热1 h，并时时振摇，冷却后加水至刻度，混匀，静置，沉淀。吸取200.0 mL上清液置于另一个250 mL容量瓶中，缓慢加入乙酸锌溶液5 mL和亚铁氰化钾溶液5 mL，加水至刻度，混匀，静置30 min，用干燥滤纸过滤，弃去初滤液，取后续滤液备用。

② 酒精饮料。称取混匀后的试样100 g（精确至0.01 g），置于蒸发皿中，用氢氧化钠溶液中和至中性，水浴蒸发至原体积的1/4后，移入250 mL容量瓶中，缓慢加入乙酸锌溶液5 mL和亚铁氰化钾溶液5 mL，加水至刻度，混匀，静置30 min，用干燥滤纸过滤，弃去初滤液，取后续滤液备用。

③ 碳酸饮料。称取混匀后的试样100 g（精确至0.01 g）于蒸发皿中，水浴微热搅拌除去二氧化碳后，移入250 mL容量瓶中，用水洗涤蒸发皿，将洗液并入容量瓶，加水至刻度，混匀后备用。

④ 其他食品。称取粉碎后的固体试样2.5～5 g（精确至0.001 g）或混匀后的液体试样5～25 g（精确至0.001 g），置于250 mL容量瓶中，加50 mL水，缓慢加入乙酸锌溶液5 mL和亚铁氰化钾溶液5 mL，加水至刻度，混匀，静置30 min，用干燥滤纸过滤，弃去初滤液，取后续滤液备用。

（2）碱性酒石酸铜溶液的标定。吸取碱性酒石酸铜甲液5.0 mL和碱性酒石酸铜乙液5.0 mL，于150 mL锥形瓶中，加水10 mL，加入2～4粒玻璃珠，用滴定管加葡萄糖或其他还原糖标准溶液（1.0 mg/mL）约9 mL，控制在2 min内加热至沸，趁热以每两秒1滴的速度继续滴加葡萄糖或其他还原糖标准溶液（1.0 mg/mL），以溶液蓝色刚好褪去为终点，记录消耗葡萄糖（或其他还原糖标准溶液）的总体积，同时平行操作3次，取其平均值，计算每10 mL（碱性酒石酸甲、乙液各5 mL）碱性酒石酸铜溶液相当于葡萄糖（或其他还原糖）的质量（mg）。

注：也可以按上述方法标定4～20 mL碱性酒石酸铜溶液（甲、乙液各半）来适应试样中还原糖的浓度变化。

（3）试样溶液预测。吸取碱性酒石酸铜甲液 5.0 mL 和碱性酒石酸铜乙液 5.0 mL 于 150 mL 锥形瓶中，加水 10 mL，加入 2～4 粒玻璃珠，控制在 2 min 内加热至沸，保持沸腾，以先快后慢的速度，用滴定管滴加试样溶液，并保持沸腾状态，待溶液颜色变浅时，以每两秒 1 滴的速度滴定，以溶液蓝色刚好褪去为终点，记录样品溶液的消耗体积。

注：当样液中还原糖浓度过高时，应适当稀释后再进行正式测定，使每次滴定消耗样液的体积与标定碱性酒石酸铜溶液时所消耗的还原糖标准溶液的体积相近（10 mL 左右）；当浓度过低时则直接加入 10 mL 样品液，免去加水 10 mL，再用还原糖标准溶液滴定至终点，记录消耗的体积与标定时消耗的还原糖标准溶液体积之差，相当于 10 mL 样液中所含还原糖的量。

（4）试样溶液测定。吸取碱性酒石酸铜甲液 5.0 mL 和碱性酒石酸铜乙液 5.0 mL，置于 150 mL 锥形瓶中，加水 10 mL，加入 2～4 粒玻璃珠，从滴定管滴加比预测体积少 1 mL 的试样溶液至锥形瓶中，控制在 2 min 内加热至沸，保持沸腾继续以每两秒 1 滴的速度滴定，以蓝色刚好褪去为终点，记录样液的消耗体积，同法平行操作 3 次，得出平均消耗体积。

5. 计算

（1）试样中还原糖的含量（以某种还原糖计）计算。

$$X = \frac{m_1}{m \times F \times (V/250) \times 1\,000} \times 100$$

式中：X——试样中还原糖的含量（以某种还原糖计），g/100 g；

m_1——碱性酒石酸铜溶液（甲、乙液各半）相当于某种还原糖的质量，mg；

m——试样质量，g；

F——系数，含淀粉的食品、碳酸饮料和其他食品为 1，酒精饮料为 0.80；

V——测定时平均消耗试样溶液的体积，mL；

250——定容体积，mL；

1 000——单位换算系数。

（2）当浓度过低时，试样中还原糖的含量（以某种还原糖计）计算。

$$X = \frac{m_2}{m \times F \times (10/250) \times 1\,000} \times 100$$

式中：X——试样中还原糖的含量（以某种还原糖计），g/100 g；

m_2——标定时体积与加入样品后消耗的还原糖标准溶液体积之差相当于某种还原糖的质量，mg；

m——试样质量，g；

F——系数，含淀粉的食品、碳酸饮料和其他食品为 1，酒精饮料为 0.80；

10——样液体积，mL；

250——定容体积，mL；

1 000——单位换算系数。

还原糖含量≥10 g/100 g 时，计算结果保留三位有效数字；还原糖含量＜10 g/100 g 时，计算结果保留两位有效数字。在重复性条件下获得的两次独立测定结果的绝对差值不得超过算术平均值的 5%。

6. 注意 此方法适用于食品中还原糖含量的测定。当称样量为 5 g 时，定量限为 0.25 g/100 g。

（二）高锰酸钾滴定法

1. 原理 试样经除去蛋白质后，还原糖把铜盐还原为氧化亚铜，加硫酸铁后，氧化亚铜被氧化为铜盐，经高锰酸钾溶液的氧化作用生成亚铁盐，根据高锰酸钾消耗量计算氧化亚铜含量，再查表得还原糖量。

2. 仪器

（1）天平：感量为 0.1 mg。

（2）水浴锅。

（3）可调温电炉。

（4）酸式滴定管：25 mL。

（5）25 mL 古氏坩埚或 G_4 垂融坩埚。

（6）真空泵。

3. 试剂 除非另有说明，本方法所用试剂均为分析纯，水为 GB/T 6682—2008《分析实验室用水规格和试验方法》规定的三级水。

（1）盐酸（HCl）。

（2）氢氧化钠（NaOH）。

（3）硫酸铜（$CuSO_4 \cdot 5H_2O$）。

（4）硫酸（H_2SO_4）。

（5）硫酸铁 [$Fe_2(SO_4)_3$]。

（6）酒石酸钾钠（$C_4H_4O_6KNa \cdot 4H_2O$）。

（7）盐酸溶液（3 mol/L）：量取盐酸 30 mL，加水稀释至 120 mL。

（8）碱性酒石酸铜甲液：称取硫酸铜 34.639 g，加适量水溶解，加硫酸 0.5 mL，再加水稀释至 500 mL，用精制石棉过滤。

（9）碱性酒石酸铜乙液：称取酒石酸钾钠 173 g 与氢氧化钠 50 g，加适量水溶解，并稀释至 500 mL，用精制石棉过滤，储存于具橡胶塞玻璃瓶内。

（10）氢氧化钠溶液（40 g/L）：称取氢氧化钠 4 g，加水溶解并稀释至 100 mL。

（11）硫酸铁溶液（50 g/L）：称取硫酸铁 50 g，加水 200 mL 溶解后，慢慢加入硫酸 100 mL，冷后加水稀释至 1 000 mL。

（12）精制石棉：取石棉先用盐酸溶液浸泡 2～3 d，用水洗净，再加氢氧化钠溶液浸泡 2～3 d，倾去溶液，再用热碱性酒石酸铜乙液浸泡数小时，用水洗净。再用盐酸溶液浸泡数小时，用水洗至不呈酸性。然后加水振摇，使成细微的浆状软纤维，用水浸泡并储存于玻璃瓶中，即可用来填充古氏坩埚。

（13）高锰酸钾（$KMnO_4$）：CAS 号为 7722 - 64 - 7，优级纯或以上等级。

（14）高锰酸钾标准溶液 [$c(1/5KMnO_4)=0.100\ 0$ mol/L]：

① 配制。称取 3.3 g 高锰酸钾，溶于 1 050 mL 水中，缓缓煮沸 15 min，冷却，于暗处放置 2 周，用已处理过的 G_4 垂融坩埚（在同样浓度的高锰酸钾溶液中缓缓煮沸 5 min）过滤，储存于棕色瓶中。

② 标定。称取 0.25 g 已于 105～110 ℃电烘箱中干燥至恒量的工作基准试剂草酸钠，溶于 100 mL 硫酸溶液（8＋92）中，用配制的高锰酸钾溶液滴定，近终点时加热至约 65 ℃，继续滴定至溶液呈粉红色，并保持 30 s。同时做空白试验。

③ 计算。

$$c\ (1/5\mathrm{KMnO_4})=\frac{m\times1\,000}{(V_1-V_2)\times M}$$

式中：c——高锰酸钾标准溶液的浓度（1/5$\mathrm{KMnO_4}$），mol/L；

      m——草酸钠的质量，g；

      V_1——滴定试样溶液消耗高锰酸钾溶液的体积，mL；

      V_2——空白试验消耗高锰酸钾溶液的体积，mL；

      M——1/2 草酸钠的摩尔质量（66.999 g/mol）。

4. 方法

（1）试样处理。

① 含淀粉的食品。称取粉碎或混匀后的试样 10～20 g（精确至 0.001 g），置于 250 mL 容量瓶中，加水 200 mL，45 ℃水浴加热 1 h，并时时振摇。冷却后加水至刻度，混匀，静置。吸取 200.0 mL 上清液置于另一个 250 mL 容量瓶中，加碱性酒石酸铜甲液 10 mL 及氢氧化钠溶液 4 mL，加水至刻度，混匀。静置 30 min，用干燥滤纸过滤，弃去初滤液，取后续滤液备用。

② 酒精饮料。称取 100 g（精确至 0.01 g）混匀后的试样，置于蒸发皿中，用氢氧化钠溶液中和至中性，水浴蒸发至原体积的 1/4 后，移入 250 mL 容量瓶中。加水 50 mL，混匀。加碱性酒石酸铜甲液 10 mL 及氢氧化钠溶液 4 mL，加水至刻度，混匀。静置 30 min，用干燥滤纸过滤，弃去初滤液，取后续滤液备用。

③ 碳酸饮料。称取 100 g（精确至 0.001 g）混匀后的试样，将试样置于蒸发皿中，水浴除去二氧化碳后，移入 250 mL 容量瓶中，并用水洗涤蒸发皿，将洗液并入容量瓶中，再加水至刻度，混匀后备用。

④ 其他食品。称取粉碎后的固体试样 2.5～5 g（精确至 0.001 g）或混匀后的液体试样 25～50 g（精确至 0.001 g），置于 250 mL 容量瓶中，加水 50 mL，摇匀后加碱性酒石酸铜甲液 10 mL 及氢氧化钠溶液 4 mL，加水至刻度，混匀。静置 30 min，用干燥滤纸过滤，弃去初滤液，取后续滤液备用。

（2）试样溶液的测定。吸取处理后的试样溶液 50.0 mL，于 500 mL 烧杯内，加入碱性酒石酸铜甲液 25 mL 及碱性酒石酸铜乙液 25 mL，于烧杯上盖一表面皿，加热，控制在 4 min 内沸腾，再精确煮沸 2 min，趁热用铺好精制石棉的古氏坩埚（或 G_4 垂融坩埚）抽滤，并用 60 ℃热水洗涤烧杯及沉淀，至洗液不呈碱性为止。将古氏坩埚（或 G_4 垂融坩埚）放回原 500 mL 烧杯中，加硫酸铁溶液 25 mL、水 25 mL，用玻棒搅拌使氧化亚铜完全溶解，用高锰酸钾标准溶液滴定至微红色。

同时吸取水 50 mL，加入与测定试样时相同量的碱性酒石酸铜甲液、乙液、硫酸铁溶液及水，按同一方法做空白试验。

5. 计算

$$X_0=\ (V-V_0)\times c\times71.54$$

式中：X_0——试样中还原糖质量相当于氧化亚铜的质量，mg；

　　　　V——滴定试样溶液消耗高锰酸钾标准溶液的体积，mL；

　　　　V_0——空白试验消耗高锰酸钾标准溶液的体积，mL；

　　　　c——高锰酸钾标准溶液的实际浓度，mol/L；

　　71.54——1 mL 高锰酸钾标准溶液 $[c\ (1/5KMnO_4)=1.000\ mol/L]$ 相当于氧化亚铜的质量，mg。

$$X=\frac{m_3}{m_4\times(V/250)\times1\ 000}\times100$$

式中：X——试样中还原糖的含量，g/100 g；

　　　　m_3——根据 X_0 查表得到的还原糖质量，mg；

　　　　m_4——试样质量或体积，g 或 mL；

　　　　V——测定用试样溶液的体积，mL；

　　　　250——试样处理后的总体积，mL。

还原糖含量≥10 g/100 g 时，计算结果保留三位有效数字；还原糖含量＜10 g/100 g 时，计算结果保留两位有效数字。在重复性条件下获得的两次独立测定结果的绝对差值不得超过算术平均值的10％。

6. 注意　此方法适用于食品中还原糖含量的测定。当称样量为 5 g 时，定量限为0.5 g/100 g。

二、蔗糖测定（GB 5009.8—2016）

蔗糖是葡萄糖和果糖组成的非还原性双糖，不能用还原糖测定的方法进行测定。但在一定条件下，蔗糖可水解为葡萄糖和果糖，二者均为还原糖。因此蔗糖经水解后，可用测定还原糖的方法来测定。

（一）高效液相色谱法

1. 原理　试样中的果糖、葡萄糖、蔗糖、麦芽糖和乳糖经提取后，利用高效液相色谱柱分离，用示差折光检测器或蒸发光散射检测器检测，用外标法进行定量。

2. 仪器

（1）天平：感量为 0.1 mg。

（2）超声波振荡器。

（3）磁力搅拌器。

（4）离心机：转速≥4 000 r/min。

（5）高效液相色谱仪：带示差折光检测器或蒸发光散射检测器。

（6）液相色谱柱：氨基色谱柱，柱长 250 mm，内径 4.6 mm，膜厚 5 μm，或具有同等性能的色谱柱。

3. 试剂　除非另有说明，本方法所用试剂均为分析纯，水为 GB/T 6682—2008《分析实验室用水规格和试验方法》规定的一级水。

（1）乙腈：色谱纯。

（2）乙酸锌 $[Zn\ (CH_3COO)_2\cdot 2H_2O]$。

（3）亚铁氰化钾 $\{K_4\ [Fe\ (CN)_6]\cdot 3H_2O\}$。

（4）石油醚：沸程 30～60 ℃。

（5）乙酸锌溶液：称取乙酸锌 21.9 g，加冰乙酸 3 mL，加水溶解并稀释至 100 mL。

（6）亚铁氰化钾溶液：称取亚铁氰化钾 10.6 g，加水溶解并稀释至 100 mL。

（7）果糖（$C_6H_{12}O_6$）：CAS 号为 57 - 48 - 7，纯度为 99％，或经国家认证并授予标准物质证书的标准物质。

（8）葡萄糖（$C_6H_{12}O_6$）：CAS 号为 50 - 99 - 7，纯度为 99％，或经国家认证并授予标准物质证书的标准物质。

（9）蔗糖（$C_{12}H_{22}O_{11}$）：CAS 号为 57 - 50 - 1，纯度为 99％，或经国家认证并授予标准物质证书的标准物质。

（10）麦芽糖（$C_{12}H_{22}O_{11}$）：CAS 号为 69 - 79 - 4，纯度为 99％，或经国家认证并授予标准物质证书的标准物质。

（11）乳糖（$C_6H_{12}O_6$）：CAS 号为 63 - 42 - 3，纯度为 99％，或经国家认证并授予标准物质证书的标准物质。

（12）糖标准储备液（20 mg/mL）：分别称取上述经过（96±2）℃干燥 2 h 的果糖、葡萄糖、蔗糖、麦芽糖和乳糖各 1 g，加水定容至 50 mL，4 ℃密封可储藏一个月。

（13）糖标准使用液：分别吸取糖标准储备液 1.00 mL、2.00 mL、3.00 mL、5.00 mL 于 10 mL 容量瓶，加水定容，分别相当于浓度为 2.0 mg/mL、4.0 mg/mL、6.0 mg/mL、10.0 mg/mL 的标准溶液。

4. 方法

（1）试样的制备。

① 固体样品。取有代表性的样品至少 200 g，用粉碎机粉碎，并通过 2.0 mm 圆孔筛，混匀，装入洁净容器，密封，做标记。

② 半固体和液体样品（除蜂蜜样品外）。取有代表性样品至少 200 g（mL），充分混匀，装入洁净容器，密封，做标记。

（2）样品处理。

① 脂肪含量小于 10％的食品。称取粉碎或混匀后的试样 0.5～10 g（含糖量≤5％时称取 10 g，含糖量为 5％～10％时称取 5 g，含糖量为 10％～40％时称取 2 g，含糖量≥40％时称取 0.5 g）（精确至 0.001 g）于 100 mL 容量瓶中，加水约 50 mL 溶解，缓慢加入乙酸锌溶液和亚铁氰化钾溶液各 5 mL，加水定容至刻度，磁力搅拌或超声 30 min，用干燥滤纸过滤，弃去初滤液，后续滤液用 0.45 μm 微孔滤膜过滤或离心获取上清液过 0.45 μm 微孔滤膜至样品瓶，供液相色谱分析。

② 含二氧化碳的饮料。吸取混匀后的试样于蒸发皿中，水浴微热搅拌去除二氧化碳，吸取 50.0 mL 移入 100 mL 容量瓶中，缓慢加入乙酸锌溶液和亚铁氰化钾溶液各 5 mL，用水定容至刻度，摇匀，静置 30 min，用干燥滤纸过滤，弃去初滤液，后续滤液用 0.45 μm 微孔滤膜过滤或离心获取上清液过 0.45 μm 微孔滤膜至样品瓶，供液相色谱分析。

③ 脂肪含量大于 10％的食品。称取粉碎或混匀后的试样 5～10 g（精确至 0.001 g）置于 100 mL 具塞离心管中，加入 50 mL 石油醚，混匀，放气，振摇 2 min，1 800 r/min 离心 15 min，去除石油醚后重复以上步骤至去除大部分脂肪。蒸发残留的石油醚，用玻璃棒将样品捣碎并转移至 100 mL 容量瓶中，用 50 mL 水分两次冲洗离心管，将洗液并入 100 mL 容

量瓶中，缓慢加入乙酸锌溶液和亚铁氰化钾溶液各 5 mL，加水定容至刻度，磁力搅拌或超声 30 min，用干燥滤纸过滤，弃去初滤液，后续滤液用 0.45 μm 微孔滤膜过滤或离心获取上清液过 0.45 μm 微孔滤膜至样品瓶，供液相色谱分析。

（3）色谱参考条件。色谱条件应当满足果糖、葡萄糖、蔗糖、麦芽糖和乳糖之间的分离度大于 1.5。流动相：$V_{乙腈}+V_{水}=70+30$；流动相流速：1.0 mL/min；柱温：40 ℃；进样量：20 μL；示差折光检测器条件：温度 40 ℃；蒸发光散射检测器条件：漂移管温度为 80～90 ℃，氮气压力为 350 kPa；撞击器：关。蔗糖色谱图如图 4-3 和图 4-4 所示。

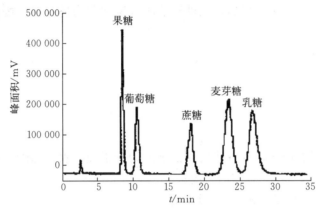

图 4-3　果糖、葡萄糖、蔗糖、麦芽糖和乳糖标准物质的蒸发光散射检测色谱图

（4）标准曲线的制作。将糖标准使用液依次按上述推荐色谱条件上机测定，记录色谱图峰面积或峰高，以峰面积或峰高为纵坐标，以标准工作液的浓度为横坐标，示差折光检测器采用线性方程绘制标准曲线；蒸发光散射检测器采用幂函数方程绘制标准曲线。

（5）试样溶液的测定。将试样溶液注入高效液相色谱仪中，记录峰面积或峰高，从标准曲线中查得试样溶液中糖的浓度。可根据具体试样进行稀释。同时做空白试验。

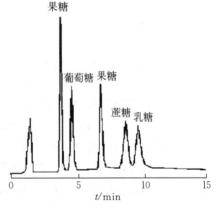

图 4-4　果糖、葡萄糖、蔗糖、麦芽糖和乳糖标准物质的示差折光检测色谱图

5. 计算

$$X=\frac{(\rho-\rho_0)\times V\times n}{m\times 1\,000}\times 100$$

式中：X——试样中糖（果糖、葡萄糖、蔗糖、麦芽糖和乳糖）的含量，g/100 g；

　　　ρ——样液中糖的浓度，mg/mL；

　　　ρ_0——空白中糖的浓度，mg/mL；

　　　V——样液定容体积，mL；

　　　n——稀释倍数；

　　　m——试样的质量，g；

100、1 000——单位换算系数。

糖的含量≥10 g/100 g时，结果保留三位有效数字，糖的含量＜10 g/100 g时，结果保留两位有效数字。在重复条件下获得的两次独立测定结果的绝对差值不得超过算术平均值的10％。

6. 注意 此方法适用于果蔬制品、蜂蜜、糖浆、饮料等食品中果糖、葡萄糖、蔗糖、麦芽糖和乳糖的测定。当称样量为 10 g 时，果糖、葡萄糖、蔗糖、麦芽糖和乳糖检出限为 0.2 g/100 g。

（二）酸水解-莱因-埃农氏法

1. 原理 试样经除去蛋白质后，蔗糖经盐酸水解转化为还原糖，按还原糖测定。水解前后的差值乘以相应的系数即蔗糖含量。

2. 仪器

（1）天平：感量为 0.1 mg。

（2）水浴锅。

（3）可调温电炉。

（4）酸式滴定管：25 mL。

3. 试剂 除非另有说明，本方法所用试剂均为分析纯，水为 GB/T 6682—2008《分析实验室用水规格和试验方法》规定的三级水。

（1）乙酸锌 $[Zn(CH_3COO)_2 \cdot 2H_2O]$。

（2）亚铁氰化钾 $\{K_4[Fe(CN)_6] \cdot 3H_2O\}$。

（3）盐酸（HCl）。

（4）氢氧化钠（NaOH）。

（5）甲基红（$C_{15}H_{15}N_3O_2$）：指示剂。

（6）亚甲蓝（$C_{16}H_{18}ClN_3S \cdot 3H_2O$）：指示剂。

（7）硫酸铜（$CuSO_4 \cdot 5H_2O$）。

（8）酒石酸钾钠（$C_4H_4O_6KNa \cdot 4H_2O$）。

（9）乙酸锌溶液：称取乙酸锌 21.9 g，加冰乙酸 3 mL，加水溶解并定容至 100 mL。

（10）亚铁氰化钾溶液：称取亚铁氰化钾 10.6 g，加水溶解并定容至 100 mL。

（11）盐酸溶液（1+1）：量取盐酸 50 mL，缓慢加入 50 mL 水中，冷却后混匀。

（12）氢氧化钠（40 g/L）：称取氢氧化钠 4 g，加水溶解后，放冷，加水定容至 100 mL。

（13）甲基红指示液（1 g/L）：称取甲基红盐酸盐 0.1 g，用 95％乙醇溶解并定容至 100 mL。

（14）氢氧化钠溶液（200 g/L）：称取氢氧化钠 20 g，加水溶解后，放冷，加水并定容至 100 mL。

（15）碱性酒石酸铜甲液：称取硫酸铜 15 g 和亚甲蓝 0.05 g，溶于水中，加水定容至 1 000 mL。

（16）碱性酒石酸铜乙液：称取酒石酸钾钠 50 g 和氢氧化钠 75 g，溶解于水中，再加入亚铁氰化钾 4 g，完全溶解后，用水定容至 1 000 mL，储存于具橡胶塞玻璃瓶中。

（17）葡萄糖（$C_6H_{12}O_6$）：CAS 号为 50-99-7，纯度≥99％，或经国家认证并授予标

准物质证书的标准物质。

（18）葡萄糖标准溶液（1.0 mg/mL）：称取在 98～100 ℃烘箱中干燥 2 h 的葡萄糖 1 g（精确至 0.001 g），加水溶解后加入盐酸 5 mL，并用水定容至 1 000 mL。每毫升此溶液相当于 1.0 mg 葡萄糖。

4. 方法

（1）试样的制备。

① 固体样品。取有代表性的样品至少 200 g，用粉碎机粉碎，混匀，装入洁净容器，密封，做标记。

② 半固体和液体样品。取有代表性的样品至少 200 g（mL），充分混匀，装入洁净容器，密封，做标记。

（2）试样处理。

① 含蛋白质食品。称取粉碎或混匀后的固体试样 2.5～5 g（精确至 0.001 g）或液体试样 5～25 g（精确至 0.001 g），置于 250 mL 容量瓶中，加水 50 mL，缓慢加入乙酸锌溶液 5 mL 和亚铁氰化钾溶液 5 mL，加水至刻度，混匀，静置 30 min，用干燥滤纸过滤，弃去初滤液，取后续滤液备用。

② 含大量淀粉的食品。称取粉碎或混匀后的试样 10～20 g（精确至 0.001 g），置于 250 mL 容量瓶中，加水 200 mL，45 ℃水浴加热 1 h，并时时振摇，冷却后加水至刻度，混匀，静置，沉淀。吸取 200 mL 上清液于另一个 250 mL 容量瓶中，缓慢加入乙酸锌溶液 5 mL 和亚铁氰化钾溶液 5 mL，加水至刻度，混匀，静置 30 min，用干燥滤纸过滤，弃去初滤液，取后续滤液备用。

③ 酒精饮料。称取混匀后的试样 100 g（精确至 0.01 g），置于蒸发皿中，用氢氧化钠溶液（40 g/L）中和至中性，水浴蒸发至原体积的 1/4 后，移入 250 mL 容量瓶中，缓慢加入乙酸锌溶液 5 mL 和亚铁氰化钾溶液 5 mL，加水至刻度，混匀，静置 30 min，用干燥滤纸过滤，弃去初滤液，取后续滤液备用。

④ 碳酸饮料。称取混匀后的试样 100 g（精确至 0.01 g）于蒸发皿中，水浴微热搅拌除去二氧化碳后，移入 250 mL 容量瓶中，用水洗蒸发皿，洗液并入容量瓶，加水至刻度，混匀后备用。

（3）酸水解。吸取 2 份试样各 50.0 mL，分别置于 100 mL 容量瓶中。转化前：一份用水稀释至 100 mL。转化后：另一份加盐酸溶液（1+1）5 mL，68～70 ℃水浴加热 15 min，冷却后加甲基红指示液 2 滴，用 200 g/L 氢氧化钠溶液中和至中性，加水至刻度。

（4）标定碱性酒石酸铜溶液。吸取碱性酒石酸铜甲液 5.0 mL 和碱性酒石酸铜乙液 5.0 mL 于 150 mL 锥形瓶中，加水 10 mL，加入 2～4 粒玻璃珠，从滴定管中加葡萄糖标准溶液约 9 mL，控制在 2 min 内，加热至沸，趁热以每两秒一滴的速度滴加葡萄糖，直至溶液颜色刚好褪去，记录消耗葡萄糖总体积，同时平行操作 3 次，取其平均值，计算每 10 mL（碱性酒石酸铜甲、乙液各 5 mL）碱性酒石酸铜溶液相当于葡萄糖的质量（mg）。

注：也可以按上述方法标定 4～20 mL 碱性酒石酸铜溶液（甲、乙液各半）来适应试样中还原糖的浓度变化。

（5）试样溶液的测定。

① 预测滴定。吸取碱性酒石酸铜甲液 5.0 mL 和碱性酒石酸铜乙液 5.0 mL 于同一个 150 mL 锥形瓶中，加入蒸馏水 10 mL，放入 2～4 粒玻璃珠，置于电炉上加热，使其在 2 min 内沸腾，保持沸腾状态 15 s，滴入样液至溶液蓝色完全褪尽为止，读取所用样液的体积。

② 精确滴定。吸取碱性酒石酸铜甲液 5.0 mL 和碱性酒石酸铜乙液 5.0 mL 于同一个 150 mL 锥形瓶中，加入蒸馏水 10 mL，放入几粒玻璃珠，从滴定管中放出（转化前样液或转化后样液）样液（比预测滴定预测的体积少 1 mL），置于电炉上，使其在 2 min 内沸腾，维持沸腾状态 2 min，以每两秒一滴的速度徐徐滴入样液，溶液蓝色完全褪尽即为终点，分别记录转化前样液和转化后样液消耗的体积。

注：对于蔗糖含量在百分之零点几水平的样品，可以采用反滴定的方式进行测定。

5. 计算

$$R=\frac{A}{m\times(50/250)\times(V/100)\times1\,000}\times100$$

式中：R——试样中转化糖的含量（以葡萄糖计），g/100 g；

A——碱性酒石酸铜溶液（甲、乙液各半）相当于葡萄糖的质量，mg；

m——样品的质量，g；

50——酸水解中吸取样液体积，mL；

250——试样处理中样品定容体积，mL；

V——滴定时平均消耗试样溶液体积，mL；

100——酸水解中定容体积，mL；

100、1 000——单位换算系数。

注：样液的计算值为转化前样液中转化糖的含量 R_1，样液的计算值为转化后样液中转化糖的含量 R_2。

$$X=(R_2-R_1)\times0.95$$

式中：X——试样中蔗糖的含量，g/100 g；

R_2——转化后转化糖的含量，g/100 g；

R_1——转化前转化糖的含量，g/100 g；

0.95——转化糖（以葡萄糖计）换算为蔗糖的系数。

蔗糖含量≥10 g/100 g 时，结果保留三位有效数字；蔗糖含量<10 g/100 g 时，结果保留两位有效数字。在重复性条件下获得的两次独立测定结果的绝对差值不得超过算术平均值的 10%。

6. 注意 此方法适用于各类食品中蔗糖的测定。当称样量为 5 g 时，定量限为 0.24 g/100 g。

三、总糖测定（GB/T 15672—2009）

农产品中的总糖通常是指具有还原性的糖（葡萄糖、果糖、乳糖、麦芽糖等）和在测定条件下能水解为还原性单糖的蔗糖的总量。总糖是食品生产中的常规分析项目，它反映的是食品中可溶性单糖和低聚糖的总量，其含量的高低对产品的色、香、味、组织形态、营养价值、成本等有一定影响。总糖是麦乳精、糕点、果蔬罐头、饮料等许多食品的重要质量指标。总糖的测定通常是以还原糖的测定方法为基础的，常用的是直接滴定法。将食品中的非还原性双糖，经酸水解成还原性单糖，再按还原糖的测定法测定，测出以转化糖计的总糖量。

1. 原理　食用菌中水溶性糖和水不溶性多糖经盐酸溶液水解后转化成还原糖，水解物在硫酸的作用下，迅速脱水生成糖醛衍生物，并与苯酚反应生成橙黄色溶液，将反应产物在490 nm 处比色，采用外标法定量。

2. 仪器

（1）电热鼓风干燥箱：温度精度为±2 ℃。

（2）粉碎机：备有 1 mm 孔径的金属筛网。

（3）可见分光光度计。

（4）涡旋振荡器。

（5）分析天平：感量为 0.000 1 g。

（6）恒温水浴：温度精度为±1 ℃。

（7）实验室常用玻璃器具。

3. 试剂

除非另有说明，在分析中仅使用确认为分析纯的试剂和符合 GB/T 6682—2008《分析实验室用水规格和试验方法》规定的三级水。

（1）浓盐酸：$\rho = 1.18$ g/mL。

（2）浓硫酸：$\rho = 1.84$ g/mL。

（3）苯酚溶液（50 g/L）：称取 5 g 苯酚（C_6H_6O，重蒸），用水溶解于 100 mL 容量瓶中，定容后摇匀，转至棕色瓶，置于 4 ℃冰箱中避光储存。

（4）葡萄糖标准溶液（100 mg/L）：将葡萄糖 105 ℃恒温烘干至恒重，称取葡萄糖约 0.1 g（精确至 0.000 1 g），用水溶解于 1 000 mL 容量瓶中，定容至刻度后摇匀，置于 4 ℃冰箱中避光储存，两周内有效。

4. 方法

（1）取样方法和数量。将样品混匀后平铺成方形，用四分法取样，干样取样量不应少于 200 g；鲜样取样量不应少于 1 000 g；子实体单个质量大于 200 g 的样品，取样不应少于 5 个。

（2）试样的制备。

① 干样直接用剪刀剪成小块，在 80 ℃干燥箱中烘至发脆后置于干燥器内冷却，冷却后立即粉碎。粉碎样品过孔径为 0.9 mm 的筛。未能过筛部分再次粉碎或研磨后再次过筛，直至全部样品过筛。将过筛后的样品装入清洁的广口瓶内密封保存，备用。

② 鲜样用手撕或用刀切成小块，50 ℃鼓风干燥 6 h 以上，待样品半干后再逐步提高温度至 80 ℃，烘至发脆后在干燥器内冷却，立即粉碎。粉碎样品过孔径为 0.9 mm 的筛。未能过筛部分再次粉碎或研磨后再次过筛，直至全部样品过筛。将过筛后的样品装入清洁的广口瓶内密封保存，备用。

（3）称样。称取约 0.25 g 试样，精确至 0.001 g。同时按照 GB/T 5009.3—2016《食品安全国家标准　食品中水分的测定》规定的第一法（直接干燥法）测定试样含水率。

（4）水解。将试样小心倒入 250 mL 锥形瓶中，加 50 mL 水和 15 mL 浓盐酸。装上冷凝回流装置，置于 100 ℃ 水中水解 3 h。冷却至室温后过滤，再用蒸馏水洗涤滤渣，合并滤液及洗液，用水定容至 250 mL。此溶液为试样测试液。

（5）标准曲线的绘制。分别吸取 0 mL、0.2 mL、0.4 mL、0.6 mL、0.8 mL、1.0 mL 的葡萄糖标准溶液（100 mg/L）至 10 mL 具塞试管中，用蒸馏水补至 1.0 mL。向试液中加入 1.0 mL 苯酚溶液（50 g/L），然后快速加入 5.0 mL 浓硫酸（与液面垂直加入，勿接触试管壁，以便于反应液充分混合），将反应液静止放置 10 min。使用涡旋振荡器使反应液混合，然后将试管放置于 30 ℃ 水浴锅中反应 20 min。取适量反应液在 490 nm 处测吸光度。以葡萄糖质量浓度为横坐标，以吸光度为纵坐标，绘制标准曲线。

（6）测定。准确吸取试样测试液 0.2 mL 于 10 mL 具塞试管中，用蒸馏水补至 1.0 mL。向试液中加入 1.0 mL 苯酚溶液（50 g/L），然后快速加入 5.0 mL 浓硫酸（与液面垂直加入，勿接触试管壁，以便于反应液充分混合），将反应液静止放置 10 min。使用涡旋振荡器使反应液混合，然后将试管放置于 30 ℃ 水浴锅中反应 20 min。取适量反应液在 490 nm 处测吸光度。

同时做空白试验。

5. 计算

$$X = \frac{m_1 \times V_1 \times 10^{-6}}{m_2 \times V_2 \times (1-w)} \times 100$$

式中：X——样品中总糖含量，%；

V_1——样品定容体积，mL；

V_2——比色测定时所移取样品测定液的体积，mL；

m_1——从标准曲线上查得样品测定液中的含糖量，μg；

m_2——样品质量，g；

w——样品含水量，%。

计算结果以葡萄糖计，表示到小数点后一位。

6. 注意　此方法适用于食用菌中总糖含量的测定。在重复性条件下获得的两次独立测试结果的绝对差值不大于这两个测定值的算术平均值的 10%，以大于这两个测定值的算术平均值的 10% 的情况不超过 5% 为前提。

四、膳食纤维测定（GB 5009.88—2014）

膳食纤维（DF）是指不能被人体小肠消化吸收但具有健康意义的、植物中天然存在或通过提取（合成）的、聚合度（DP）≥3 的多糖，包括纤维素、半纤维素、果胶及其他单体成分。可溶性膳食纤维（SDF）是指能溶于水的膳食纤维部分，包括低聚糖和部分不能被消化的多聚糖等。不溶性膳食纤维（IDF）是指不能溶于水的膳食纤维部分，包括木质素、纤维素、部分半纤维素等。总膳食纤维（TDF）是指可溶性膳食纤维与不溶性膳食纤维之和。

1. 原理　干燥试样经热稳定 α-淀粉酶、蛋白酶和葡萄糖苷酶酶解消化去除蛋白质和淀粉后，经乙醇沉淀、抽滤，残渣用乙醇和丙酮洗涤，干燥称量，即得总膳食纤维残渣。另取试样同样酶解，直接抽滤并用热水洗涤，残渣干燥称量，即得不溶性膳食纤维残渣；滤液用4倍体积的乙醇沉淀、抽滤、干燥称量，得可溶性膳食纤维残渣。扣除各类膳食纤维残渣中相应的蛋白质、灰分和试剂空白含量，即可计算出试样中不溶性、可溶性和总膳食纤维的含量。

2. 仪器

（1）高型无导流口烧杯：400 mL 或 600 mL。

（2）坩埚：具粗面烧结玻璃板，孔径为 40～60 μm。清洗后的坩埚在马弗炉中（525±5)℃灰化 6 h，炉温降至 130 ℃以下取出，于重铬酸钾洗液中室温浸泡 2 h，用水冲洗干净，再用 15 mL 丙酮冲洗后风干。用前，加入约 1.0 g 硅藻土，130 ℃烘干，取出坩埚，在干燥器中冷却约 1 h，称量，记录处理后坩埚质量，精确至 0.1 mg。

（3）真空抽滤装置：真空泵或有调节装置的抽吸器。备 1 L 抽滤瓶，侧壁有抽滤口，带与抽滤瓶配套的橡胶塞，用于酶解液抽滤。

（4）恒温振荡水浴箱：带自动计时器，控温范围为 5～100 ℃，温度波动±1 ℃。

（5）分析天平：感量为 0.1 mg 和 1 mg。

（6）马弗炉：(525±5)℃。

（7）烘箱：(130±3)℃。

（8）干燥器：二氧化硅或同等的干燥剂，干燥剂每两周（130±3)℃烘干过夜一次。

（9）pH 计：具有温度补偿功能，精度为±0.1，用前用 pH 为 4.0、7.0 和 10.0 的标准缓冲液校正。

（10）真空干燥箱：(70±1)℃。

（11）筛：筛板孔径为 0.3～0.5 mm。

3. 试剂 除非另有说明，本标准所用试剂均为分析纯，水为 GB/T 6682—2008《分析实验室用水规格和试验方法》规定的二级水。

（1）95%乙醇（CH_3CH_2OH）。

（2）丙酮（CH_3COCH_3）。

（3）石油醚：沸程为 30～60 ℃。

（4）氢氧化钠（NaOH）。

（5）重铬酸钾（$K_2Cr_2O_7$）。

（6）三羟甲基氨基甲烷（$C_4H_{11}NO_3$，Tris）。

（7）2-（*N*-吗啉代）乙烷磺酸（$C_6H_{13}N0_4S \cdot H_2O$，MES）。

（8）冰乙酸（$C_2H_4O_2$）。

（9）盐酸（HCl）。

（10）硫酸（H_2SO_4）。

（11）热稳定 α-淀粉酶液：CAS 号为 9000-85-5，IUB 3.2.1.1，（10 000±1 000）U/mL，不得含丙三醇稳定剂，于 0～5 ℃冰箱中储存，酶的活性测定及判定标准应符合要求。

（12）蛋白酶液：CAS 号为 9014-01-1，IUB 3.2.21.14，300～400 U/mL，不得含丙三醇稳定剂，于 0～5 ℃冰箱中储存，酶的活性测定及判定标准应符合要求。

（13）淀粉葡萄糖苷酶液：CAS 号为 9032‐08‐0，IUB 3.2.1.3，2 000～3 300 U/mL，于 0～5 ℃冰箱中储存，酶的活性测定及判定标准应符合要求。

（14）硅藻土：CAS 号为 688 55‐54‐9。

（15）乙醇溶液（85％，体积分数）：取 895 mL 乙醇（95％），用水稀释并定容至 1 L，混匀。

（16）乙醇溶液（78％，体积分数）：取 821 mL 乙醇（95％），用水稀释并定容至 1 L，混匀。

（17）氢氧化钠溶液（6 mol/L）：称取 24 g 氢氧化钠，用水溶解至 100 mL，混匀。

（18）氢氧化钠溶液（1 mol/L）：称取 4 g 氢氧化钠，用水溶解至 100 mL，混匀。

（19）盐酸溶液（1 mol/L）：取 8.33 mL 盐酸，用水稀释至 100 mL，混匀。

（20）盐酸溶液（2 mol/L）：取 167 mL 盐酸，用水稀释至 1 L，混匀。

（21）MES‐Tris 缓冲液（0.05 mol/L）：称取 2‐（N‐吗啉代）乙烷磺酸 19.52 g 和 12.2 g 三羟甲基氨基甲烷，用 1.7 L 水溶解，根据室温用 6 mol/L 氢氧化钠溶液调 pH，20 ℃时调至 pH 为 8.3，24 ℃时调至 pH 为 8.2，28 ℃时调至 pH 为 8.1；20～28 ℃其他室温用插入法校正 pH。加水稀释至 2 L。

（22）蛋白酶溶液：用 MES‐Tris 缓冲液（0.05 mol/L）配成浓度为 50 mg/mL 的蛋白酶溶液，使用前现配并于 0～5 ℃条件下暂存。

（23）酸洗硅藻土：取 200 g 硅藻土于 600 mL 的 2 mol/L 盐酸溶液中，浸泡过夜，过滤，用水洗至滤液为中性，置于（525±5）℃马弗炉中灼烧后备用。

（24）重铬酸钾洗液：称取 100 g 重铬酸钾，用 200 mL 水溶解，加入 1.8 L 浓硫酸混合。

（25）乙酸溶液（3 mol/L）：取 172 mL 乙酸，加入 700 mL 水，混匀后用水定容至 1 L。

4. 方法

（1）试样制备。试样根据水分含量、脂肪含量和糖含量进行适当的处理及干燥，并粉碎、混匀过筛。

① 脂肪含量<10％的试样。若试样水分含量较低（<10％），取试样直接反复粉碎，至完全过筛，混匀，备用。若试样水分含量较高（≥10％），试样混匀后，称取适量试样（不少于 50 g），置于（70±1）℃真空干燥箱内干燥至恒重。将干燥后的试样转至干燥器中，待试样温度降到室温后称量。根据干燥前后试样质量，计算试样质量损失因子。将干燥后试样反复粉碎至完全过筛，置于干燥器中备用。

注：若试样不宜加热，也可采取冷冻干燥法。

② 脂肪含量≥10％的试样。试样需经脱脂处理。称取适量试样（不少于 50 g），置于漏斗中，按每克试样 25 mL 的比例加入石油醚进行冲洗，连续 3 次。脱脂后将试样混匀，置于（70±1）℃真空干燥箱内干燥至恒重。将干燥后的试样转至干燥器中，待试样温度降到室温后称量。记录脱脂、干燥后试样质量损失因子。将试样反复粉碎至完全过筛，置于干燥器中备用。

注：若试样脂肪含量未知，按先脱脂再干燥粉碎的方法处理。

③ 糖含量≥5％的试样。试样需经脱糖处理。称取适量试样（不少于 50 g），置于漏斗

中，按每克试样 10 mL 的比例用 85％乙醇溶液冲洗，弃去乙醇溶液，连续 3 次。脱糖后将试样置于 40 ℃烘箱内干燥过夜，称量，记录脱糖、干燥后试样质量损失因子。将干样反复粉碎至完全过筛，置于干燥器中备用。

（2）酶解。

① 准确称取两份试样各约 1 g（精确至 0.1 mg），双份试样质量差≤0.005 g。将试样转置于 400～600 mL 高脚烧杯中，加入 MES-Tris 缓冲液（0.05 mol/L）40 mL，磁力搅拌直至试样完全分散在缓冲液中。同时制备两个空白样液与试样液进行同步操作，用于校正试剂对测定的影响。

注：搅拌均匀，避免试样结成团块，以防止试样酶解过程中不能与酶充分接触。

② 热稳定 α-淀粉酶酶解。向试样液中分别加入 50 μL 热稳定 α-淀粉酶液缓慢搅拌，加盖铝箔，置于 95～100 ℃恒温振荡水浴箱中持续振摇，当温度升至 95 ℃时开始计时，通常反应 35 min。将烧杯取出，冷却至 60 ℃，打开铝箔盖，用刮勺轻轻将附着于烧杯内壁的环状物以及烧杯底部的胶状物刮下，用 10 mL 水冲洗烧杯壁和刮勺。

注：如试样中抗性淀粉含量较高（＞40％），可延长热稳定 α-淀粉酶酶解时间至 90 min，如有必要也可另加入 10 mL 二甲基亚砜帮助淀粉分散。

③ 蛋白酶酶解。将试样液置于（60±1）℃水浴锅中，向每个烧杯中加 100 μL 蛋白酶溶液，盖上铝箔，开始计时，持续振摇，反应 30 min。打开铝箔盖，边搅拌边加入 5 mL 乙酸溶液（3 mol/L），控制试样温度在（60±1）℃。用 1 mol/L 氢氧化钠溶液或 1 mol/L 盐酸溶液调节试样液 pH 至 4.5±0.2。

注：应在（60±1）℃时调 pH，因为温度降低会使 pH 升高。同时注意进行空白样液的 pH 的测定，保证空白样和试样液的 pH 一致。

④ 淀粉葡糖苷酶酶解。边搅拌边加入 100 μL 淀粉葡萄糖苷酶液，盖上铝箔，继续于（60±1）℃水浴锅中持续振摇，反应 30 min。

（3）总膳食纤维（TDF）测定。

① 沉淀。向每份试样酶解液中，按乙醇与试样液体积比为 4∶1 的比例加入预热至（60±1）℃的 95％乙醇（预热后体积约为 225 mL），取出烧杯，盖上铝箔，于室温条件下沉淀 1 h。

② 抽滤。取已加入硅藻土并干燥称量的坩埚，用 15 mL 乙醇（78％）润湿硅藻土并展平，接上真空抽滤装置，抽去乙醇使坩埚中硅藻土平铺于滤板上。将试样乙醇沉淀液转移入坩埚中抽滤，用刮勺和 78％乙醇将高脚烧杯中所有残渣转至坩埚中。

③ 洗涤。分别用 15 mL 78％乙醇洗涤残渣 2 次，用 15 mL 95％乙醇洗涤残渣 2 次，用 15 mL 丙酮洗涤残渣 2 次，抽滤去除洗涤液后，将坩埚连同残渣 105 ℃烘干过夜。将坩埚置于干燥器中冷却 1 h，称量（包括处理后的坩埚质量及残渣质量），精确至 0.1 mg。减去处理后的坩埚质量，计算试样残渣质量。

④ 蛋白质和灰分的测定。取 2 份试样残渣中的 1 份按 GB 5009.5—2016《食品安全国家标准 食品中蛋白质的测定》测定氮（N）含量，以 6.25 为换算系数，计算蛋白质质量；另 1 份试样测定灰分，即在 525 ℃条件下灰化 5 h，于干燥器中冷却，精确称量坩埚总质量（精确至 0.1 mg），减去处理后的坩埚质量，计算灰分质量。

（4）不溶性膳食纤维（IDF）的测定。

① 按"4. 方法（1）试样制备"制备、称取试样；按"4. 方法（2）酶解"酶解试样。

② 抽滤洗涤。取已处理的坩埚，用 3 mL 水润湿硅藻土并展平，抽去水分使坩埚中的硅藻土平铺于滤板上。将试样酶解液全部转移至坩埚中抽滤，残渣用 70 ℃ 热水 10 mL 洗涤 2 次，收集并合并滤液，转移至另一个 600 mL 高脚烧杯中，备测可溶性膳食纤维。分别用 15 mL 78％乙醇洗涤残渣 2 次，用 15 mL 95％乙醇洗涤残渣 2 次，用 15 mL 丙酮洗涤残渣 2 次，抽滤去除洗涤液后，将坩埚连同残渣 105 ℃烘干过夜。将坩埚置于干燥器中冷却 1 h，称量（包括处理后坩埚质量及残渣质量），精确至 0.1 mg。减去处理后坩埚的质量，计算试样残渣质量。

③ 蛋白质和灰分的测定。取两份试样残渣中的一份按 GB 5009.5—2016《食品安全国家标准　食品中蛋白质的测定》测定氮（N）含量，以 6.25 为换算系数，计算蛋白质质量；另一份试样测定灰分，即在 525 ℃条件下灰化 5 h，于干燥器中冷却，精确称量坩埚总质量（精确至 0.1 mg），减去处理后的坩埚质量，计算灰分质量。

（5）可溶性膳食纤维（SDF）的测定。

① 计算滤液体积。收集不溶性膳食纤维抽滤产生的滤液，置于预先称量的 600 mL 高脚烧杯中，通过称量"烧杯＋滤液"总质重、扣除烧杯质量的方法估算滤液体积。

② 沉淀。按滤液体积加入 4 倍量预热至 60 ℃的 95％乙醇，室温条件下沉淀 1 h。

③ 抽滤。取已加入硅藻土并干燥称量的坩埚，用 15 mL 乙醇（78％）润湿硅藻土并展平，接上真空抽滤装置，抽去乙醇使坩埚中硅藻土平铺于滤板上。将试样乙醇沉淀液转移入坩埚中抽滤，用刮勺和 78％乙醇将高脚烧杯中所有残渣转至坩埚中。

④ 洗涤。分别用 15 mL 78％乙醇洗涤残渣 2 次，用 15 mL 95％乙醇洗涤残渣 2 次，用 15 mL 丙酮洗涤残渣 2 次，抽滤去除洗涤液后，将坩埚连同残渣在 105 ℃条件下烘干过夜。将坩埚置于干燥器中冷却 1 h，称量（包括处理后坩埚质量及残渣质量），精确至 0.1 mg。减去处理后的坩埚质量，计算试样残渣质量。

⑤ 蛋白质和灰分的测定。取 2 份试样残渣中的 1 份按 GB 5009.5—2016《食品安全国家标准　食品中蛋白质的测定》测定氮（N）含量，以 6.25 为换算系数，计算蛋白质质量；另 1 份试样测定灰分，即在 525 ℃条件下灰化 5 h，于干燥器中冷却，精确称量坩埚总质量（精确至 0.1 mg），减去处理后的坩埚质量，计算灰分质量。

5. 计算

（1）试剂空白质量计算。

$$m_B = \overline{m}_{BR} - m_{BP} - m_{BA}$$

式中：m_B——试剂空白质量，g；

$\overline{m}_{BR}$——双份试剂空白残渣质量均值，g；

m_{BP}——试剂空白残渣中蛋白质质量，g；

m_{BA}——试剂空白残渣中灰分质量，g。

（2）试样中膳食纤维的含量计算。

$$m_R = m_{GR} - m_G$$

$$X = \frac{\overline{m}_R - m_P - m_A - m_B}{\overline{m} \times f}$$

$$f = \frac{m_C}{m_D}$$

式中：m_R——试样残渣质量，g；

m_{GR}——处理后坩埚质量及残渣质量，g；

m_G——处理后坩埚质量，g；

X——试样中膳食纤维的含量，g/100 g；

$\overline{m}_R$——双份试样残渣质量均值，g；

m_P——试样残渣中蛋白质质量，g；

m_A——试样残渣中灰分质量，g；

m_B——试剂空白质量，g；

$\overline{m}$——双份试样取样质量均值，g；

f——试样制备时因干燥、脱脂、脱糖导致质量变化的校正因子；

m_C——试样制备前质量，g；

m_D——试样制备后质量，g。

注：① 如果试样没有经过干燥、脱脂、脱糖等处理，$f=1$。

② TDF 的测定可以进行独立检测，也可分别测定 IDF 和 SDF，然后计算。

总膳食纤维含量＝不溶性膳食纤维含量＋可溶性膳食纤维含量

③ 当试样中添加了抗性淀粉、抗性麦芽糊精、低聚果糖、低聚半乳糖、聚葡萄糖等符合膳食纤维定义却无法通过酶重量法检出的成分时，宜采用适宜方法测定相应的单体成分，总膳食纤维可采用如下公式计算。

总膳食纤维含量＝TDF 含量（酶重量法）＋单体成分

以重复性条件下获得的两次独立测定结果的算术平均值表示，结果保留三位有效数字。在重复性条件下获得的两次独立测定结果的绝对差值不得超过算术平均值的 10%。

6. 注意 此方法适用于所有植物性食品及其制品中总的、可溶性和不溶性膳食纤维的测定。测定的总膳食纤维为不能被 α-淀粉酶、蛋白酶和葡萄糖苷酶酶解的多糖，包括不溶性膳食纤维和能被乙醇沉淀的高分子量可溶性膳食纤维，如纤维素、半纤维素、木质素、果胶、部分回生淀粉及其他非淀粉多糖和美拉德反应产物等；不包括低分子质量（聚合度为 3~12）的可溶性膳食纤维，如低聚果糖、低聚半乳糖、聚葡萄糖、抗性麦芽糊精以及抗性淀粉等。

 **实训操作**

葡萄中还原糖的测定

【实训目的】学会并掌握直接滴定法测定葡萄果实中的还原糖的含量。

【实训原理】一定量的碱性酒石酸铜甲、乙液等体积混合后，生成天蓝色的氢氧化铜沉淀，这种沉淀很快与酒石酸钾钠反应，生成深蓝色的酒石酸钾钠铜的络合物。在加热条件下，以次甲基蓝为指示剂，用样液直接滴定经标定的碱性酒石酸铜溶液，还原糖将二价铜还原为氧化亚铜。待二价铜全部被还原后，稍过量的还原糖将次甲基蓝还原，溶液由蓝色变为无色，即达终点。根据最终消耗的样液的体积，即可计算出还原糖的含量。

【实训试剂】

1. 碱性酒石酸铜甲液　称取 15 g 硫酸铜（CuSO₄·5H₂O）及 0.05 g 亚甲蓝，溶于水中并稀释至 1 000 mL。

2. 碱性酒石酸铜乙液　称取 50 g 酒石酸钾钠和 75 g 氢氧化钠溶于水中，再加入 4 g 亚铁氰化钾，完全溶解后用水稀释至 1 000 mL，储存于具橡胶塞玻璃瓶内。

3. 乙酸锌溶液（219 g/L）　称取 21.9 g 乙酸锌，加 3 mL 冰乙酸，加水溶解并稀释至 100 mL。

4. 亚铁氰化钾溶液（106 g/L）　称取 10.6 g 亚铁氰化钾，加水溶解并稀释至 100 mL。

5. 葡萄糖标准溶液　称取 1 g（精确至 0.000 1 g）经 98～100 ℃ 干燥 2 h 的葡萄糖，加水溶解后加入 5 mL 盐酸，并以水稀释至 1 000 mL。每毫升此溶液相当于 1.0 mg 葡萄糖。

【操作步骤】

1. 试样处理　称取去皮去核粉碎混匀的葡萄样品 20.00 g，置于 250 mL 容量瓶中，加 50 mL 水，慢慢加入 5 mL 乙酸锌溶液及 5 mL 亚铁氰化钾溶液，加水至刻度，混匀，静置 30 min，用干燥滤纸过滤，弃去初滤液，取续滤液备用。

2. 标定碱性酒石酸铜溶液　吸取碱性酒石酸铜甲液、乙液各 5.0 mL，置于 150 mL 锥形瓶中，加水 10 mL，加入两粒玻璃珠，从滴定管滴加约 9 mL 葡萄糖标准溶液，控制在 2 min 内加热至沸，趁热以每两秒 1 滴的速度继续滴加葡萄糖标准溶液，以溶液蓝色刚好褪去为终点，记录消耗葡萄糖标准溶液的总体积。同时平行操作 3 次，取其平均值，计算每 10 mL（甲、乙液各 5 mL）碱性酒石酸铜溶液相当于葡萄糖的质量（mg）。

3. 样液预测　吸取碱性酒石酸铜甲液、乙液各 5.0 mL，置于 150 mL 锥形瓶中，加水 10 mL，加入两粒玻璃珠，控制在 2 min 内加热至沸，保持沸腾以先快后慢的速度，从滴定管中滴加试样溶液，并保持溶液的沸腾状态，待溶液颜色变浅时，以每两秒 1 滴的速度滴定，以溶液蓝色刚好褪去为终点，记录样液消耗体积。

4. 样液测定　吸取碱性酒石酸铜甲液、乙液各 5.0 mL，置于 150 mL 锥形瓶中，加水 10 mL，加入两粒玻璃珠，从滴定管滴加比预测体积少 1 mL 的试样溶液至锥形瓶中，在 2 min 内加热至沸，保持沸腾继续以每两秒 1 滴的速度滴定，以蓝色刚好褪去为终点，记录样液消耗体积。同法平行操作 3 次，得出平均消耗体积。

【结果计算】

$$X = \frac{m_1}{m \times (V/250) \times 1\,000} \times 100$$

式中：X——葡萄中还原糖的含量（以葡萄糖计），g/100 g；

　　　m_1——碱性酒石酸铜溶液（甲、乙液各半）相当于葡萄糖的质量，mg；

　　　m——葡萄的质量，g；

　　　V——测定时平均消耗样液体积，mL。

还原糖含量≥10 g/100 g 时，计算结果保留三位有效数字；还原糖含量＜10 g/100 g 时，计算结果保留两位有效数字。

任务六 蛋白质和氨基酸测定

蛋白质是由 20 多种氨基酸通过肽链连接起来的与生命活动有关的生物大分子，相对分子质量可达到数万至数百万，并具有复杂的立体结构。组成蛋白质的主要化学元素为碳、氢、氧、氮；在某些蛋白质中还含有磷、硫、铜、铁、碘等元素。动物食品的蛋白质含量高于植物食品的蛋白质含量。

不同的蛋白质中氨基酸的构成比例及方式不同，所以不同的蛋白质含氮量不同。一般蛋白质含氮量为 16%，即 1 份氮素相当于 6.25 份蛋白质，此数值称为蛋白质系数，不同种类食品的蛋白质系数不同。

蛋白质的测定方法分为两大类：一类是利用蛋白质的共性，即含氮量、肽链、折射率等测定蛋白质含量；另一类是利用蛋白质中特定氨基酸残基、酸性基团、碱性基团和芳香基团等测定蛋白质。目前蛋白质测定常用的方法为凯式定氮法、双缩脲比色法、染料结合反应法、酚试剂法、水杨酸比色法等。

一、蛋白质测定（GB 5009.5—2016）

（一）凯氏定氮法、自动凯氏定氮仪法

1. 原理 食品中的蛋白质在催化加热条件下被分解，产生的氨与硫酸结合生成硫酸铵。碱化蒸馏使氨游离，用硼酸吸收后以硫酸或盐酸标准溶液滴定，根据酸的消耗量计算氮含量，再乘以换算系数，即蛋白质的含量。

2. 仪器

（1）天平：感量为 1 mg。

（2）定氮蒸馏装置：如图 4-5 所示。

（3）自动凯氏定氮仪。

3. 试剂 除非另有规定，本方法中所用试剂均为分析纯，水为 GB/T 6682—2008《分析实验室用水规格和试验方法》规定的三级水。

（1）硫酸铜（$CuSO_4 \cdot 5H_2O$）。

（2）硫酸钾（K_2SO_4）。

（3）硫酸（H_2SO_4）。

（4）硼酸（H_3BO_3）。

（5）甲基红指示剂（$C_{15}H_{15}N_3O_2$）。

（6）溴甲酚绿指示剂（$C_{21}H_{14}Br_4O_5S$）。

（7）亚甲基蓝指示剂（$C_{16}H_{18}ClN_3S \cdot 3H_2O$）。

（8）氢氧化钠（NaOH）。

（9）95% 乙醇（C_2H_5OH）。

（10）硼酸溶液（20 g/L）：称取 20 g 硼酸，加水溶解后并稀释至 1 L。

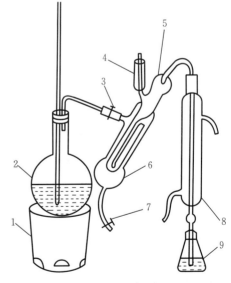

图 4-5 定氮蒸馏装置

1. 电炉 2. 水蒸气发生器（2 L 烧瓶）
3. 螺旋夹 4. 小玻杯及棒状玻塞 5. 反应室
6. 反应室外层 7. 橡皮管及螺旋夹
8. 冷凝管 9. 蒸馏液接收瓶

（11）氢氧化钠溶液（400 g/L）：称取 40 g 氢氧化钠加水溶解后，放冷，并稀释至 100 mL。

（12）硫酸标准溶液 $[c(1/2H_2SO_4)=0.050\,0\,mol/L]$ 或盐酸标准溶液 $[c(HCl)=0.050\,0\,mol/L]$。

（13）甲基红乙醇溶液（1 g/L）：称取 0.1 g 甲基红，溶于 95％乙醇，用 95％乙醇稀释至 100 mL。

（14）亚甲基蓝乙醇溶液（1 g/L）：称取 0.1 g 亚甲基蓝，溶于 95％乙醇，用 95％乙醇稀释至 100 mL。

（15）溴甲酚绿乙醇溶液（1 g/L）：称取 0.1 g 溴甲酚绿，溶于 95％乙醇，用 95％乙醇稀释至 100 mL。

（16）A 混合指示液：2 份甲基红乙醇溶液与 1 份亚甲基蓝乙醇溶液，临用时混合。

（17）B 混合指示液：1 份甲基红乙醇溶液与 5 份溴甲酚绿乙醇溶液，临用时混合。

4. 凯氏定氮法

（1）试样处理。称取充分混匀的固体试样 0.2～2 g、半固体试样 2～5 g 或液体试样 10～25 g（相当于 30～40 mg 氮），精确至 0.001 g，移入干燥的 100 mL、250 mL 或 500 mL 定氮瓶中，加入 0.4 g 硫酸铜、6 g 硫酸钾及 20 mL 硫酸，轻摇后于瓶口放一小漏斗，将瓶以 45°角斜支于有小孔的石棉网上，小心加热，待内容物全部炭化、泡沫完全停止后，加强火力，并保持瓶内液体微沸，至液体呈蓝绿色并澄清透明后，再继续加热 0.5～1 h。取下放冷，小心加入 20 mL 水。放冷后，移入 100 mL 容量瓶中，并用少量水洗定氮瓶，将洗液并入容量瓶中，再加水至刻度，混匀备用。

同时做试剂空白试验。

（2）测定。按图 4-5 装好定氮蒸馏装置，向水蒸气发生器内加水至 2/3 处，加入数粒玻璃珠，加数滴甲基红乙醇溶液及数毫升硫酸，以保持水呈酸性，加热煮沸水蒸气发生器内的水并使其保持沸腾。

向接收瓶内加入 10.0 mL 硼酸溶液及 1～2 滴 A 混合指示液或 B 混合指示液，并使冷凝管的下端插入液面下。根据试样中氮含量，准确吸取 2.0～10.0 mL 试样处理液，由小玻杯注入反应室，以 10 mL 水洗涤小玻杯并使之流入反应室内，随后塞紧棒状玻塞。将 10.0 mL 氢氧化钠溶液倒入小玻杯，提起玻塞使其缓缓流入反应室，立即将玻塞盖紧并水封。夹紧螺旋夹，开始蒸馏。蒸馏 10 min 后移动蒸馏液接收瓶，液面离开冷凝管下端，再蒸馏 1 min。然后用少量水冲洗冷凝管下端外部，取下蒸馏液接收瓶。尽快以硫酸或盐酸标准溶液滴定至终点，如用 A 混合指示液，终点颜色为灰蓝色；如用 B 混合指示液，终点颜色为浅灰红色。

同时做试剂空白试验。

5. 自动凯氏定氮仪法　称取充分混匀的固体试样 0.2～2 g、半固体试样 2～5 g 或液体试样 10～25 g（相当于 30～40 mg 氮），精确至 0.001 g，至消化管中，再加入 0.4 g 硫酸铜、6 g 硫酸钾及 20 mL 硫酸于消化炉中进行消化。当消化炉温度达到 420 ℃之后，继续消化 1 h，此时消化管中的液体呈绿色透明状，取出冷却后加入 50 mL 水，于自动凯氏定氮仪（使用前加入氢氧化钠溶液、盐酸或硫酸标准溶液以及含有混合指示剂 A 或 B 的硼酸溶液）

上实现自动加液、蒸馏、滴定和记录滴定数据的过程。

6. 计算

$$X = \frac{(V_1 - V_2) \times c \times 0.014}{m \times V_3 / 100} \times F \times 100$$

式中：X——试样中蛋白质的含量，g/100 g；

　　　　V_1——滴定试样溶液消耗硫酸或盐酸标准溶液的体积，mL；

　　　　V_2——试剂空白试验消耗硫酸或盐酸标准溶液的体积，mL；

　　　　c——硫酸或盐酸标准溶液浓度，mol/L；

　　0.014——1.0 mL硫酸 $[c(1/2H_2SO_4) = 1.000 \text{ mol/L}]$ 或盐酸 $[c(HCl) = 1.000 \text{ mol/L}]$ 标准溶液相当的氮的质量，g；

　　　　m——试样的质量，g；

　　　　V_3——吸取消化液的体积，mL；

　　　　F——氮换算为蛋白质的系数，一般食物为 6.25，菜籽为 5.53，杏仁为 5.18，核桃、榛子、椰果等为 5.30，面粉为 5.70，玉米为 6.24，花生为 5.46，大米为 5.95；

　　　100——单位换算系数。

蛋白质含量≥1 g/100 g 时，结果保留三位有效数字；蛋白质含量<1 g/100 g 时，结果保留两位有效数字。在重复性条件下获得的两次独立测定结果的绝对差值不得超过算术平均值的 10%。

7. 注意

（1）此方法适用于各种食品中蛋白质的测定，不适用于添加无机含氮物质、有机非蛋白质含氮物质的食品中蛋白质的测定。

（2）当称样量为 5.0 g 时，检出限为 8 mg/100 g。

（3）当只检测氮含量时，不需要乘蛋白质换算系数 F。

（二）分光光度法

1. 原理　食品中的蛋白质在催化加热条件下被分解，分解产生的氨与硫酸结合生成硫酸铵，在 pH=4.8 的乙酸钠-乙酸缓冲溶液中与乙酰丙酮和甲醛反应生成黄色的 3,5-二乙酰-2,6-二甲基-1,4-二氢化吡啶化合物。在 400 nm 波长处测定吸光度，与标准系列比较定量，结果乘以换算系数，即蛋白质含量。

2. 仪器

（1）分光光度计。

（2）电热恒温水浴锅：(100±0.5)℃。

（3）10 mL 具塞玻璃比色管。

（4）天平：感量为 1 mg。

3. 试剂　除非另有说明，本方法所用试剂均为分析纯，水为 GB/T 6682—2008《分析实验室用水规格和试验方法》规定的三级水。

（1）硫酸铜（$CuSO_4 \cdot 5H_2O$）。

（2）硫酸钾（K_2SO_4）。

（3）硫酸（H_2SO_4）：优级纯。

（4）氢氧化钠（NaOH）。

（5）对硝基苯酚（$C_6H_5NO_3$）。

（6）乙酸钠（$CH_3COONa \cdot 3H_2O$）。

（7）无水乙酸钠（CH_3COONa）。

（8）乙酸（CH_3COOH）：优级纯。

（9）37%甲醛（HCHO）。

（10）乙酰丙酮（$C_5H_8O_2$）。

（11）氢氧化钠溶液（300 g/L）：称取 30 g 氢氧化钠加水溶解后，放冷，并稀释至 100 mL。

（12）对硝基苯酚指示剂溶液（1 g/L）：称取 0.1 g 对硝基苯酚指示剂溶于 20 mL 乙醇（95%）中，加水稀释至 100 mL。

（13）乙酸溶液（1 mol/L）：量取 5.8 mL 乙酸，加水稀释至 100 mL。

（14）乙酸钠溶液（1 mol/L）：称取 41 g 无水乙酸钠或 68 g 乙酸钠，加水溶解稀释至 500 mL。

（15）乙酸钠-乙酸缓冲溶液：量取 60 mL 乙酸钠溶液与 40 mL 乙酸溶液混合，该溶液 pH=4.8。

（16）显色剂：将 15 mL 甲醛与 7.8 mL 乙酰丙酮混合，加水稀释至 100 mL，剧烈振摇混匀（室温下放置稳定 3 d）。

（17）氨氮标准储备溶液（以氮计）（1.0 g/L）：称取 105 ℃干燥 2 h 的硫酸铵 0.472 0 g 加水溶解后移于 100 mL 容量瓶中，并稀释至刻度，混匀，每毫升此溶液相当于 1.0 mg 氮。

（18）氨氮标准使用溶液（0.1 g/L）：用移液管吸取 10.00 mL 氨氮标准储备液于 100 mL 容量瓶内，加水定容至刻度，混匀，每毫升此溶液相当于 0.1 mg 氮。

4. 方法

（1）试样消解。称取充分混匀的固体试样 0.1～0.5 g（精确至 0.001 g）、半固体试样 0.2～1 g（精确至 0.001 g）或液体试样 1～5 g（精确至 0.001 g），移入干燥的 100 mL 或 250 mL 定氮瓶中，加入 0.1 g 硫酸铜、1 g 硫酸钾及 5 mL 硫酸，摇匀后于瓶口处放一小漏斗，将定氮瓶以 45°角斜支于有小孔的石棉网上。缓慢加热，待内容物全部炭化、泡沫完全停止后，加强火力，并保持瓶内液体微沸，至液体呈蓝绿色澄清透明后，再继续加热 0.5 h。取下放冷，慢慢加入 20 mL 水，放冷后移入 50 mL 或 100 mL 容量瓶中，并用少量水洗定氮瓶，将洗液并入容量瓶中，再加水至刻度，混匀备用。

同时做试剂空白试验。

（2）试样溶液的制备。吸取 2.00～5.00 mL 试样或试剂空白消化液于 50 mL 或 100 mL 容量瓶内，加 1～2 滴对硝基苯酚指示剂溶液，摇匀后滴加氢氧化钠溶液中和至黄色，再滴加乙酸溶液至溶液无色，用水稀释至刻度，混匀。

（3）标准曲线的绘制。吸取 0.00 mL、0.05 mL、0.10 mL、0.20 mL、0.40 mL、0.60 mL、0.80 mL 和 1.00 mL 氨氮标准使用溶液（相当于 0.00 µg、5.00 µg、10.0 µg、20.0 µg、40.0 µg、60.0 µg、80.0 µg 和 100.0 µg 氮），分别置于 10 mL 比色管中。加 4.0 mL 乙酸钠-

乙酸缓冲溶液及 4.0 mL 显色剂，加水稀释至刻度，混匀。置于 100 ℃ 水浴锅中加热 15 min。取出用水冷却至室温后，移入 1 cm 比色杯内，以零管为参比，于波长 400 nm 处测量吸光度，根据标准各点吸光度绘制标准曲线或计算线性回归方程。

（4）试样测定。吸取 0.50～2.00 mL（相当于＜100 μg 的氮）试样溶液和同量的试剂空白溶液，分别置于 10 mL 比色管中。加 4.0 mL 乙酸钠-乙酸缓冲溶液及 4.0 mL 显色剂，加水稀释至刻度，混匀。100 ℃ 水浴加热 15 min，取出用水冷却至室温后，移入 1 cm 比色杯内，以零管为参比，于波长 400 nm 处测量吸光度，试样吸光度与标准曲线比较定量或代入线性回归方程求出含量。

5. 计算

$$X = \frac{(C-C_0) \times V_1 \times V_3}{m \times V_2 \times V_4 \times 1\,000 \times 1\,000} \times 100 \times F$$

式中：X——试样中蛋白质的含量，g/100 g；

C——试样测定液中氮的含量，μg；

C_0——试剂空白测定液中氮的含量，μg；

V_1——试样消化液定容体积，mL；

V_3——试样溶液总体积，mL；

m——试样质量，g；

V_2——制备试样溶液的消化液体积，mL；

V_4——测定用试样溶液体积，mL；

100、1 000——单位换算系数；

F——氮换算为蛋白质的系数。

蛋白质含量≥1 g/100 g 时，结果保留三位有效数字；蛋白质含量＜1 g/100 g 时，结果保留两位有效数字。在重复性条件下获得的两次独立测定结果的绝对差值不得超过算术平均值的 10%。

6. 注意

（1）此方法适用于各种食品中蛋白的测定，不适用于添加无机含氮物质、有机非蛋白质含氮物质的食品中蛋白质的测定。

（2）当称样量为 5.0 g 时，检出限为 0.1 mg/100 g。

二、氨基酸测定（GB 5009.124—2016）

1. 原理 食品中的蛋白质经盐酸水解成为游离氨基酸，经离子交换柱分离后，与茚三酮溶液产生颜色反应，再通过可见光分光光度检测器测定氨基酸含量。

2. 仪器

（1）实验室用组织粉碎机或研磨机。

（2）匀浆机。

（3）分析天平：感量分别为 0.000 1 g 和 0.000 01 g。

（4）水解管：耐压螺盖玻璃试管或安瓿瓶，体积为 20～30 mL。

（5）真空泵：排气量≥40 L/min。

（6）酒精喷灯。

（7）电热鼓风恒温箱或水解炉。

（8）试管浓缩仪或平行蒸发仪：配套 15～25 mL 试管。

（9）氨基酸分析仪：茚三酮柱后衍生离子交换色谱仪。

3. 试剂 除非另有说明，本方法所用试剂均为分析纯，水为 GB/T 6682—2008《分析实验室用水规格和试验方法》中规定的一级水。

（1）盐酸（HCl）：浓度≥36%，优级纯。

（2）苯酚（C_6H_5OH）。

（3）氮气：纯度为 99.9%。

（4）柠檬酸钠（$Na_3C_6H_5O_7 \cdot 2H_2O$）：优级纯。

（5）氢氧化钠（NaOH）：优级纯。

（6）盐酸溶液（6 mol/L）：取 500 mL 盐酸加水稀释至 1 000 mL，混匀。

（7）冷冻剂：市售食盐与冰块 1+3（质量比）混合。

（8）氢氧化钠溶液（500 g/L）：称取 50 g 氢氧化钠，溶于 50 mL 水中，冷却至室温后，用水稀释至 100 mL，混匀。

（9）柠檬酸钠缓冲溶液 [$c(Na^+)$=0.2 mol/L]：称取 19.6 g 柠檬酸钠加入 500 mL 水溶解，加入 16.5 mL 盐酸，用水稀释至 1 000 mL，混匀，用 6 mol/L 盐酸溶液或 500 g/L 氢氧化钠溶液调节 pH=2.2。

（10）不同 pH 和离子强度的洗脱用缓冲溶液：参照仪器说明书配制或购买。

（11）茚三酮溶液：参照仪器说明书配制或购买。

（12）混合氨基酸标准溶液：经国家认证并授予标准物质证书的标准溶液。

（13）16 种单个氨基酸标准品：固体，纯度≥98%。

（14）混合氨基酸标准储备液（1 μmol/mL）：分别准确称取单个氨基酸标准品（精确至 0.000 01 g）于同一个 50 mL 烧杯中，用 8.3 mL 盐酸溶液（6 mol/L）溶解，精确转移至 250 mL 容量瓶中，用水稀释定容至刻度，混匀。各氨基酸标准品称量质量参考值见表 4-1。

表 4-1　各氨基酸标准品称量质量参考值

氨基酸标准品名称	称量质量参考值/mg	摩尔质量/(g/mol)	氨基酸标准品名称	称量质量参考值/mg	摩尔质量/(g/mol)
L-天门冬氨酸	33	133.1	L-蛋氨酸	37	149.2
L-苏氨酸	30	119.1	L-异亮氨酸	33	131.2
L-丝氨酸	26	105.1	L-亮氨酸	33	131.2
L-谷氨酸	37	147.1	L-酪氨酸	45	181.2
L-脯氨酸	29	115.1	L-苯丙氨酸	41	165.2
甘氨酸	19	75.07	L-组氨酸盐酸盐	52	209.7
L-丙氨酸	22	89.06	L-赖氨酸盐酸盐	46	182.7
L-缬氨酸	29	117.2	L-精氨酸盐酸盐	53	210.7

（15）混合氨基酸标准工作液（100 nmol/mL）：准确吸取混合氨基酸标准储备液 1.0 mL 于 10 mL 容量瓶中，加 pH＝2.2 的柠檬酸钠缓冲溶液定容至刻度，混匀，为标准上机液。

4. 方法

（1）试样制备。固体或半固体试样使用组织粉碎机或研磨机粉碎，液体试样用匀浆机打成匀浆密封冷冻保存，分析时将其解冻后使用。

（2）试样称量。蛋白质含量低的样品，如蔬菜、水果、饮料和淀粉类食品等，固体或半固体试样称样量不大于 2 g，液体试样称样量不大于 5 g。

（3）试样水解。根据试样的蛋白质含量，在水解管内加 10～15 mL 盐酸溶液（6 mol/L）。对于含水量高、蛋白质含量低的试样，如饮料、水果、蔬菜等，可先加入约相同体积的盐酸混匀后，再用 6 mol/L 盐酸溶液补充至约 10 mL。继续向水解管内加入苯酚 3～4 滴。将水解管放入冷冻剂中，冷冻 3～5 min，接到真空泵的抽气管上，抽真空（接近 0 Pa），然后充入氮气，重复抽真空，充入氮气 3 次后，在充氮气状态下封口或拧紧螺丝盖。将已封口的水解管放在（110±1）℃的电热鼓风恒温箱或水解炉内，水解 22 h 后，取出，冷却至室温。打开水解管，将水解液过滤至 50 mL 容量瓶内，用少量水多次冲洗水解管，将水洗液移入同一个 50 mL 容量瓶内，最后用水定容至刻度，振荡混匀。准确吸取 1.0 mL 滤液移到 15 mL 或 25 mL 试管内，用试管浓缩仪或平行蒸发仪在 40～50 ℃加热环境下减压干燥，干燥后残留物用 1～2 mL 水溶解，再减压干燥，最后蒸干。将 1.0～2.0 mL 柠檬酸钠缓冲溶液（pH＝2.2）加到干燥后的试管内溶解，振荡混匀后，吸取溶液通过 0.22 μm 滤膜后，转移至仪器进样瓶，为样品测定液，供仪器测定用。

（4）测定。

① 仪器条件。将混合氨基酸标准工作液注入氨基酸自动分析仪，参照 JJG 1064—2011《氨基酸分析仪》检定规程及仪器说明书，适当调整仪器操作程序及参数和洗脱用缓冲溶液试剂配比，确认仪器操作条件。

② 色谱参考条件。色谱柱为磺酸型阳离子树脂；检测波长为 570 nm 和 440 nm。

③ 试样的测定。将混合氨基酸标准工作液和样品测定液分别以相同体积注入氨基酸分析仪，以外标法通过峰面积计算样品测定液中氨基酸的浓度。

5. 计算

（1）混合氨基酸标准储备液中各氨基酸含量的计算。

$$c_j = \frac{m_j}{M_j \times 250} \times 1\,000$$

式中：c_j——混合氨基酸标准储备液中氨基酸 j 的浓度，μmol/mL；

m_j——称取氨基酸标准品 j 的质量，mg；

M_j——氨基酸标准品 j 的相对分子质量；

250——定容体积，mL；

1 000——单位换算系数。

结果保留四位有效数字。

（2）样品中氨基酸含量的计算。

$$c_i = \frac{c_s}{A_s} \times A_i$$

式中：c_i——样品测定液氨基酸 i 的含量，nmol/mL；

A_i——试样测定液氨基酸 i 的峰面积；

A_s——氨基酸标准工作液氨基酸 s 的峰面积；

c_s——氨基酸标准工作液氨基酸 s 的含量，nmol/mL。

$$X_i = \frac{c_i \times F \times V \times M}{m \times 10^9} \times 100$$

式中：X_i——试样中氨基酸 i 的含量，g/100 g；

c_i——试样测定液中氨基酸 i 的含量，nmol/mL；

F——稀释倍数；

V——试样水解液转移定容的体积，mL；

M——氨基酸 i 的摩尔质量，g/mol；

m——称样量，g；

10^9——将试样含量由纳克（ng）折算成克（g）的系数；

100——单位换算系数。

试样氨基酸含量在 1.00 g/100 g 以下，保留两位有效数字；含量在 1.00 g/100 g 以上，保留三位有效数字。在重复性条件下获得的两次独立测定结果的绝对差值不得超过算术平均值的 12%。

6. 注意

（1）此方法是用氨基酸分析仪（茚三酮柱后衍生离子交换色谱仪）测定食品中氨基酸的含量，适用于食品中酸水解氨基酸的测定，包括天冬氨酸、苏氨酸、丝氨酸、谷氨酸、脯氨酸、甘氨酸、丙氨酸、缬氨酸、蛋氨酸、异亮氨酸、亮氨酸、酪氨酸、苯丙氨酸、组氨酸、赖氨酸和精氨酸共 16 种氨基酸。

（2）当试样为固体或半固体时，最大试样量为 2 g，干燥后溶解体积为 1 mL，各氨基酸的检出限和定量限分别为（0.000 12～0.002 9）g/100 g 和（0.000 32～0.009 7）g/100 g。

（3）当试样为液体时，最大试样量为 5 g，干燥后溶解体积为 1 mL，各氨基酸的检出限和定量限分别为（0.000 050～0.001 2）g/100 g 和（0.000 13～0.003 9）g/100 g。

📧 **实训操作**

牛乳中蛋白质的测定

【实训目的】学会并掌握凯氏定氮法测定牛乳中蛋白质的含量。

【实训原理】蛋白质是含氮的有机化合物。样品与硫酸和催化剂一同加热消化，使蛋白质分解，分解的氨与硫酸结合生成硫酸铵。然后加碱蒸馏使氨游离，用硼酸吸收后再用盐酸标准溶液滴定，用酸的消耗量乘以换算系数，即得蛋白质的含量。

【实训仪器】定氮蒸馏装置。

【实训试剂】

1. 硫酸 密度为 1.84 g/L。

2. 硼酸溶液　20 g/L。

3. 氢氧化钠溶液　400 g/L。

4. 盐酸标准溶液　0.05 mol/L。

5. 混合指示液　甲基红乙醇溶液（1 g/L）与溴甲酚绿乙醇溶液（1 g/L），临用时按 1：5 混合。

【操作步骤】

1. 消化　准确称取牛乳 10～25 g（相当于 30～40 mg 氮），移入干燥的 500 mL 定氮瓶中，加入 0.4 g 硫酸铜、6 g 硫酸钾及 20 mL 硫酸，轻摇后于瓶口放一小漏斗，将瓶以 45°角斜支于有小孔的石棉网上。小心加热，待内容物全部炭化、泡沫完全停止后，加强火力，并保持瓶内液体微沸，至液体呈蓝绿色并澄清透明后，再继续加热 0.5～1 h。取下放冷，小心加入 20 mL 水。放冷后，移入 100 mL 容量瓶中，并用少量水洗定氮瓶，将洗液并入容量瓶中，再加水至刻度，混匀备用。

同时做试剂空白试验。

2. 蒸馏吸收　向接收瓶内加入 10.0 mL 硼酸溶液（20 g/L）及 1～2 滴混合指示液，并使冷凝管的下端插入液面下。准确吸取 10.0 mL 试样处理液使其由小玻杯流入反应室，并将 10.0 mL 氢氧化钠溶液（400 g/L）由小玻杯缓慢流入反应室，用少量水冲洗小玻杯，立即塞紧玻璃塞，并在小玻杯中加水使之密封。夹紧螺旋夹，开始蒸馏，蒸馏至吸收液呈绿色。移动接收瓶，使液面离开冷凝管下端，继续蒸馏 1 min。然后用少量水冲洗冷凝管下端外部，取下接收瓶，停止蒸馏。

3. 滴定　溜出液立即用盐酸标准溶液（0.05 mol/L）滴定至微红色即为终点。同时做试剂空白试验。

【结果计算】

$$X = \frac{(V_1 - V_2) \times c \times 0.014}{m \times V_3 / 100} \times F \times 100$$

式中：X——食用菌中蛋白质的含量，g/100 g；

　　　V_1——滴定试样溶液消耗盐酸标准溶液的体积，mL；

　　　V_2——试剂空白试验消耗盐酸标准溶液的体积，mL；

　　　c——盐酸标准溶液的浓度，mol/L；

　0.014——1.0 mL 盐酸 $[c\,(HCl) = 1.000\ \text{mol/L}]$ 标准溶液相当的氮的质量，g；

　　　m——试样的质量，g；

　　　V_3——吸取消化液的体积，mL；

　　　F——氮换算为蛋白质的系数，纯乳与纯乳制品为 6.38；

　　　100——单位换算系数。

蛋白质含量≥1 g/100 g 时，结果保留三位有效数字；蛋白质含量<1 g/100 g 时，结果保留两位有效数字。在重复性条件下获得的两次独立测定结果的绝对差值不得超过算术平均值的 10%。

任务七 维生素测定

维生素是维持人体正常生命活动所必需的一类天然有机化合物，这些化合物或其前体化合物都在天然食物中存在，它们不是生物组织的组成成分，也不能供给机体能量，主要功能是作为辅酶或其他调节成分参与代谢过程，需要量极小。维生素一般在体内不能合成，或合成量不能满足正常生理需要，必须经常从食物中摄取，长期缺乏任何一种维生素都会导致相应的疾病。目前已被确认的维生素有 30 余种，其中对人体健康和发育至关重要的有 20 余种。

测定农产品中维生素的含量，在评价农产品的营养价值、开发和利用富含维生素的食品资源、指导人们合理调整膳食结构、防止维生素缺乏、控制强化食品中维生素加入量等方面具有十分重要的意义和作用。根据维生素的溶解特性，习惯上将其分为两大类：脂溶性维生素和水溶性维生素。

一、脂溶性维生素测定（GB 5009.82—2016）

脂溶性维生素包括维生素 A、维生素 D、维生素 E、维生素 K，有的以前体形式存在（如 β-胡萝卜素、麦角固醇等）。脂溶性维生素与类脂一起存在于食物中，人摄食时可被吸收，可在体内积储。

1. 原理 试样中的维生素 A 及维生素 E 经皂化（含淀粉先用淀粉酶酶解）、提取、净化、浓缩后，经 C_{30} 或 PFP 反相液相色谱柱分离、紫外检测器或荧光检测器检测，用外标法定量。

2. 仪器

（1）高效液相色谱仪：带紫外检测器或二极管阵列检测器或荧光检测器。

（2）分析天平：感量为 0.01 mg。

（3）恒温水浴振荡器。

（4）旋转蒸发仪。

（5）氮吹仪。

（6）紫外分光光度计。

（7）分液漏斗萃取净化振荡器。

3. 试剂 除非另有说明，本方法所用试剂均为分析纯，水为 GB/T 6682—2008《分析实验室用水规格和试验方法》中规定的一级水。

（1）无水乙醇（C_2H_5OH）：经检查不含醛类物质。

检查方法：取 2 mL 银氨溶液于试管中，加入少量乙醇，摇匀，再加入氢氧化钠溶液，加热，放置冷却后，若有银镜反应，则表示乙醇中有醛。脱醛方法：取 2 g 硝酸银溶于少量水中，取 4 g 氢氧化钠溶于温乙醇中，将两者倾入 1 L 乙醇中，振摇后，放置于暗处 2 d，其间不时振摇，过滤，置于蒸馏瓶中蒸馏，弃去 150 mL 初馏液。

（2）抗坏血酸（$C_6H_8O_6$）。

（3）氢氧化钾（KOH）。

(4) 乙醚〔$(CH_3CH_2)_2O$〕：经检查不含过氧化物。

检查方法：用 5 mL 乙醚加 1 mL 碘化钾溶液（10％），振摇 1 min，如水层呈黄色或加 4 滴 0.5％淀粉溶液水层呈蓝色，表明含过氧化物。去除过氧化物的方法：对现有试剂进行重蒸，重蒸乙醚时需在蒸馏瓶中放入纯铁丝或纯铁粉，弃去 10％初馏液和 10％残留液。

(5) 石油醚（$C_5H_{12}O_2$）：沸程为 30～60 ℃。

(6) 无水硫酸钠（Na_2SO_4）。

(7) pH 试纸（pH 为 1～14）。

(8) 甲醇（CH_3OH）：色谱纯。

(9) 淀粉酶：活力单位≥100 U/mg。

(10) 2，6-二叔丁基对甲酚（$C_{15}H_{24}O$）：简称 BHT。

(11) 氢氧化钾溶液（50％）：称取 50 g 氢氧化钾，加入 50 mL 水溶解，冷却后，储存于聚乙烯瓶中。

(12) 石油醚-乙醚溶液（$V_{石油醚}+V_{乙醚}=1+1$）：量取 200 mL 石油醚，加入 200 mL 乙醚，混匀。

(13) 有机系过滤头：孔径为 0.22 μm。

(14) 维生素 A 标准品：$C_{20}H_{30}O$，CAS 号为 68-26-8，纯度≥95％，或经国家认证并授予标准物质证书的标准物质。

(15) 维生素 E 标准品：α-生育酚（$C_{29}H_{50}O_2$，CAS 号为 10191-41-0），纯度≥95％，或经国家认证并授予标准物质证书的标准物质；β-生育酚（$C_{28}H_{48}O_2$，CAS 号为 148-03-8），纯度≥95％，或经国家认证并授予标准物质证书的标准物质；γ-生育酚（$C_{28}H_{48}O_2$，CAS 号为 54-28-4），纯度≥95％，或经国家认证并授予标准物质证书的标准物质；δ-生育酚（$C_{27}H_{46}O_2$，CAS 号为 119-13-1），纯度≥95％，或经国家认证并授予标准物质证书的标准物质。

(16) 维生素 A 标准储备溶液（0.500 mg/mL）：准确称取 25.0 mg 维生素 A 标准品，用无水乙醇溶解后，转移入 50 mL 容量瓶中，定容至刻度，此溶液浓度约为 0.500 mg/mL。将溶液转移至棕色试剂瓶中，密封后，在−20 ℃条件下避光保存，有效期为 1 个月。临用前将溶液回温至 20 ℃，用紫外分光光度法标定其准确浓度。

(17) 维生素 E 标准储备溶液（1.00 mg/mL）：分别准确称取 α-生育酚、β-生育酚、γ-生育酚和 δ-生育酚各 50.0 mg，用无水乙醇溶解后，转移入 50 mL 容量瓶中，定容至刻度，此溶液浓度约为 1.00 mg/mL。将溶液转移至棕色试剂瓶中，密封后，在−20 ℃条件下避光保存，有效期为 6 个月。临用前将溶液回温至 20 ℃，用紫外分光光度法标定其准确浓度。

(18) 维生素 A 和维生素 E 混合标准溶液中间液：准确吸取维生素 A 标准储备溶液 1.00 mL 和维生素 E 标准储备溶液各 5.00 mL 于同一个 50 mL 容量瓶中，用甲醇定容至刻度，此溶液中维生素 A 的浓度为 10.0 $\mu g/mL$，维生素 E 各生育酚浓度为 100 $\mu g/mL$。在−20 ℃条件下避光保存，有效期为半个月。

(19) 维生素 A 和维生素 E 标准系列工作溶液：分别准确吸取维生素 A 和维生素 E 混

合标准溶液中间液 0.20 mL、0.50 mL、1.00 mL、2.00 mL、4.00 mL、6.00 mL 于 10 mL 棕色容量瓶中，用甲醇定容至刻度，该标准系列中维生素 A 的浓度为 0.20 μg/mL、0.50 μg/mL、1.00 μg/mL、2.00 μg/mL、4.00 μg/mL、6.00 μg/mL，维生素 E 的浓度为 2.00 μg/mL、5.00 μg/mL、10.0 μg/mL、20.0 μg/mL、40.0 μg/mL、60.0 μg/mL。临用前配制。

4. 方法

（1）试样制备。将一定量的样品按要求经过缩分、粉碎均质后，储存于样品瓶中，避光冷藏，尽快测定。

（2）试样处理。

警示：使用的所有器皿不得含有氧化性物质；分液漏斗活塞玻璃表面不得涂油；处理过程应避免紫外光照，尽可能避光操作；提取过程应在通风柜中进行。

① 皂化。不含淀粉样品：称取 2～5 g（精确至 0.01 g）经均质处理的固体试样或 50 g（精确至 0.01 g）液体试样于 150 mL 平底烧瓶中，固体试样需加入约 20 mL 温水，混匀，再加入 1.0 g 抗坏血酸和 0.1 g BHT（2,6-二叔丁基对甲酚），混匀，加入 30 mL 无水乙醇，加入 10～20 mL 氢氧化钾溶液，边加边振摇，混匀后 80 ℃ 恒温水浴振荡皂化 30 min，皂化后立即用冷水冷却至室温。

注：皂化时间一般为 30 min，如皂化液冷却后，液面有浮油，需要加入适量氢氧化钾溶液，并适当延长皂化时间。

含淀粉样品：称取 2～5 g（精确至 0.01 g）经均质处理的固体试样或 50 g（精确至 0.01 g）液体样品于 150 mL 平底烧瓶中，固体试样需用约 20 mL 温水混匀，加入 0.5～1.0 g 淀粉酶，60 ℃ 恒温水浴避光振荡 30 min 后，取出，向酶解液中加入 1.0 g 抗坏血酸和 0.1 g BHT，混匀，加入 30 mL 无水乙醇、10～20 mL 氢氧化钾溶液，边加边振摇，混匀后 80 ℃ 恒温水浴振荡皂化 30 min，皂化后立即用冷水冷却至室温。

② 提取。将皂化液用 30 mL 水转入 250 mL 的分液漏斗中，加入 50 mL 石油醚-乙醚混合液，振荡萃取 5 min，将下层溶液转移至另一个 250 mL 的分液漏斗中，加入 50 mL 的混合醚液再次萃取，合并醚层。

注：如只测维生素 A 与 α-生育酚，可用石油醚作提取剂。

③ 洗涤。用约 100 mL 水洗涤醚层，约需重复 3 次，直至将醚层洗至中性（可用 pH 试纸检测下层溶液 pH），去除下层水相。

④ 浓缩。将洗涤后的醚层经无水硫酸钠（约 3 g）滤入 250 mL 旋转蒸发瓶或氮气浓缩管中，用约 15 mL 石油醚冲洗分液漏斗及无水硫酸钠 2 次，并入蒸发瓶内，并将其接在旋转蒸发仪或气体浓缩仪上，40 ℃ 水浴减压蒸馏或气流浓缩，待瓶中醚液剩下约 2 mL 时，取下蒸发瓶，立即用氮气吹至近干。用甲醇分次将蒸发瓶中的残留物溶解并转移至 10 mL 容量瓶中，定容至刻度。溶液过 0.22 μm 有机系滤膜后供高效液相色谱测定。

（3）色谱参考条件。色谱柱：C_{30} 柱（柱长为 250 mm，内径为 4.6 mm，粒径为 3 μm），或相当者。柱温：20 ℃。流动相：A 为水，B 为甲醇，洗脱梯度见表 4-2。流速：0.8 mL/min。紫外检测波长：维生素 A 为 325 nm，维生素 E 为 294 nm。进样量：10 μL。

表 4-2 **C₃₀色谱柱-反相高效液相色谱法洗脱梯度参考条件**

时间/min	流动相 A/%	流动相 B/%	流速/(mL/min)
0.0	4	96	0.8
13.0	4	96	0.8
20.0	0	100	0.8
24.0	0	100	0.8
24.5	4	96	0.8
30.0	4	96	0.8

注：如难以将柱温控制在（20±2）℃，可改用 PFP 柱分离异构体，流动相为水和甲醇梯度洗脱。如样品中只含 α-生育酚，不需分离 β-生育酚和 γ-生育酚，可选用 C₁₈柱，流动相为甲醇。如有荧光检测器，可选用荧光检测器检测。对生育酚的检测有更高的灵敏度和选择性，可按以下检测波长检测：维生素 A 激发波长为 328 nm，发射波长为 440 nm；维生素 E 激发波长为 294 nm，发射波长为 328 nm。

（4）标准曲线的制作。本法采用外标法定量。将维生素 A 和维生素 E 标准系列工作溶液分别注入高效液相色谱仪中，测定相应的峰面积，以峰面积为纵坐标，以标准测定液浓度为横坐标绘制标准曲线，得出直线回归方程。

（5）样品的测定。试样液经高效液相色谱仪分析，测得峰面积，采用外标法通过上述标准曲线计算其浓度。在测定过程中，建议每测定 10 个样品用同一份标准溶液或标准物质检查仪器的稳定性。

5. 计算

$$X=\frac{\rho\times V\times f\times100}{m}$$

式中：X——试样中维生素 A 或维生素 E 的含量，维生素 A 的单位为 μg/100 g，维生素 E 的单位为 mg/100 g；

ρ——根据标准曲线计算得到的试样中维生素 A 或维生素 E 的浓度，μg/mL；

V——定容体积，mL；

f——换算因子（维生素 A：$f=1$；维生素 E：$f=0.001$）；

100——试样中量以每 100 克计算的换算系数；

m——试样的称样量，g。

计算结果保留三位有效数字。在重复性条件下获得的两次独立测定结果的绝对差值不得超过算术平均值的 10%。

注：如维生素 E 的测定结果要用 α-生育酚当量（α-TE）表示，可按下式计算。

维生素 E（α-TE）（mg/100 g）＝α-生育酚（mg/100 g）+β-生育酚（mg/100 g）

$\times0.5+$γ-生育酚（mg/100 g）$\times0.1+$

δ-生育酚（mg/100 g）$\times0.01$

6. 注意

（1）此方法适用于食品中维生素 A 和维生素 E 的测定。

（2）当取样量为 5 g、定容 10 mL 时，维生素 A 的紫外检出限为 10 μg/100 g，定量限为 30 μg/100 g，生育酚的紫外检出限为 40 μg/100 g，定量限为 120 μg/100 g。

二、水溶性维生素测定（GB 5009.86—2016）

水溶性维生素 B_1、维生素 B_2 和维生素 C 广泛存在于动植物组织中，饮食来源充足。水溶性维生素都易溶于水，而不溶于苯、乙醚、氯仿等大多数有机溶剂。水溶性维生素在酸性介质中很稳定，即使加热也不会被破坏；但在碱性介质中不稳定，易于分解，特别是在碱性条件下加热，可大部或全部被破坏。它们易受空气、光、热、酶、金属离子等的影响。维生素 B_2 对光，特别是紫外线敏感，易被光线破坏；维生素 C 对氧、铜离子敏感，易被氧化。根据上述性质，测定水溶性维生素时，一般都在酸性溶液中进行前处理。

1. 原理 用蓝色的碱性染料 2，6 - 二氯靛酚标准溶液对含 L（＋）- 抗坏血酸的试样酸性浸出液进行氧化还原滴定，2，6 - 二氯靛酚被还原为无色，到达滴定终点时，多余的 2，6 - 二氯靛酚在酸性介质中显浅红色，由 2，6 - 二氯靛酚的消耗量计算样品中 L（＋）- 抗坏血酸的含量。

2. 仪器 滴定装置；实验室常用玻璃器皿。

3. 试剂 除非另有说明，本方法所用试剂均为分析纯，水为 GB/T 6682—2008《分析实验室用水规格和试验方法》规定的三级水。

（1）偏磷酸（HPO_3）$_n$：含量（以 HPO_3 计）≥38%。

（2）草酸（$C_2H_2O_4$）。

（3）碳酸氢钠（$NaHCO_3$）。

（4）2，6 - 二氯靛酚（2，6 - 二氯靛酚钠盐，$C_{12}H_6Cl_2NNaO_2$）。

（5）白陶土（或高岭土）：对抗坏血酸无吸附性。

（6）偏磷酸溶液（20 g/L）：称取 20 g 偏磷酸，用水溶解并定容至 1 L。

（7）草酸溶液（20 g/L）：称取 20 g 草酸，用水溶解并定容至 1 L。

（8）2，6 - 二氯靛酚（2，6 - 二氯靛酚钠盐）溶液：称取碳酸氢钠 52 mg 溶解在 200 mL 热蒸馏水中，然后称取 2，6 - 二氯靛酚 50 mg 溶解在上述碳酸氢钠溶液中。冷却并用水定容至 250 mL，过滤至棕色瓶内，于 4～8 ℃环境中保存。每次使用前，用标准抗坏血酸溶液标定其滴定度。

标定方法：准确吸取 1 mL 抗坏血酸标准溶液于 50 mL 锥形瓶中，加入 10 mL 偏磷酸溶液或草酸溶液，摇匀，用 2，6 - 二氯靛酚溶液滴定至粉红色，保持 15 s 不褪色为止。同时另取 10 mL 偏磷酸溶液或草酸溶液做空白试验。

2，6 - 二氯靛酚溶液的滴定度计算：

$$T = \frac{c \times V}{V_1 - V_0}$$

式中：T——2，6 - 二氯靛酚溶液的滴定度，即每毫升 2，6 - 二氯靛酚溶液相当于抗坏血酸的量，mg/mL；

    c——抗坏血酸标准溶液的质量浓度，mg/mL；

    V——吸取抗坏血酸标准溶液的体积，mL；

V_1——滴定抗坏血酸标准溶液消耗 2，6-二氯靛酚溶液的体积，mL；

V_0——滴定空白消耗 2，6-二氯靛酚溶液的体积，mL。

（9）L（＋）-抗坏血酸标准品（$C_6H_8O_6$）：纯度≥99％。

（10）L（＋）-抗坏血酸标准溶液（1.000 mg/mL）：称取 100 mg（精确至 0.1 mg）L（＋）-抗坏血酸标准品，溶于偏磷酸溶液或草酸溶液并定容至 100 mL。该储备液在 2～8 ℃避光条件下可保存一周。

4. 方法　整个检测过程应在避光条件下进行。

（1）试液制备。称取具有代表性样品的可食部分 100 g，放入粉碎机中，加入 100 mL 偏磷酸溶液或草酸溶液，迅速捣成匀浆。准确称取 10～40 g 匀浆样品（精确至 0.01 g）于烧杯中，用偏磷酸溶液或草酸溶液将样品转移至 100 mL 容量瓶，并稀释至刻度，摇匀后过滤。若滤液有颜色，可每克样品加 0.4 g 白陶土脱色后再过滤。

（2）滴定。准确吸取 10 mL 滤液于 50 mL 锥形瓶中，用标定过的 2，6-二氯靛酚溶液滴定，直至溶液呈粉红色 15 s 不褪色为止。同时做空白试验。

5. 计算

$$X = \frac{(V - V_0) \times T \times A}{m} \times 100$$

式中：X——试样中 L（＋）-抗坏血酸含量，mg/100 g；

　　　　V——滴定试样消耗 2，6-二氯靛酚溶液的体积，mL；

　　　　V_0——滴定空白消耗 2，6-二氯靛酚溶液的体积，mL；

　　　　T——2，6-二氯靛酚溶液的滴定度，即每毫升 2，6-二氯靛酚溶液相当于抗坏血酸的量，mg/mL；

　　　　A——稀释倍数；

　　　　m——试样质量，g；

　　　　100——单位换算系数。

计算结果以重复性条件下获得的两次独立测定结果的算术平均值表示，结果保留三位有效数字。

6. 注意

（1）此方法适用于水果、蔬菜及其制品中 L（＋）-抗坏血酸的测定。

（2）在重复性条件下获得的两次独立测定结果的绝对差值，在 L（＋）-抗坏血酸含量大于 20 mg/100 g 时，不得超过算术平均值的 2％。在 L（＋）-抗坏血酸含量小于或等于 20 mg/100 g 时，不得超过算术平均值的 5％。

 实训操作

番茄中维生素 C 的测定

【实训目的】学会并掌握 2，6-二氯靛酚滴定法测定番茄中维生素 C 的含量。

【实训原理】用蓝色的碱性染料 2，6-二氯靛酚标准溶液对含 L（＋）-抗坏血酸的试样酸性浸出液进行氧化还原滴定，2，6-二氯靛酚被还原为无色，当到达滴定终点时，多余的

2，6-二氯靛酚在酸性介质中显浅红色，由2，6-二氯靛酚的消耗量计算样品中 L（＋）-抗坏血酸的含量。

【实训仪器】滴定装置；实验室常用玻璃器皿。

【实训试剂】除非另有说明，本方法所用试剂均为分析纯，水为 GB/T 6682—2008《分析实验室用水规格和试验方法》规定的三级水。

1. 偏磷酸溶液（20 g/L）　称取 20 g 偏磷酸，用水溶解并定容至 1 L。

2. 草酸溶液（20 g/L）　称取 20 g 草酸，用水溶解并定容至 1 L。

3. 2，6-二氯靛酚溶液　取碳酸氢钠 52 mg 溶解在 200 mL 热蒸馏水中，然后称取 2，6-二氯靛酚 50 mg 溶解在上述碳酸氢钠溶液中。冷却并用水定容至 250 mL，过滤至棕色瓶内，于 4～8 ℃环境中保存。每次使用前，用标准抗坏血酸溶液标定其滴定度。

标定方法：准确吸取 1 mL 抗坏血酸标准溶液于 50 mL 锥形瓶中，加入 10 mL 偏磷酸溶液或草酸溶液，摇匀，用 2，6-二氯靛酚溶液滴定至粉红色，保持 15 s 不褪色。同时另取 10 mL 偏磷酸溶液或草酸溶液做空白试验。

2，6-二氯靛酚溶液的滴定度的计算：

$$T = \frac{c \times V}{V_1 - V_0}$$

式中：T——2，6-二氯靛酚溶液的滴定度，即每毫升 2，6-二氯靛酚溶液相当于抗坏血酸的量，mg/mL；

$\quad\quad c$——抗坏血酸标准溶液的质量浓度，mg/mL；

$\quad\quad V$——吸取抗坏血酸标准溶液的体积，mL；

$\quad\quad V_1$——滴定抗坏血酸标准溶液消耗 2，6-二氯靛酚溶液的体积，mL；

$\quad\quad V_0$——滴定空白消耗 2，6-二氯靛酚溶液的体积，mL。

4. L（＋）-抗坏血酸标准品（$C_6H_8O_6$）　纯度≥99％。

5. L（＋）-抗坏血酸标准溶液（1.000 mg/mL）　称取 100 mg（精确至 0.1 mg）L（＋）-抗坏血酸标准品，溶于偏磷酸溶液或草酸溶液并定容至 100 mL。该储备液在 2～8 ℃避光条件下可保存一周。

【操作步骤】整个检测过程应在避光条件下进行。

1. 试液制备　称取具有代表性样品的可食部分 100 g，放入粉碎机中，加入 100 mL 偏磷酸溶液或草酸溶液，迅速捣成匀浆。准确称取 10～40 g 匀浆样品（精确至 0.01 g）于烧杯中，用偏磷酸溶液或草酸溶液将样品转移至 100 mL 容量瓶中，并稀释至刻度，摇匀后过滤。若滤液有颜色，可每克样品加 0.4 g 白陶土脱色后再过滤。

2. 滴定　准确吸取 10 mL 滤液于 50 mL 锥形瓶中，用标定过的 2，6-二氯靛酚溶液滴定，直至溶液呈粉红色 15 s 不褪色。

同时做空白试验。

【结果计算】

$$X = \frac{(V - V_0) \times T \times A}{m} \times 100$$

式中：X——试样中 L（＋）-抗坏血酸含量，mg/100 g；

  V——滴定试样消耗 2，6 -二氯靛酚溶液的体积，mL；

  V_0——滴定空白消耗 2，6 -二氯靛酚溶液的体积，mL；

  T——2，6 -二氯靛酚溶液的滴定度，即每毫升 2，6 -二氯靛酚溶液相当于抗坏血酸的量，mg/mL；

  A——稀释倍数；

  m——试样质量，g；

  100——单位换算系数。

  计算结果以重复性条件下获得的两次独立测定结果的算术平均值表示，结果保留三位有效数字。

任务八　营养元素测定

  除元素碳、氢、氧、氮构成有机物和水以外，其他元素统称为矿物元素。矿物元素按其含量的多少可分为中量元素和微量元素。农产品中含量＞0.01％的矿物元素称为中量元素，如元素钙、镁、钾、钠、磷、硫、氯等。农产品中含量＜0.01％的矿物元素称为微量元素或痕量元素，如元素铁、钴、镍、锌、铬、钼、铝、硅、硒、锡、碘、氟、锰、钒等。

  矿物元素在农产品中的含量虽然不高，却有着重要的生理功能。有的是机体的重要组成成分，有的是维持正常生理功能不可缺少的物质。对人体来讲，有些元素如钙、铁、碘、锌、硒等具有重要的营养作用，是人或动物生命所必需的（有害元素除外）。

一、铁的测定（GB 5009.90—2016）

  铁是人体内不可缺少的微量元素，它与蛋白质结合形成血红蛋白，参与了血液中氧的运输作用。缺铁会引起缺铁性贫血。

  1. 原理　试样消解后，经原子吸收火焰原子化，在 248.3 nm 处测定吸光度。在一定浓度范围内铁的吸光度与铁含量成正比，与标准系列比较定量。

  2. 仪器　所有玻璃器皿及聚四氟乙烯消解内罐均需硝酸溶液（$V_{硝酸}＋V_水＝1＋5$）浸泡过夜，用自来水反复冲洗，最后用 GB/T 6682—2008《分析实验室用水规格和试验方法》规定的二级水冲洗干净。

  （1）原子吸收光谱仪：配火焰原子化器，铁空心阴极灯。

  （2）分析天平：感量为 0.1 mg 和 1.0 mg。

  （3）微波消解仪：配聚四氟乙烯消解内罐。

  （4）可调式电热炉。

  （5）可调式电热板。

  （6）压力消解罐：配聚四氟乙烯消解内罐。

  （7）恒温干燥箱。

  （8）马弗炉。

  3. 试剂　除非另有说明，本方法所用试剂均为优级纯，水为 GB/T 6682—2008《分析实验室用水规格和试验方法》规定的二级水。

(1) 硝酸（HNO_3）。

(2) 高氯酸（$HClO_4$）。

(3) 硫酸（H_2SO_4）。

(4) 硝酸溶液（5+95）：量取 50 mL 硝酸，倒入 950 mL 水中，混匀。

(5) 硝酸溶液（1+1）：量取 250 mL 硝酸，倒入 250 mL 水中，混匀。

(6) 硫酸溶液（1+3）：量取 50 mL 硫酸，缓慢倒入 150 mL 水中，混匀。

(7) 硫酸铁铵［$NH_4Fe(SO_4)_2 \cdot 12H_2O$，CAS 号为 7783-83-7］：纯度＞99.99%。或一定浓度经国家认证并授予标准物质证书的铁标准溶液。

(8) 铁标准储备液（1 000 mg/L）：准确称取 0.863 1 g（精确至 0.000 1 g）硫酸铁铵，加水溶解，加 1.00 mL 硫酸溶液（1+3），移入 100 mL 容量瓶，加水定容至刻度，混匀。此铁溶液质量浓度为 1 000 mg/L。

(9) 铁标准中间液（100 mg/L）：准确吸取 10 mL 铁标准储备液（1 000 mg/L）于 100 mL 容量瓶中，加硝酸溶液（5+95）定容至刻度，混匀。此铁溶液浓度为 100 mg/L。

(10) 铁标准系列溶液：分别准确吸取铁标准中间液（100 mg/L）0 mL、0.500 mL、1.00 mL、2.00 mL、4.00 mL、6.00 mL 于 100 mL 容量瓶中，加硝酸溶液（5+95）定容至刻度，混匀。此铁标准系列溶液中铁的质量浓度分别为 0 mg/L、0.500 mg/L、1.00 mg/L、2.00 mg/L、4.00 mg/L、6.00 mg/L。

注：可根据仪器的灵敏度及样品中铁的实际含量确定标准溶液系列中铁的具体浓度。

4. 方法

(1) 试样制备。在采样和制备过程中，应避免试样污染。

蔬菜、水果、鱼类、肉类等样品：样品用水洗净，晾干，取可食部分，制成匀浆，储于塑料瓶中。

饮料、酒、醋、酱油、食用植物油、液态乳等液体样品：将样品摇匀。

(2) 试样消解。

① 湿法消解。准确称取固体试样 0.5～3 g（精确至 0.001 g）或准确移取液体试样 1.00～5.00 mL 于带刻度消化管中，加入 10 mL 硝酸和 0.5 mL 高氯酸，在可调式电热炉上消解（参考条件：120 ℃ 消解 0.5～1 h，升至 180 ℃ 消解 2～4 h，升至 200～220 ℃）。若消化液呈棕褐色，再加硝酸，消解至冒白烟，消化液呈无色透明或略带黄色，取出消化管，冷却后将消化液转移至 25 mL 容量瓶中，用少量水洗涤 2～3 次，合并洗涤液于容量瓶中并用水定容至刻度，混匀备用。

同时做试样空白试验。亦可采用锥形瓶，于可调式电热板上，按上述操作方法进行湿法消解。

② 微波消解。准确称取固体试样 0.2～0.8 g（精确至 0.001 g）或准确移取液体试样 1.00～3.00 mL 于微波消解罐中，加入 5 mL 硝酸，按照微波消解的操作步骤消解试样，消解升温程序见表 4-3。冷却后取出消解罐，在电热板上 140～160 ℃ 赶酸至 1.0 mL 左右。冷却后将消化液转移至 25 mL 容量瓶中，用少量水洗涤内罐和内盖 2～3 次，合并洗涤液于容量瓶中并用水定容至刻度，混匀备用。同时做试样空白试验。

表 4-3　微波消解升温程序

步骤	设定温度/℃	升温时间/min	恒温时间/min
1	120	5	5
2	160	5	10
3	180	5	10

③ 压力罐消解。准确称取固体试样 0.3～2 g（精确至 0.001 g）或准确移取液体试样 2.00～5.00 mL 于消解内罐中，加入 5 mL 硝酸。盖好内盖，旋紧不锈钢外套，放入恒温干燥箱，于 140～160 ℃条件下保持 4～5 h。冷却后缓慢旋松外罐，取出消解内罐，放在可调式电热板上 140～160 ℃赶酸至 1.0 mL 左右。冷却后将消化液转移至 25 mL 容量瓶中，用少量水洗涤内罐和内盖 2～3 次，合并洗涤液于容量瓶中并用水定容至刻度，混匀备用。同时做试样空白试验。

④ 干法消解。准确称取固体试样 0.5～3.0 g（精确至 0.001 g）或准确移取液体试样 2.00～5.00 mL 于坩埚中，小火加热，炭化至无烟，转移至马弗炉中，于 550 ℃条件下灰化 3～4 h。冷却，取出，对于灰化不彻底的试样，加数滴硝酸，小火加热，小心蒸干，再转入 550 ℃马弗炉中，继续灰化 1～2 h，至试样呈白灰状，冷却，取出，用适量硝酸溶液（1+1）溶解，转移至 25 mL 容量瓶中，用少量水洗涤内罐和内盖 2～3 次，合并洗涤液于容量瓶中并用水定容至刻度。同时做试样空白试验。

（3）测定。

① 仪器测试条件。波长为 248.3 nm；狭缝为 0.2 nm；灯电流为 5～15 mA；燃烧头高度为 3 mm；空气流量为 9 L/min；乙炔流量为 2 L/min。

② 标准曲线的制作。将标准系列工作液按质量浓度由低到高的顺序分别导入火焰原子化器，测定其吸光度。以铁标准系列溶液中铁的质量浓度为横坐标，以相应的吸光度为纵坐标，制作标准曲线。

③ 试样测定。在与测定标准溶液相同的试验条件下，将空白溶液和样品溶液分别导入原子化器，测定吸光度，与标准系列比较定量。

5. 计算

$$X = \frac{(\rho - \rho_0) \times V}{m}$$

式中：X——试样中铁的含量，mg/kg 或 mg/L；

　　　ρ——测定样液中铁的含量，mg/L；

　　　ρ_0——空白液中铁的含量，mg/L；

　　　V——试样消化液的定容体积，mL；

　　　m——试样称样量或移取体积，g 或 mL。

当铁含量≥10.0 mg/kg 或 10.0 mg/L 时，计算结果保留三位有效数字；当铁含量<10.0 mg/kg 或 10.0 mg/L 时，计算结果保留两位有效数字。在重复性条件下获得的两次独立测定结果的绝对差值不得超过算术平均值的 10%。

6. 注意

（1）此方法是火焰原子吸收光谱法，适用于园艺产品中铁的测定。

（2）当称样量为 0.5 g 或 0.5 mL、定容体积为 25 mL 时，方法检出限为 0.75 mg/kg 或 0.75 mg/L，定量限为 2.5 mg/kg 或 2.5 mg/L。

二、硒的测定（GB 5009.93—2017）

硒有抗氧化、解毒作用，可保护心血管、维护心肌的健康、增强机体免疫功能。此外，硒还有促进生长、保护视觉器官等作用。硒缺乏可导致克山病与大骨节病。

1. 原理 试样经酸加热消化后，在 6 mol/L 盐酸介质中，将试样中的六价硒还原成四价硒。用硼氢化钠或硼氢化钾作还原剂，将四价硒在盐酸介质中还原成硒化氢（H_2Se）。由载气（氩气）带入原子化器中进行原子化，在硒空心阴极灯的照射下，基态硒原子被激发至高能态。在去活化回到基态时，发射出特征波长的荧光，其荧光强度与硒含量成正比，与标准系列比较定量。

2. 仪器 所有玻璃器皿及聚四氟乙烯消解内罐均需硝酸溶液（1＋5）浸泡过夜，用自来水反复冲洗，最后用水冲洗干净。

（1）原子荧光光谱仪：配硒空心阴极灯。

（2）天平：感量为 1 mg。

（3）电热板。

（4）微波消解系统：配聚四氟乙烯消解内罐。

3. 试剂 除非另有规定，本方法所使用试剂均为分析纯，水为 GB/T 6682—2008《分析实验室用水规格和试验方法》规定的二级水。

（1）硝酸（HNO_3）：优级纯。

（2）高氯酸（$HClO_4$）：优级纯。

（3）盐酸（HCl）：优级纯。

（4）氢氧化钠（NaOH）：优级纯。

（5）过氧化氢（H_2O_2）。

（6）硼氢化钠（$NaBH_4$）：优级纯。

（7）铁氰化钾 [$K_3Fe(CN)_6$]。

（8）硝酸-高氯酸混合酸（9＋1）：将 900 mL 硝酸与 100 mL 高氯酸混匀。

（9）氢氧化钠溶液（5 g/L）：称取 5 g 氢氧化钠，溶于 1 000 mL 水中，混匀。

（10）硼氢化钠碱溶液（8 g/L）：称取 8 g 硼氢化钠，溶于氢氧化钠溶液（5 g/L）中，混匀。现配现用。

（11）盐酸溶液（6 mol/L）：量取 50 mL 盐酸，缓慢加入 40 mL 水中，冷却后用水定容至 100 mL，混匀。

（12）铁氰化钾溶液（100 g/L）：称取 10 g 铁氰化钾，溶于 100 mL 水中，混匀。

（13）盐酸溶液（5＋95）：量取 25 mL 盐酸，缓慢加入 475 mL 水中，混匀。

（14）硒标准溶液：1 000 mg/L，或经国家认证并授予标准物质证书的一定浓度的硒标准溶液。

（15）硒标准中间液（100 mg/L）：准确吸取 1.00 mL 硒标准溶液（1 000 mg/L）于 10 mL 容量瓶中，加盐酸溶液（5＋95）定容至刻度，混匀。

（16）硒标准使用液（1.00 mg/L）：准确吸取 1.00 mL 硒标准中间液（100 mg/L）于 100 mL 容量瓶中，用盐酸溶液（5＋95）定容至刻度，混匀。

（17）硒标准系列溶液：分别准确吸取 0 mL、0.500 mL、1.00 mL、2.00 mL 和 3.00 mL 硒标准使用液（1.00 mg/L）于 100 mL 容量瓶中，加入 10 mL 铁氰化钾溶液（100 g/L），用盐酸溶液（5＋95）定容至刻度，混匀待测。此硒标准系列溶液的质量浓度分别为 0 μg/L、5.00 μg/L、10.0 μg/L、20.0 μg/L 和 30.0 μg/L。

注：可根据仪器的灵敏度及样品中硒的实际含量确定标准系列溶液中硒元素的质量浓度。

4. 方法

（1）试样制备。

在采样和制备过程中，应避免试样污染。

粮食、豆类样品：样品去除杂物后，粉碎，储于塑料瓶中。

蔬菜、水果、鱼类、肉类等样品：样品用水洗净，晾干，取可食部分，制成匀浆，储于塑料瓶中。

饮料、酒、醋、酱油、食用植物油、液态乳等液体样品：将样品摇匀。

（2）试样消解。

① 湿法消解。称取固体试样 0.5～3 g（精确至 0.001 g）或准确移取液体试样 1.00～5.00 mL，置于锥形瓶中，加 10 mL 硝酸-高氯酸混合酸（9＋1）及几粒玻璃珠，盖上表面皿冷消化过夜。次日于电热板上加热，并及时补加硝酸。当溶液变为清亮无色并伴有白烟产生时，再继续加热至剩余体积为 2 mL 左右，切不可蒸干。冷却，再加 5 mL 盐酸溶液（6 mol/L），继续加热至溶液变为清亮无色并伴有白烟出现。冷却后转移至 10 mL 容量瓶中，加入 2.5 mL 铁氰化钾溶液（100 g/L），用水定容，混匀待测。同时做试剂空白试验。

② 微波消解。称取固体试样 0.2～0.8 g（精确至 0.001 g）或准确移取液体试样 1.00～3.00 mL，置于消化管中，加 10 mL 硝酸、2 mL 过氧化氢，振摇混合均匀，于微波消解仪中消化，微波消化推荐升温程序见表 4-4（可根据不同的仪器自行设定消解条件）。消解结束待冷却后，将消化液转入锥形烧瓶中，加几粒玻璃珠，在电热板上继续加热至近干，切不可蒸干。再加 5 mL 盐酸溶液（6 mol/L），继续加热至溶液变为清亮无色并伴有白烟出现，冷却，转移至 10 mL 容量瓶中，加入 2.5 mL 铁氰化钾溶液（100 g/L），用水定容，混匀待测。同时做试剂空白试验。

表 4-4 微波消解升温程序

步骤	设定温度/℃	升温时间/min	恒温时间/min
1	120	6	1
2	150	3	5
3	200	5	10

（3）仪器参考条件。根据各自仪器性能调至最佳状态。参考条件为：负高压 340 V；灯电流 100 mA；原子化温度 800 ℃；炉高 8 mm；载气流速 500 mL/min；屏蔽气流速 1 000 mL/min；测量方式为标准曲线法；读数方式为峰面积；延迟时间 1 s；读数时间 15 s；加液时间 8 s；进样体积 2 mL。

（4）标准曲线的制作。以盐酸溶液（5＋95）为载流，以硼氢化钠碱溶液（8 g/L）为还原剂，连续用标准系列的零管进样，待读数稳定之后，将硒标准系列溶液按质量浓度由低到高的顺序分别导入仪器，测定其荧光强度，以质量浓度为横坐标、荧光强度为纵坐标，制作标准曲线。

（5）试样测定。在与测定标准系列溶液相同的试验条件下，将空白溶液和试样溶液分别导入仪器，测其荧光强度，与标准系列比较定量。

5. 计算

$$X=\frac{(\rho-\rho_0)\times V}{m\times 1\,000}$$

式中：X——试样中硒的含量，mg/kg 或 mg/L；

ρ——试样溶液中硒的质量浓度，μg/L；

ρ_0——空白溶液中硒的质量浓度，μg/L；

V——试样消化液总体积，mL；

m——试样称样量或移取体积，g 或 mL；

1 000——单位换算系数。

当硒含量≥1.00 mg/kg（或 mg/L）时，计算结果保留三位有效数字，当硒含量＜1.00 mg/kg（或 mg/L）时，计算结果保留两位有效数字。在重复性条件下获得的两次独立测定结果的绝对差值不得超过算术平均值的 20%。

6. 注意

（1）此方法是氢化物原子荧光光谱法，适用于农产品中硒的测定。

（2）当称样量为 1 g（或 mL）、定容体积为 10 mL 时，方法的检出限为 0.002 mg/kg（或 mg/L），定量限为 0.006 mg/kg（或 mg/L）。

 **实训操作**

稻米中硒的测定

【实训目的】学会并掌握氢化物原子荧光光谱法测定稻米中硒的含量。

【实训原理】试样经酸加热消化后，在 6 mol/L 盐酸介质中，将试样中的六价硒还原成四价硒。用硼氢化钠或硼氢化钾作还原剂，将四价硒在盐酸介质中还原成硒化氢（H_2Se）。由载气（氩气）带入原子化器中进行原子化，在硒空心阴极灯的照射下，基态硒原子被激发至高能态。在去活化回到基态时，发射出特征波长的荧光。其荧光强度与硒含量成正比，与标准系列比较定量。

【实训仪器】原子荧光光谱仪：配硒空心阴极灯；微波消解系统。

【实训试剂】除非另有规定，本方法所使用试剂均为分析纯，水为 GB/T 6682—2008

《分析实验室用水规格和试验方法》规定的二级水。

1. 硝酸-高氯酸混合酸（9+1） 将 900 mL 硝酸与 100 mL 高氯酸混匀。

2. 氢氧化钠溶液（5 g/L） 称取 5 g 氢氧化钠，溶于 1 000 mL 水中，混匀。

3. 硼氢化钠碱溶液（8 g/L） 称取 8 g 硼氢化钠，溶于氢氧化钠溶液（5 g/L），混匀。现配现用。

4. 盐酸溶液（6 mol/L） 量取 50 mL 盐酸，缓慢加入 40 mL 水中，冷却后用水定容至 100 mL，混匀。

5. 铁氰化钾溶液（100 g/L） 称取 10 g 铁氰化钾，溶于 100 mL 水中，混匀。

6. 盐酸溶液（5+95） 量取 25 mL 盐酸，缓慢加入 475 mL 水中，混匀。

7. 硒标准溶液（1 000 mg/L） 经国家认证并授予标准物质证书的一定浓度的硒标准溶液。

8. 硒标准中间液（100 mg/L） 准确吸取 1.00 mL 硒标准溶液（1 000 mg/L）于 10 mL 容量瓶中，加盐酸溶液（5+95）定容至刻度，混匀。

9. 硒标准使用液（1.00 mg/L） 准确吸取 1.00 mL 硒标准中间液（100 mg/L）于 100 mL 容量瓶中，用盐酸溶液（5+95）定容至刻度，混匀。

10. 硒标准系列溶液 分别准确吸取 0 mL、0.500 mL、1.00 mL、2.00 mL 和 3.00 mL 硒标准使用液（1.00 mg/L）于 100 mL 容量瓶中，加入 10 mL 铁氰化钾溶液（100 g/L），用盐酸溶液（5+95）定容至刻度，混匀待测。此硒标准系列溶液的质量浓度分别为 0 μg/L、5.00 μg/L、10.0 μg/L、20.0 μg/L 和 30.0 μg/L。

【操作步骤】

1. 试样制备 稻米去除杂物后，粉碎，储于塑料瓶中。

2. 试样消解 称取试样 0.5～3 g（精确至 0.001 g），置于锥形瓶中，加 10 mL 硝酸-高氯酸混合酸（9+1）及几粒玻璃珠，盖上表面皿冷消化过夜。次日于电热板上加热，并及时补加硝酸。当溶液变为清亮无色并伴有白烟产生时，再继续加热至剩余体积为 2 mL 左右，切不可蒸干。冷却，再加 5 mL 盐酸溶液（6 mol/L），继续加热至溶液变为清亮无色并伴有白烟出现。冷却后转移至 10 mL 容量瓶中，加入 2.5 mL 铁氰化钾溶液（100 g/L），用水定容，混匀待测。同时做试剂空白试验。

3. 仪器条件 根据各自仪器性能调至最佳状态。参考条件为：负高压 340 V；灯电流 100 mA；原子化温度 800 ℃；炉高 8 mm；载气流速 500 mL/min；屏蔽气流速 1 000 mL/min；测量方式为标准曲线法；读数方式为峰面积；延迟时间 1 s；读数时间 15 s；加液时间 8 s；进样体积 2 mL。

4. 标准曲线 以盐酸溶液（5+95）为载流，硼氢化钠碱溶液（8 g/L）为还原剂，连续用标准系列的零管进样，待读数稳定之后，将硒标准系列溶液按质量浓度由低到高的顺序分别导入仪器，测定其荧光强度，以质量浓度为横坐标，以荧光强度为纵坐标，制作标准曲线。

5. 试样测定 在与测定标准系列溶液相同的试验条件下，将空白溶液和试样溶液分别导入仪器，测其荧光值强度，与标准系列比较定量。

6. 计算

$$X=\frac{(\rho-\rho_0)\times V}{m\times 1\,000}$$

式中：X——试样中硒的含量，mg/kg 或 mg/L；

ρ——试样溶液中硒的质量浓度，μg/L；

ρ_0——空白溶液中硒的质量浓度，μg/L；

V——试样消化液总体积，mL；

m——试样称样量或移取体积，g 或 mL；

1 000——单位换算系数。

当硒含量≥1.00 mg/kg（或 mg/L）时，计算结果保留三位有效数字，当硒含量＜1.00 mg/kg（或 mg/L）时，计算结果保留两位有效数字。在重复性条件下获得的两次独立测定结果的绝对差值不得超过算术平均值的 20%。

项目总结

农产品中的营养物质主要是蛋白质、脂肪、糖类、矿物质和维生素等。营养物质的含量是农产品的重要指标，决定着农产品的质量和品质，直接关系着人体的健康。农产品中营养物质的检测在评判产品质量、指导人们合理营养与膳食、提高人们生活水平方面具有重要的意义。

问题思考

1. 农产品中水分的测定方法有哪些？
2. 在干燥过程中加入干燥的海砂的目的是什么？
3. 水分测定过程中应注意哪些问题？
4. 试述农产品中灰分测定的操作步骤及要点。
5. 农产品中的有机酸有哪些？测定原理是什么？
6. 试述索氏提取法测定脂肪的原理及操作要点。
7. 简述说明还原糖的测定方法有哪些？
8. 什么是膳食纤维？
9. 凯氏定氮法测定蛋白质的主要依据是什么？
10. 用凯氏定氮法测定农产品中的蛋白质时，加热浓硫酸的作用是什么？
11. 测定食品中的蛋白质时，在消化过程中加入硫酸钾、硫酸铜的作用是什么？
12. 为什么凯氏定氮法测定的蛋白质含量为农产品中粗蛋白质含量？
13. 测定维生素 A 的原理是什么？
14. 简述火焰原子吸收光谱法测铁的原理及要点。

Project 5

【知识目标】

1. 了解食品添加剂的种类和作用。

2. 掌握食品添加剂的检测原理。

【技能目标】

1. 能够正确使用食品添加剂检测所用的仪器设备。

2. 能够熟练掌握食品添加剂检测的操作技能。

项目导入

食品添加剂是指为改善食品品质、色、香、味，以及因防腐、保鲜和加工工艺的需要而加入食品中的人工合成或者天然物质，营养强化剂、食品用香料、胶基糖果中基础剂物质、食品工业用加工助剂也包括在内。

目前我国食品添加剂有 23 个类别 2 000 多个品种，包括酸度调节剂、抗结剂、消泡剂、抗氧化剂、漂白剂、膨松剂、着色剂、护色剂、酶制剂、增味剂、营养强化剂、防腐剂、甜味剂、增稠剂、香料等。

随着食品工业与添加剂工业的发展，食品添加剂的种类和数量越来越多，它们对人们健康的影响也越来越大。随着毒理学研究方法的不断改进和发展，原来被认为无害的食品添加剂，近年来又发现还存在慢性毒性、致癌作用、致畸作用及致突变作用等各种潜在危害，因而更加不能忽视。所以食品加工企业必须严格执行食品添加剂的卫生标准，加强食品添加剂的卫生管理，规范、合理、安全地使用添加剂，保证食品质量，保证人民身体健康。而食品添加剂的分析与检测，则对农产品的安全起到了很好的监督、保证和促进作用。

任务一　防腐剂测定（GB 5009.28—2016）

防腐剂是能防止食品腐败变质，抑制食品中微生物繁殖，延长食品保存期的物质，不包括盐、糖、醋以及香辛料等。防腐剂是人类使用最悠久、最广泛的食品添加剂。我国许可使用的品种有：苯甲酸、苯甲酸钠、山梨酸、山梨酸钾、丙酸钠、丙酸钙、对羟基苯甲酸乙酯和丙酯、脱氢醋酸、二氧化硫、焦亚硫酸钾和焦亚硫酸钠等。

苯甲酸及苯甲酸钠是目前我国使用的主要防腐剂，属于酸型防腐剂，在酸性条件下的防腐效果较好，特别适用于偏酸性食品（pH 为 4.5～5.0）。

一、液相色谱法

1. 原理 样品经水提取，高脂肪样品经正己烷脱脂、高蛋白样品经蛋白沉淀剂沉淀，采用液相色谱分离、紫外检测器检测，用外标法定量。

2. 仪器

（1）高效液相色谱仪：配紫外检测器。

（2）分析天平：感量为 0.001 g 和 0.000 1 g。

（3）涡旋振荡器。

（4）离心机：转速＞8 000 r/min。

（5）匀浆机。

（6）恒温水浴锅。

（7）超声波发生器。

3. 试剂 除非另有说明，本方法所用试剂均为分析纯，水为 GB/T 6682—2008《分析实验室用水规格和试验方法》规定的一级水。

（1）氨水（$NH_3 \cdot H_2O$）。

（2）亚铁氰化钾 $[K_4Fe(CN)_6 \cdot 3H_2O]$。

（3）乙酸锌 $[Zn(CH_3COO)_2 \cdot 2H_2O]$。

（4）无水乙醇（CH_3CH_2OH）。

（5）正己烷（C_6H_{14}）。

（6）甲醇（CH_3OH）：色谱纯。

（7）乙酸铵（CH_3COONH_4）：色谱纯。

（8）甲酸（$HCOOH$）：色谱纯。

（9）氨水溶液（1＋99）：取氨水 1 mL，加到 99 mL 水中，混匀。

（10）亚铁氰化钾溶液（92 g/L）：称取 106 g 亚铁氰化钾，加入适量水溶解，用水定容至 1 L。

（11）乙酸锌溶液（183 g/L）：称取 220 g 乙酸锌溶于少量水中，加入 30 mL 冰乙酸，用水定容至 1 L。

（12）乙酸铵溶液（20 mmol/L）：称取 1.54 g 乙酸铵，加入适量水溶解，用水定容至 1 L，经 0.22 μm 水相微孔滤膜过滤后备用。

（13）甲酸-乙酸铵溶液（2 mmol/L 甲酸＋20 mmol/L 乙酸铵）：称取 1.54 g 乙酸铵，加入适量水溶解，再加入 75.2 μL 甲酸，用水定容至 1 L，经 0.22 μm 水相微孔滤膜过滤后备用。

（14）苯甲酸钠（C_6H_5COONa，CAS 号为 532 - 32 - 1），纯度≥99.0%，或苯甲酸（C_6H_5COOH，CAS 号为 65 - 85 - 0），纯度≥99.0%，或经国家认证并授予标准物质证书的标准物质。

（15）山梨酸钾（$C_6H_7KO_2$，CAS 号为 590 - 00 - 1），纯度≥99.0%，或山梨酸

（$C_6H_8O_2$，CAS 号为 110 - 44 - 1），纯度≥99.0％，或经国家认证并授予标准物质证书的标准物质。

（16）糖精钠（$C_6H_4CONNaSO_2$，CAS 号为 128 - 44 - 9），纯度≥99％，或经国家认证并授予标准物质证书的标准物质。

（17）苯甲酸、山梨酸和糖精钠（以糖精计）标准储备溶液（1 000 mg/L）：分别准确称取苯甲酸钠、山梨酸钾和糖精钠 0.118 g、0.134 g 和 0.117 g（精确至 0.000 1 g），用水溶解并分别定容至 100 mL。于 4 ℃条件下储存，保存期为 6 个月。当使用苯甲酸和山梨酸标准品时，需要用甲醇溶解并定容。

注：糖精钠含结晶水，使用前需 120 ℃烘 4 h，在干燥器中冷却至室温后备用。

（18）苯甲酸、山梨酸和糖精钠（以糖精计）混合标准中间溶液（200 mg/L）：分别准确吸取苯甲酸、山梨酸和糖精钠标准储备溶液各 10.0 mL 于 50 mL 容量瓶中，用水定容。于 4 ℃条件下储存，保存期为 3 个月。

（19）苯甲酸、山梨酸和糖精钠（以糖精计）混合标准系列工作溶液：分别准确吸取苯甲酸、山梨酸和糖精钠混合标准中间溶液 0 mL、0.05 mL、0.25 mL、0.50 mL、1.00 mL、2.50 mL、5.00 mL 和 10.0 mL，用水定容至 10 mL，配制成质量浓度分别为 0 mg/L、1.00 mg/L、5.00 mg/L、10.0 mg/L、20.0 mg/L、50.0 mg/L、100 mg/L 和 200 mg/L 的混合标准系列工作溶液。临用现配。

（20）水相微孔滤膜：0.22 μm。

（21）塑料离心管：50 mL。

4. 方法

（1）试样制备。取多个预包装的饮料、液态乳等均匀样品直接混合；非均匀的液态、半固态样品用组织匀浆机匀浆；固体样品用研磨机充分粉碎并搅拌均匀；奶酪、黄油、巧克力等 50～60 ℃加热熔融，并趁热充分搅拌均匀。取其中的 200 g 装入玻璃容器中，密封，液体试样于 4 ℃条件下保存，其他试样于－18 ℃条件下保存。

（2）试样提取。

① 一般性试样。准确称取约 2 g（精确至 0.001 g）试样于 50 mL 具塞离心管中，加水约 25 mL，涡旋混匀，50 ℃水浴超声 20 min，冷却至室温后加亚铁氰化钾溶液 2 mL 和乙酸锌溶液 2 mL，混匀，8 000 r/min 离心 5 min，将水相转移至 50 mL 容量瓶中，于残渣中加水 20 mL，涡旋混匀后超声 5 min，8 000 r/min 离心 5 min，将水相转移到同一个 50 mL 容量瓶中，并用水定容至刻度，混匀。取适量上清液过 0.22 μm 滤膜，待液相色谱测定。

注：碳酸饮料、果酒、果汁、蒸馏酒等测定时可以不加蛋白沉淀剂。

② 含胶基的果冻、糖果等试样。准确称取约 2 g（精确至 0.001 g）试样于 50 mL 具塞离心管中，加水约 25 mL，涡旋混匀，70 ℃水浴加热溶解试样，50 ℃水浴超声 20 min，冷却至室温后加亚铁氰化钾溶液 2 mL 和乙酸锌溶液 2 mL，混匀，8 000 r/min 离心 5 min，将水相转移至 50 mL 容量瓶中，于残渣中加水 20 mL，涡旋混匀后超声 5 min，8 000 r/min 离心 5 min，将水相转移到同一个 50 mL 容量瓶中，并用水定容至刻度，混匀。取适量上清液过 0.22 μm 滤膜，待液相色谱测定。

③ 油脂、巧克力、奶油、油炸食品等高油脂试样。准确称取约 2 g（精确至 0.001 g）

试样于 50 mL 具塞离心管中，加正己烷 10 mL，60 ℃水浴加热约 5 min，并不时轻摇以溶解脂肪，然后加氨水溶液（1＋1）25 mL、乙醇 1 mL，涡旋混匀，50 ℃水浴超声 20 min，冷却至室温后，加亚铁氰化钾溶液 2 mL 和乙酸锌溶液 2 mL，混匀，8 000 r/min 离心 5 min，弃去有机相，将水相转移至 50 mL 容量瓶中，于残渣中加水 20 mL，涡旋混匀后超声 5 min，8 000 r/min 离心 5 min，将水相转移到同一个 50 mL 容量瓶中，并用水定容至刻度，混匀。取适量上清液过 0.22 μm 滤膜，待液相色谱测定。

（3）仪器参考条件。色谱柱：C_{18}柱，柱长为 250 mm，内径为 4.6 mm，粒径为 5 μm，或等效色谱柱。流动相：甲醇＋乙酸铵溶液（5＋95）。流速：1 mL/min。检测波长：230 nm。进样量：10 μL。

注：当存在干扰峰或需要辅助定性时，可以采用加入甲酸的流动相来测定，如流动相：$V_{甲醇}＋V_{甲酸-乙酸铵}＝8＋92$。

（4）标准曲线的制作。将混合标准系列工作溶液分别注入液相色谱仪中，测定相应的峰面积，以混合标准系列工作溶液的质量浓度为横坐标，以峰面积为纵坐标，绘制标准曲线。

（5）试样溶液的测定。将试样溶液注入液相色谱仪中，得到峰面积，根据标准曲线得到待测液中苯甲酸、山梨酸和糖精钠（以糖精计）的质量浓度。

5. 计算

$$X=\frac{\rho \times V}{m \times 1\ 000}$$

式中：X——试样中苯甲酸、山梨酸和糖精钠（以糖精计）的含量，g/kg；

ρ——由标准曲线得出的试样液中待测物的质量浓度，mg/L；

V——试样定容体积，mL；

m——试样质量，g；

1 000——单位换算系数。

结果保留三位有效数字。在重复性条件下获得的两次独立测定结果的绝对差值不得超过算术平均值的 10%。

6. 注意

（1）取样量为 2 g、定容至 50 mL 时，苯甲酸、山梨酸和糖精钠（以糖精计）的检出限均为 0.005 g/kg，定量限均为 0.01 g/kg。

（2）此法适用于食品中苯甲酸、山梨酸和糖精钠的测定。

二、气相色谱法

1. 原理　将试样经盐酸酸化后，用乙醚提取苯甲酸、山梨酸，采用气相色谱-氢火焰离子化检测器进行分离测定，用外标法定量。

2. 仪器

（1）气相色谱仪：带氢火焰离子化检测器（FID）。

（2）分析天平：感量为 0.001 g 和 0.000 1 g。

（3）涡旋振荡器。

（4）离心机：转速＞8 000 r/min。

（5）匀浆机。

（6）氮吹仪。

3. **试剂** 除非另有说明，本方法所用试剂均为分析纯，水为 GB/T 6682—2008《分析实验室用水规格和试验方法》规定的一级水。

（1）乙醚（$C_2H_5OC_2H_5$）。

（2）乙醇（C_2H_5OH）。

（3）正己烷（C_6H_{14}）。

（4）乙酸乙酯（$CH_3CO_2C_2H_5$）：色谱纯。

（5）盐酸（HCl）。

（6）氯化钠（NaCl）。

（7）无水硫酸钠（Na_2SO_4）：500 ℃烘 8 h，于干燥器中冷却至室温后备用。

（8）盐酸溶液（1+1）：取 50 mL 盐酸，边搅拌边慢慢加到 50 mL 水中，混匀。

（9）氯化钠溶液（40 g/L）：称取 40 g 氯化钠，用适量水溶解，加盐酸溶液 2 mL，加水定容到 1 L。

（10）正己烷-乙酸乙酯混合溶液（1+1）：取 100 mL 正己烷和 100 mL 乙酸乙酯，混匀。

（11）苯甲酸（C_6H_5COOH，CAS 号为 65 - 85 - 0），纯度≥99.0%，或经国家认证并授予标准物质证书的标准物质。

（12）山梨酸（$C_6H_8O_2$，CAS 号为 110 - 44 - 1），纯度≥99.0%，或经国家认证并授予标准物质证书的标准物质。

（13）苯甲酸、山梨酸标准储备溶液（1 000 mg/L）：分别准确称取苯甲酸、山梨酸各 0.1 g（精确至 0.000 1 g），用甲醇溶解并分别定容至 100 mL，转移至密闭容器中，于−18 ℃条件下储存，保存期为 6 个月。

（14）苯甲酸、山梨酸混合标准中间溶液（200 mg/L）：分别准确吸取苯甲酸、山梨酸标准储备溶液各 10.0 mL 于 50 mL 容量瓶中，用乙酸乙酯定容，转移至密闭容器中，于−18 ℃条件下储存，保存期为 3 个月。

（15）苯甲酸、山梨酸混合标准系列工作溶液：分别准确吸取苯甲酸、山梨酸混合标准中间溶液 0 mL、0.05 mL、0.25 mL、0.50 mL、1.00 mL、2.50 mL、5.00 mL 和 10.0 mL，用正己烷-乙酸乙酯混合溶剂（1+1）定容至 10 mL，配制成质量浓度分别为 0 mg/L、1.00 mg/L、5.00 mg/L、10.00 mg/L、20.00 mg/L、50.00 mg/L、100.00 mg/L 和 200.00 mg/L 的混合标准系列工作溶液。临用现配。

（16）塑料离心管：50 mL。

4. **方法**

（1）试样制备。取多个预包装的样品，其中均匀样品直接混合，非均匀样品用组织匀浆机充分搅拌均匀，取其中的 200 g 装入洁净的玻璃容器中，密封，水溶液 4 ℃保存，其他试样于−18 ℃条件下保存。

（2）试样提取。准确称取约 2.5 g（精确至 0.001 g）试样于 50 mL 离心管中，加 0.5 g 氯化钠、0.5 mL 盐酸溶液（1+1）和 0.5 mL 乙醇，用 15 mL 和 10 mL 乙醚提取两次，每次振摇 1 min，8 000 r/min 离心 3 min。每次均将上层乙醚提取液通过无水硫酸钠滤入 25 mL

容量瓶中。加乙醚清洗无水硫酸钠层并收集至约 25 mL，最后用乙醚定容，混匀。准确吸取 5 mL 乙醚提取液于 5 mL 具塞刻度试管中，35 ℃ 氮吹至干，加入 2 mL 正己烷-乙酸乙酯（1＋1）混合溶液溶解残渣，待气相色谱测定。

（3）仪器参考条件。色谱柱：聚乙二醇毛细管气相色谱柱，内径为 320 μm，长 30 m，膜厚度为 0.25 μm，或等效色谱柱。载气：氮气，流速为 3 mL/min。空气：400 L/min。氢气：40 L/min。进样口温度：250 ℃。检测器温度：250 ℃。柱温程序：初始温度 80 ℃，保持 2 min，以 15 ℃/min 的速率升温至 250 ℃，保持 5 min。进样量：2 μL。分流比：10∶1。

（4）标准曲线制作。将混合标准系列工作溶液分别注入气相色谱仪中，以质量浓度为横坐标，以峰面积为纵坐标，绘制标准曲线。

（5）试样溶液测定。将试样溶液注入气相色谱仪中，得到峰面积，根据标准曲线得到待测液中苯甲酸、山梨酸的质量浓度。

5. 计算

$$X = \frac{\rho \times V \times 25}{m \times 5 \times 1\,000}$$

式中：X——试样中苯甲酸、山梨酸的含量，g/kg；

ρ——由标准曲线得出的样液中待测物的质量浓度，mg/L；

V——加入正己烷-乙酸乙酯（1＋1）混合溶液的体积，mL；

25——试样乙醚提取液的总体积，mL；

m——试样的质量，g；

5——测定时吸取乙醚提取液的体积，mL；

1 000——单位换算系数。

结果保留三位有效数字。在重复性条件下获得的两次独立测定结果的绝对差值不得超过算术平均值的 10%。

6. 注意

（1）取样量为 2.5 g，按试样前处理方法操作，最后定容到 2 mL 时，苯甲酸、山梨酸的检出限均为 0.005 g/kg，定量限均为 0.01 g/kg。

（2）此法适用于酱油、水果汁、果酱中苯甲酸、山梨酸的测定。

✉ **实训操作**

果汁中防腐剂山梨酸的测定

【实训目的】学会并掌握用气相色谱法测定果汁中防腐剂山梨酸的含量。

【实训原理】试样酸化后，用乙醚提取山梨酸，用附氢火焰离子化检测器的气相色谱仪进行分离测定，与标准系列比较定量。

【实训仪器】气相色谱仪：带氢火焰离子化检测器。

【实训试剂】

1. 盐酸（1＋1） 取 100 mL 盐酸，加水稀释至 200 mL。

2. 氯化钠酸性溶液（40 g/L） 于氯化钠溶液（40 g/L）中加少量盐酸（1＋1）酸化。

3. 山梨酸标准溶液　准确称取山梨酸 0.200 0 g，置于 100 mL 容量瓶中，用石油醚-乙醚（3＋1）混合溶剂溶解后并稀释至刻度。每毫升此溶液相当于 2.0 mg 山梨酸或苯甲酸。

4. 山梨酸标准使用液　吸取适量的山梨酸标准溶液，以石油醚-乙醚（3＋1）混合溶剂稀释至每毫升相当于 50 μg、100 μg、150 μg、200 μg、250 μg 山梨酸。

【操作步骤】

1. 试样提取　称取 2.50 g 混合均匀的果汁，置于 25 mL 带塞量筒中，加 0.5 mL 盐酸（1＋1）酸化，用 15 mL 和 10 mL 乙醚提取两次，每次振摇 1 min，将上层乙醚提取液吸入另一个 25 mL 带塞量筒中，合并乙醚提取液。用 3 mL 氯化钠酸性溶液（40 g/L）洗涤两次，静置 15 min，用滴管将乙醚层通过无水硫酸钠滤入 25 mL 容量瓶中。加乙醚至刻度，混匀。准确吸取 5 mL 乙醚提取液于 5 mL 带塞刻度试管中，40 ℃ 水浴蒸干，加入 2 mL 石油醚-乙醚（3＋1）混合溶剂溶解残渣，备用。

2. 色谱条件

（1）色谱柱。玻璃柱，内径为 3 mm，长 2 m，内装涂 5％DEGS＋1％磷酸固定液的 60～80 目红色硅藻土（Chromosorb）W/AW。

（2）气流速度。载气为氮气，50 mL/min（氮气和空气、氢气之比按各仪器型号不同选择各自的最佳比例）。

（3）温度。进样口为 230 ℃，检测器为 230 ℃，柱温为 170 ℃。

3. 试样测定　进样 2 μL 标准系列中各浓度标准使用液于气相色谱仪中，可测得不同浓度山梨酸的峰高，以浓度为横坐标，以相应的峰高为纵坐标，绘制标准曲线。

同时进样 2 μL 试样溶液，测得峰高与标准曲线比较定量。

【结果计算】

$$X = \frac{A \times 1\ 000}{m \times \dfrac{5}{25} \times \dfrac{V_2}{V_1} \times 1\ 000}$$

式中：X——果汁中山梨酸的含量，mg/kg；

A——测定用试样液中山梨酸的质量，μg；

V_1——加入石油醚-乙醚（3＋1）混合溶剂的体积，mL；

V_2——测定时进样的体积，μL；

m——试样的质量，g；

5——测定时吸取乙醚提取液的体积，mL；

25——试样乙醚提取液的总体积，mL；

1 000——单位换算系数。

计算结果保留两位有效数字。在重复性条件下获得的两次独立测定结果的绝对差值不得超过算术平均值的 10％。

任务二　抗氧化剂测定（GB 5009.32—2016）

抗氧化剂是指能阻止或推迟食品氧化变质，提高食品稳定性和延长储存期的食品添加剂。按其来源性可分为天然的抗氧化剂和人工合成的抗氧化剂两类。按其溶解性的不同可分为脂溶性抗氧化剂和水溶性抗氧化剂两类，前者包括丁基羟基茴香醚（BHA）、二丁基羟基甲苯（BHT）和没食子酸丙酯（PG）等，后者包括抗坏血酸及其盐、异抗坏血酸及其盐、亚硫酸盐类等。

一、高效液相色谱法

1. 原理　油脂样品经有机溶剂溶解后，使用凝胶渗透色谱（GPC）净化；固体类食品样品用正己烷溶解，乙腈提取，固相萃取柱净化，高效液相色谱法测定，外标法定量。

2. 仪器

（1）离心机：转速≥3 000 r/min。

（2）旋转蒸发仪。

（3）高效液相色谱仪。

（4）凝胶渗透色谱仪。

（5）分析天平：感量为 0.01 g 和 0.1 mg。

（6）涡旋振荡器。

3. 试剂　除非另有说明，本方法所用试剂均为色谱纯，水为 GB/T 6682—2008《分析实验室用水规格和试验方法》规定的一级水。

（1）甲酸（HCOOH）。

（2）乙腈（CH_3CN）。

（3）甲醇（CH_3OH）。

（4）正己烷（C_6H_{14}）：分析纯，重蒸。

（5）乙酸乙酯（$CH_3COOCH_2CH_3$）。

（6）环己烷（C_6H_{12}）。

（7）氯化钠（NaCl）：分析纯。

（8）无水硫酸钠（Na_2SO_4）：分析纯，650 ℃灼烧 4 h，储存于干燥器中，冷却后备用。

（9）乙腈饱和的正己烷溶液：正己烷中加入乙腈至饱和。

（10）正己烷饱和的乙腈溶液：乙腈中加入正己烷至饱和。

（11）乙酸乙酯和环己烷混合溶液（1+1）：取 50 mL 乙酸乙酯和 50 mL 环己烷混匀。

（12）乙腈和甲醇混合溶液（2+1）：取 100 mL 乙腈和 50 mL 甲醇混合。

（13）饱和氯化钠溶液：水中加入氯化钠至饱和。

（14）甲酸溶液（0.1+99.9）：取 0.1 mL 甲酸移入 100 mL 容量瓶，定容至刻度。

（15）叔丁基对羟基茴香醚（butyl hydroxy anisole，BHA，分子式为 $C_{11}H_{16}O_2$，CAS 号为 25013 - 16 - 5）：纯度≥98%。

（16）2，6 -二叔丁基对甲基苯酚（butylated hydroxytoluene，BHT，分子式为 $C_{15}H_{24}O$，CAS 号为 128 - 37 - 0）：纯度≥98%。

（17）没食子酸辛酯（octyl gallate，OG，分子式为 $C_{15}H_{22}O_5$，CAS 号为 1034 - 01 - 1）：纯度≥98%。

（18）没食子酸十二酯（dodecyl gallate，DG，分子式为 $C_{19}H_{30}O_5$，CAS 号为 1166 - 52 - 5）：纯度≥98%。

（19）没食子酸丙酯（propyl gallate，PG，分子式为 $C_{10}H_{12}O_5$，CAS 号为 121 - 79 - 9）：纯度≥98%。

（20）去甲二氢愈创木酸（nordihydroguaiaretic acid，NDGA，分子式为 $C_{18}H_{22}O_4$，CAS 号为 500 - 38 - 9）：纯度≥98%。

（21）2，4，5 - 三羟基苯丁酮（2，4，5 - trihydroxybutyrophenone，THBP，分子式为 $C_{10}H_{12}O_4$，CAS 号为 1421 - 63 - 2）：纯度≥98%。

（22）叔丁基对苯二酚（tert - butylhydroquinone，TBHQ，分子式为 $C_{10}H_{14}O_2$，CAS 号为 1948 - 33 - 0）：纯度≥98%。

（23）2，6 - 二叔丁基 - 4 - 羟甲基苯酚（2，6 - Di - tert - butyl - 4 - hydroxymethylphenol，Ionox - 100，分子式为 $C_{15}H_{24}O_2$，CAS 号为 88 - 26 - 6）：纯度≥98%。

（24）抗氧化剂标准物质混合储备液：准确称取 0.1 g（精确至 0.1 mg）固体抗氧化剂标准物质，用乙腈溶于 100 mL 棕色容量瓶中，定容至刻度，配制成浓度为 1 000 mg/L 的标准混合储备液，0~4 ℃避光保存。

（25）抗氧化剂混合标准使用液：移取适量体积的浓度为 1 000 mg/L 的抗氧化剂标准物质混合储备液分别稀释至浓度为 20 mg/L、50 mg/L、100 mg/L、200 mg/L、400 mg/L 的混合标准使用液。

（26）C_{18} 固相萃取柱：2 000 mg/12 mL。

（27）有机系滤膜：孔径为 0.22 μm。

4. 方法

（1）试样制备。将固体或半固体样品粉碎混匀，然后用对角线法取 2/4 或 2/6，或根据试样情况取有代表性试样，密封保存；将液体样品混合均匀，取有代表性试样，密封保存。

（2）提取。

① 固体类样品：称取 1 g（精确至 0.01 g）制备好的试样于 50 mL 离心管中，加入 5 mL 乙腈饱和的正己烷溶液，涡旋 1 min 充分混匀，浸泡 10 min。加入 5 mL 饱和氯化钠溶液，用 5 mL 正己烷饱和的乙腈溶液涡旋 2 min，3 000 r/min 离心 5 min，收集乙腈层于试管中，重复使用 5 mL 正己烷饱和的乙腈溶液提取 2 次，合并 3 次提取液，加 0.1% 甲酸溶液调节 pH 为 4，待净化。同时做空白试验。

② 油类：称取 1 g（精确至 0.01 g）制备好的试样于 50 mL 离心管中，加入 5 mL 乙腈饱和的正己烷溶液溶解样品，涡旋 1 min，静置 10 min，用 5 mL 正己烷饱和的乙腈溶液涡旋提取 2 min，3 000 r/min 离心 5 min，收集乙腈层于试管中，重复使用 5 mL 正己烷饱和的乙腈溶液提取 2 次，合并 3 次提取液，待净化。同时做空白试验。

（3）净化。在 C_{18} 固相萃取柱中装入约 2 g 无水硫酸钠，用 5 mL 甲醇活化萃取柱，再以 5 mL 乙腈平衡萃取柱，弃去流出液。将所有提取液倾入柱中，弃去流出液，再用 5 mL 乙腈和甲醇的混合溶液洗脱，收集所有洗脱液于试管中，40 ℃条件下旋转蒸发至干，加 2 mL 乙腈定容，过 0.22 μm 有机系滤膜，供液相色谱测定。

（4）凝胶渗透色谱法（纯油类样品可选）。称取制备好的样品 10 g（精确至 0.01 g）于

100 mL 容量瓶中，用乙酸乙酯和环己烷混合溶液定容至刻度，作为母液；取 5 mL 母液于 10 mL 容量瓶中用乙酸乙酯和环己烷混合溶液定容至刻度，待净化。

取 10 mL 待测液加入凝胶渗透色谱（GPC）进样管中，使用 GPC 净化，收集流出液，40 ℃ 条件下旋转蒸发至干，加 2 mL 乙腈定容，过 0.22 μm 有机系滤膜，供液相色谱测定。同时做空白试验。

凝胶渗透色谱净化参考条件：

凝胶渗透色谱柱：300 mm×20 mm 玻璃柱，Bio-Beads（S-X₃），40～75 μm；柱分离度：玉米油与抗氧化剂［没食子酸丙酯（PG）、THBP、TBHQ、OG、BHA、Ionox-100、BHT、DG、NDGA］的分离度＞85％；流动相：$V_{乙酸乙酯}＋V_{环己烷}＝1+1$（体积比）；流速：5 mL/min；进样量：2 mL；流出液收集时间：7.0～17.5 min；紫外检测器波长：280 nm。

（5）液相色谱仪条件。色谱柱：C_{18} 柱，柱长为 250 mm，内径为 4.6 mm，粒径为 5 μm，或等效色谱柱。流动相 A：0.5％甲酸水溶液，流动相 B：甲醇。洗脱梯度：0～5 min 流动相（A）50％，5～15 min 流动相（A）从 50％降至 20％，15～20 min 流动相（A）20％，20～25 min 流动相（A）从 20％降至 10％，25～27 min 流动相（A）从 10％增至 50％，27～30 min 流动相（A）50％。柱温：35 ℃。进样量：5 μL。检测波长：280 nm。

（6）标准曲线制作。将系列浓度的标准工作液分别注入液相色谱仪中，测定相应的抗氧化剂，以标准工作液的浓度为横坐标，以响应值（如峰面积、峰高、吸收值等）为纵坐标，绘制标准曲线。

（7）试样溶液测定。将试样溶液注入高效液相色谱仪中，得到相应色谱峰的响应值，根据标准曲线得到待测液中抗氧化剂的浓度。

5. 计算

$$X_i＝\rho_i×\frac{V}{m}$$

式中：X_i——试样中抗氧化剂的含量，mg/kg；

ρ_i——从标准曲线上得到的抗氧化剂溶液的浓度，μg/mL；

V——样液最终定容体积，mL；

m——称取的试样质量，g。

结果保留三位有效数字（或保留到小数点后两位）。在重复性条件下获得的两次独立测定结果的绝对差值不得超过算术平均值的 10％。

6. 注意

（1）本方法的检出限为没食子酸丙酯（PG）：2 mg/kg，2，4，5-三羟基苯丁酮（THBP）：4 mg/kg，叔丁基对苯二酚（TBHQ）：10 mg/kg，去甲二氢愈创木酸（NDGA）：4 mg/kg，叔丁基对羟基茴香醚（BHA）：10 mg/kg，2，6-二叔丁基-4-羟甲基苯酚（Ionox-100）：20 mg/kg，没食子酸辛酯（OG）：2 mg/kg，2，6-二叔丁基对甲基苯酚（BHT）：4 mg/kg，没食子酸十二酯（DG）：10 mg/kg；定量限均为 20 mg/kg。

（2）此法适用于食品中 PG、THBP、TBHQ、NDGA、BHA、BHT、Ionox-100、OG、DG 的测定。

二、液相色谱串联质谱法

1. 原理 将油脂样品经有机溶剂溶解后，使用凝胶渗透色谱（GPC）净化；固体类食品样品用正己烷溶解，乙腈提取，固相萃取柱净化，液相色谱串联质谱仪测定，外标法定量。

2. 仪器

（1）离心机：转速≥3 000 r/min。

（2）旋转蒸发仪。

（3）液相色谱串联质谱仪。

（4）凝胶渗透色谱仪。

（5）分析天平：感量为 0.01 g 和 0.1 mg。

（6）涡旋振荡器。

3. 试剂 除非另有说明，本方法所用试剂均为色谱纯，水为 GB/T 6682—2008《分析实验室用水规格和试验方法》规定的一级水。

（1）甲酸（HCOOH）。

（2）乙腈（CH_3CN）。

（3）甲醇（CH_3OH）。

（4）正己烷（C_6H_{14}）：分析纯，重蒸。

（5）乙酸乙酯（$CH_3COOCH_2CH_3$）。

（6）环己烷（C_6H_{12}）。

（7）氯化钠（NaCl）：分析纯。

（8）无水硫酸钠（Na_2SO_4）：分析纯，650 ℃灼烧 4 h，储存于干燥器中，冷却后备用。

（9）乙腈饱和的正己烷溶液：正己烷中加入乙腈至饱和。

（10）正己烷饱和的乙腈溶液：乙腈中加入正己烷至饱和。

（11）乙酸乙酯和环己烷混合溶液（1+1）：取 50 mL 乙酸乙酯和 50 mL 环己烷混匀。

（12）乙腈和甲醇混合溶液（2+1）：取 100 mL 乙腈和 50 mL 甲醇混合。

（13）饱和氯化钠溶液：在水中加入氯化钠至饱和。

（14）甲酸溶液（0.1+99.9）：取 0.1 mL 甲酸移入 100 mL 容量瓶，定容至刻度。

（15）没食子酸辛酯（octylgallate，OG，分子式为 $C_{15}H_{22}O_5$，CAS 号为 1034-01-1）：纯度≥98%。

（16）没食子酸十二酯（dodecylgallate，DG，分子式为 $C_{19}H_{30}O_5$，CAS 号为 1166-52-5）：纯度≥98%。

（17）没食子酸丙酯（propylgallate，PG，分子式为 $C_{10}H_{12}O_5$，CAS 号为 121-79-9）：纯度≥98%。

（18）去甲二氢愈创木酸（nordihydroguaiaretic acid，NDGA，分子式为 $C_{18}H_{22}O_4$，CAS 号为 500-38-9）：纯度≥98%。

（19）2，4，5-三羟基苯丁酮（2，4，5-trihydroxybutyrophenone，THBP，分子式为 $C_{10}H_{12}O_4$，CAS 号为 1421-63-2）：纯度≥98%。

（20）标准物质储备液：准确称取 0.1 g（精确至 0.1 mg）固体抗氧化剂标准物质，用乙腈溶于 100 mL 棕色容量瓶中，定容至刻度，配制成浓度为 1 000 mg/L 的标准储备液，0～4 ℃条件下避光保存。

（21）标准物质中间液：移取标准物质储备液 1.0 mL 于 100 mL 容量瓶中，用乙腈定容，配制成浓度为 10 mg/L 的混合标准中间液，0～4 ℃条件下避光保存。

（22）标准物质使用液：移取适量体积的标准物质中间液分别稀释至浓度为 0.01 mg/L、0.02 mg/L、0.05 mg/L、0.10 mg/L、0.20 mg/L、0.50 mg/L、1.00 mg/L、2.00 mg/L 的混合标准使用液。

（23）C_{18} 固相萃取柱：2 000 mg/12 mL。

（24）有机系滤膜：孔径为 0.22 μm。

4. 方法

（1）试样制备。将固体或半固体样品粉碎混匀，然后用对角线法取 2/4 或 2/6，或根据试样情况取有代表性试样，密封保存；将液体样品混合均匀，取有代表性试样，密封保存。

（2）提取。

① 固体类样品。称取 1 g（精确至 0.01 g）制备好的试样于 50 mL 离心管中，加入 5 mL 乙腈饱和的正己烷溶液，涡旋 1 min 充分混匀，浸泡 10 min。加入 5 mL 饱和氯化钠溶液，用 5 mL 正己烷饱和的乙腈溶液涡旋 2 min，3 000 r/min 离心 5 min，收集乙腈层于试管中，使用 5 mL 正己烷饱和的乙腈溶液提取 2 次，合并 3 次提取液，加 0.1%甲酸溶液调节 pH 为 4，待净化。同时做空白试验。

② 油类。称取 1 g（精确至 0.01 g）制备好的试样于 50 mL 离心管中，加入 5 mL 乙腈饱和的正己烷溶液溶解样品，涡旋 1 min，静置 10 min，用 5 mL 正己烷饱和的乙腈溶液涡旋提取 2 min，3 000 r/min 离心 5 min，收集乙腈层于试管中，使用 5 mL 正己烷饱和的乙腈溶液提取 2 次，合并 3 次提取液，待净化。同时做空白试验。

（3）净化。在 C_{18} 固相萃取柱中装入约 2 g 的无水硫酸钠，用 5 mL 甲醇活化萃取柱，再以 5 mL 乙腈平衡萃取柱，弃去流出液。将所有提取液倾入柱中，弃去流出液，再以 5 mL 乙腈和甲醇的混合溶液洗脱，收集所有洗脱液于试管中，40 ℃条件下旋转蒸发至干，加 2 mL 乙腈定容，过 0.22 μm 有机系滤膜，供液相色谱测定。

（4）凝胶渗透色谱法（纯油类样品可选）。称取制备好的样品 10 g（精确至 0.01 g）于 100 mL 容量瓶中，以乙酸乙酯和环己烷混合溶液定容至刻度，作为母液；取 5 mL 母液于 10 mL 容量瓶中以乙酸乙酯和环己烷混合溶液定容至刻度，待净化。

取 10 mL 待测液加入凝胶渗透色谱（GPC）进样管中，使用 GPC 净化，收集流出液，40 ℃条件下旋转蒸发至干，加 2 mL 乙腈定容，过 0.22 μm 有机系滤膜，供液相色谱测定。同时做空白试验。

凝胶渗透色谱净化参考条件：

凝胶渗透色谱柱：300 mm×20 mm 玻璃柱，Bio - Beads（S - X_3），40～75 μm。柱分离度：玉米油与抗氧化剂（PG、THBP、TBHQ、OG、BHA、Ionox - 100、BHT、DG、NDGA）的分离度＞85%；流动相：乙酸乙酯＋环己烷＝1+1（体积比）；流速：5 mL/min。进样量：2 mL；流出液收集时间：7.0～17.5 min；紫外检测器波长：280 nm。

（5）液相色谱-串联质谱仪条件。色谱柱：C_{18} 键合硅胶色谱柱，柱长为 50 mm，内径为 2.0 mm，粒径为 1.8 μm，或等效色谱柱。流动相 A：水，流动相 B：乙腈。流速：0.2 mL/min。洗脱梯度：第 0～3 分钟流动相（B）从 10% 至 30%，第 3～5 分钟流动相（B）30%，第 5～10 分钟流动相（B）从 30% 至 80%，第 10～12 分钟流动相（B）80%，第 12～12.01 分钟流动相（B）从 80% 至 10%，第 12.01～14 分钟流动相（B）10%。柱温：35 ℃。进样量：2 μL。电离源模式：电喷雾离子化。喷雾流速：3 L/min。干燥气流速：15 L/min。离子喷雾电压：3 500 V。监测离子对、碰撞能量、驻留时间和保留时间（表 5-1）。

表 5-1　食品中抗氧化剂的监测离子对、碰撞能量、驻留时间和保留时间

抗氧化剂名称	母离子（m/z）	子离子（m/z）	碰撞能量/eV	驻留时间/ms	保留时间/min
THBP	195	125	20	25	6.175
		166	22		
PG	211	125	23	25	4.932
		168.9	18		
OG	281.1	124	31	25	9.327
		169	21		
NDGA	301.1	122.1	29	25	8.136
		108	30		
DG	337.2	124	33	25	11.456
		169	26		

（6）定性测定。在相同实验条件下进行样品测定时，如果检出的色谱峰的保留时间与标准样品相一致，并且在扣除背景后的样品质谱图中，所选择的离子均出现，而且所选择的离子丰度比与标准样品一致（相对丰度>50%，允许±20% 的偏差；相对丰度>20%～50%，允许±25% 的偏差；相对丰度>10%～20%，允许±30% 的偏差；相对丰度≤10%，允许±50% 的偏差），则可判断样品中存在这种抗氧化剂。

（7）标准曲线的制作。将标准系列工作液进行液相色谱串联质谱仪测定，以定量离子对峰面积对应标准溶液浓度绘制标准曲线。

（8）试样溶液的测定。将试样溶液进行液相色谱串联质谱仪测定，根据标准曲线得到待测液中抗氧化剂的浓度。

5. 计算

$$X_i = \rho_i \times \frac{V}{m}$$

式中：X_i——试样中抗氧化剂含量，mg/kg；

ρ_i——从标准曲线上得到的抗氧化剂溶液浓度，μg/mL；

V——样液最终定容体积，mL；

m——称取的试样质量，g。

结果保留三位有效数字（或保留到小数点后两位）。在重复性条件下获得的两次独立测

定结果的绝对差值不得超过算术平均值的 10%。

6. 注意

（1）本方法的检出限为没食子酸丙酯（PG）：0.05 mg/kg，2，4，5-三羟基苯丁酮（THBP）：0.05 mg/kg，去甲二氢愈创木酸（NDGA）：0.05 mg/kg，没食子酸辛酯（OG）：0.005 mg/kg，没食子酸十二酯（DG）：0.005 mg/kg；定量限为没食子酸丙酯（PG）：0.1 mg/kg，2，4，5-三羟基苯丁酮（THBP）：0.1 mg/kg，去甲二氢愈创木酸（NDGA）：0.1 mg/kg，没食子酸辛酯（OG）：0.01 mg/kg，没食子酸十二酯（DG）：0.01 mg/kg。

（2）液相色谱串联质谱法适用于食品中 THBP、PG、OG、NDGA、DG 的测定。

📧🌿 **实训操作**

饼干中抗氧化剂 BHT 的测定

【实训目的】学会并掌握气相色谱法测定饼干中抗氧化剂二丁基羟基甲苯（BHT）的含量。

【实训原理】样品中的抗氧化剂 BHT 用有机溶剂提取、凝胶渗透色谱净化系统（GPC）净化后，用气相色谱氢火焰离子化检测器检测，采用保留时间定性，用外标法定量。

【实训仪器】气相色谱仪（GC）：配氢火焰离子化检测器（FID）。

【实训试剂】除另有说明外，所使用试剂均为分析纯，用水为 GB/T 6682—2008《分析实验室用水规格和试验方法》规定的二级水。

1. BHT 标准储备液　准确称取 BHT 标准品各 50 mg（精确至 0.1 mg），用乙酸乙酯＋环己烷（1＋1）溶液定容至 50 mL，配制成 1 mg/mL 的储备液，于 4 ℃ 冰箱中避光保存。

2. BHT 标准使用液　吸取标准储备液 0.1 mL、0.5 mL、1.0 mL、2.0 mL、3.0 mL、4.0 mL、5.0 mL，置于一组 10 mL 容量瓶中，用乙酸乙酯＋环己烷（1＋1）定容，此标准系列的浓度为 0.01 mg/mL、0.05 mg/mL、0.10 mg/mL、0.20 mg/mL、0.30 mg/mL、0.40 mg/mL、0.50 mg/mL。现用现配。

【操作步骤】

1. 试样处理　称取 1～2 g 粉碎并混合均匀的饼干，加入 10 mL 乙腈，涡旋混合 2 min，过滤。如此重复 3 次，将收集滤液旋转蒸发至近干，用乙腈定容至 2 mL，过 0.45 μm 滤膜，直接进气相色谱仪分析。

2. 色谱条件　色谱柱：（14% 腈丙基-苯基）二甲基聚硅氧烷毛细管柱（30 m×0.25 mm），膜厚 0.25 μm（或相当型号色谱柱）；进样口温度：230 ℃；升温程序：初始柱温 80 ℃，保持 1 min，以 10 ℃/min 升温至 250 ℃，保持 5 min；检测器温度：250 ℃；进样量：1 μL；进样方式：不分流进样；载气：氮气，纯度≥99.999%，流速：1 mL/min。

3. 定量分析　在色谱参考条件下，试样待测液和 BHT 标准品在相同保留时间处（±0.5%）出峰，可定性抗氧化剂 BHT。以标准样品浓度为横坐标、峰面积为纵坐标，作线性回归方程，从标准曲线图中查出试样溶液中抗氧化剂的相应含量。

【结果计算】

$$X = c \times \frac{V \times 1\,000}{m \times 1\,000}$$

式中：X——饼干中抗氧化剂 BHT 的含量，mg/kg；

c——从标准工作曲线上查出的试样溶液中抗氧化剂的浓度，μg/mL；

V——试样最终定容体积，mL；

m——试样质量，g；

1 000——单位换算系数。

计算结果保留至小数点后三位。在重复性条件下获得的两次独立测定结果的绝对差值不得超过算术平均值的 10%。

任务三　发色剂测定（GB 5009.33—2016）

发色剂是指能与食品中的呈色物质作用，使之在食品加工保藏等过程中不致分解破坏，呈现良好色泽的物质，也称护色剂或呈色剂。护色剂和着色剂不同，它本身没有颜色，不起染色作用，但与食品原料中的有色物质可结合形成稳定的颜色。

硝酸盐和亚硝酸盐是食品加工业中常用的发色剂。硝酸盐可在亚硝酸菌的作用下还原为亚硝酸盐，亚硝酸盐在酸性条件下（如肌肉中乳酸）产生游离的亚硝酸，与肉中肌红蛋白结合，生成亚硝基肌红蛋白，呈现稳定的红色化合物，致使食品呈鲜艳的亮红色。但由于亚硝酸盐是致癌物质亚硝胺的前体，因此在加工过程中常以抗坏血酸钠或异构抗坏血酸钠、烟酸胺等辅助发色，以降低肉制品中亚硝酸盐的使用量。

一、离子色谱法

1. 原理　试样经沉淀蛋白质、除去脂肪后，采用相应的方法提取和净化，以氢氧化钾溶液为淋洗液，用阴离子交换柱分离，用电导检测器或紫外检测器检测。以保留时间定性，用外标法定量。

2. 仪器

（1）离子色谱仪：配电导检测器及抑制器或紫外检测器，高容量阴离子交换柱，50 μL 定量环。

（2）食物粉碎机。

（3）超声波清洗器。

（4）分析天平：感量为 0.1 mg 和 1 mg。

（5）离心机：转速≥10 000 r/min，配 50 mL 离心管。

（6）0.22 μm 水性滤膜针头滤器。

（7）净化柱：包括 C_{18} 柱、Ag 柱和 Na 柱或等效柱。

（8）注射器：1.0 mL 和 2.5 mL。

注：所有玻璃器皿使用前均需依次用 2 mol/L 氢氧化钾和水分别浸泡 4 h，然后用水冲洗 3～5 次，晾干备用。

3. 试剂　除非另有说明，本方法所用试剂均为分析纯，水为 GB/T 6682—2008《分析实验室用水规格和试验方法》规定的一级水。

（1）乙酸（CH_3COOH）。

（2）氢氧化钾（KOH）。

（3）乙酸溶液（3%）：量取乙酸 3 mL 于 100 mL 容量瓶中，以水稀释至刻度，混匀。

（4）氢氧化钾溶液（1 mol/L）：称取 6 g 氢氧化钾，加入新煮沸过的冷水溶解，并稀释至 100 mL，混匀。

（5）亚硝酸钠（$NaNO_2$，CAS 号为 7632 - 00 - 0）：基准试剂，或采用具有标准物质证书的亚硝酸盐标准溶液。

（6）硝酸钠（$NaNO_3$，CAS 号为 7631 - 99 - 4）：基准试剂，或采用具有标准物质证书的硝酸盐标准溶液。

（7）亚硝酸盐标准储备液（100 mg/L，以 NO_2^- 计）：准确称取 0.150 0 g 110～120 ℃ 干燥至恒重的亚硝酸钠，用水溶解并转移至 1 L 容量瓶中，加水稀释至刻度，混匀。

（8）硝酸盐标准储备液（1 000 mg/L，以 NO_3^- 计）：准确称取 1.371 0 g 110～120 ℃ 干燥至恒重的硝酸钠，用水溶解并转移至 1 L 容量瓶中，加水稀释至刻度，混匀。

（9）亚硝酸盐和硝酸盐混合标准中间液：准确移取亚硝酸根离子（NO_2^-）和硝酸根离子（NO_3^-）的标准储备液各 1.0 mL 于 100 mL 容量瓶中，用水稀释至刻度，每升此溶液含亚硝酸根离子 1.0 mg 和硝酸根离子 10.0 mg。

（10）亚硝酸盐和硝酸盐混合标准使用液：移取亚硝酸盐和硝酸盐混合标准中间液，加水逐级稀释，制成系列混合标准使用液，亚硝酸根离子浓度分别为 0.02 mg/L、0.04 mg/L、0.06 mg/L、0.08 mg/L、0.10 mg/L、0.15 mg/L、0.20 mg/L；硝酸根离子浓度分别为 0.2 mg/L、0.4 mg/L、0.6 mg/L、0.8 mg/L、1.0 mg/L、1.5 mg/L、2.0 mg/L。

4. 方法

（1）试样预处理。

① 蔬菜、水果。将新鲜蔬菜、水果试样用自来水洗净后，用水冲洗，晾干后，取可食部分切碎混匀。将切碎的样品用四分法取适量，用食物粉碎机制成匀浆，备用。如需加水应记录加水量。

② 粮食及其他植物样品。除去可见杂质后，取有代表性试样 50～100 g，粉碎后，过 0.30 mm 筛，混匀，备用。

③ 肉类、蛋、水产及其制品。用四分法取适量或取全部，用食物粉碎机制成匀浆，备用。

④ 乳粉、豆奶粉、婴儿配方粉等固态乳制品（不包括干酪）。将试样装入能够容纳 2 倍试样体积的带盖容器中，通过反复摇晃和颠倒容器使样品充分混匀直到试样均一化。

⑤ 发酵乳、乳、炼乳及其他液体乳制品。通过搅拌或反复摇晃和颠倒容器使试样充分混匀。

⑥ 干酪。取适量的样品研磨成均匀的泥浆状。为避免水分损失，研磨过程中应避免产生过多的热量。

（2）提取。

① 蔬菜、水果等植物性试样。称取试样 5 g（精确至 0.001 g，可适当调整试样的取样

量，下同），置于 150 mL 具塞锥形瓶中，加入 80 mL 水、1 mL 氢氧化钾溶液（1 mol/L），超声提取 30 min，每隔 5 min 振摇 1 次，保持固相完全分散。75 ℃水浴 5 min，取出放置至室温，定量转移至 100 mL 容量瓶中，加水稀释至刻度，混匀。溶液经滤纸过滤后，取部分溶液 10 000 r/min 离心 15 min，上清液备用。

② 肉类、蛋类、鱼类及其制品等。称取试样匀浆 5 g（精确至 0.001 g），置于 150 mL 具塞锥形瓶中，加入 80 mL 水，超声提取 30 min，每隔 5 min 振摇 1 次，保持固相完全分散。75 ℃水浴 5 min，取出放置至室温，定量转移至 100 mL 容量瓶中，加水稀释至刻度，混匀。溶液经滤纸过滤后，取部分溶液 10 000 r/min 离心 15 min，上清液备用。

③ 腌鱼类、腌肉类及其他腌制品。称取试样匀浆 2 g（精确至 0.001 g），置于 150 mL 具塞锥形瓶中，加入 80 mL 水，超声提取 30 min，每隔 5 min 振摇 1 次，保持固相完全分散。75 ℃水浴 5 min，取出放置至室温，定量转移至 100 mL 容量瓶中，加水稀释至刻度，混匀。溶液经滤纸过滤后，取部分溶液 10 000 r/min 离心 15 min，上清液备用。

④ 乳。称取试样 10 g（精确至 0.01 g），置于 100 mL 具塞锥形瓶中，加水 80 mL，摇匀，超声 30 min，加入 3％乙酸溶液 2 mL，于 4 ℃条件下放置 20 min，取出放置至室温，加水稀释至刻度。溶液经滤纸过滤，滤液备用。

⑤ 乳粉及干酪。称取试样 2.5 g（精确至 0.01 g），置于 100 mL 具塞锥形瓶中，加水 80 mL，摇匀，超声 30 min，取出放置至室温，定量转移至 100 mL 容量瓶中，加入 3％乙酸溶液 2 mL，加水稀释至刻度，混匀。于 4 ℃条件下放置 20 min，取出放置至室温，溶液经滤纸过滤，滤液备用。

取上述备用溶液约 15 mL，通过 0.22 μm 水性滤膜针头滤器、C_{18}柱，弃去前面 3 mL 溶液（如果氯离子大于 100 mg/L，则需要依次通过针头滤器、C_{18}柱、Ag 柱和 Na 柱，弃去前面 7 mL 溶液），收集后面的洗脱液待测。

固相萃取柱使用前需进行活化，C_{18}柱（1.0 mL）、Ag 柱（1.0 mL）和 Na 柱（1.0 mL），其活化过程为：C_{18}柱（1.0 mL）使用前依次用 10 mL 甲醇、15 mL 水通过，静置活化 30 min；Ag 柱（1.0 mL）和 Na 柱（1.0 mL）用 10 mL 水通过，静置活化 30 min。

（3）仪器参考条件。

① 色谱柱。氢氧化物选择性，可兼容梯度洗脱的二乙烯基苯-乙基苯乙烯共聚物基质，烷醇基季铵盐功能团的高容量阴离子交换柱，4 mm×250 mm（带保护柱 4 mm×50 mm），或性能相当的离子色谱柱。

② 淋洗液。氢氧化钾溶液，浓度为 6～70 mmol/L；洗脱梯度为 6 mmol/L 30 min，70 mmol/L 5 min，6 mmol/L 5 min；流速为 1.0 mL/min。粉状婴幼儿配方食品：氢氧化钾溶液，浓度为 5～50 mmol/L；洗脱梯度为 5 mmol/L 33 min，50 mmol/L 5 min，5 mmol/L 5 min；流速为 1.3 mL/min。

③ 抑制器。

④ 检测器。电导检测器，检测池温度为 35 ℃；或紫外检测器，检测波长为 226 nm。

⑤ 进样体积。50 μL（可根据试样中被测离子的含量进行调整）。

（4）测定。

① 标准曲线。将标准系列工作液分别注入离子色谱仪中，得到各浓度标准工作液色谱

图，测定相应的峰高（μS）或峰面积，以标准工作液的浓度为横坐标，以峰高（μS）或峰面积为纵坐标，绘制标准曲线，亚硝酸盐和硝酸盐标准色谱图见图 5-1。

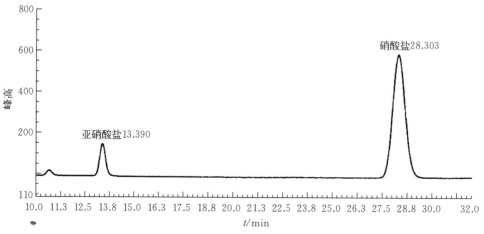

图 5-1　亚硝酸盐和硝酸盐标准色谱图

② 试样测定。将空白和试样溶液注入离子色谱仪中，得到空白和试样溶液的峰高（μS）或峰面积，根据标准曲线得到待测液中亚硝酸根离子或硝酸根离子的浓度。

5. 计算

$$X = \frac{(\rho - \rho_0) \times V \times f \times 1\,000}{m \times 1\,000}$$

式中：X——试样中亚硝酸根离子或硝酸根离子的含量，mg/kg；

$\quad\quad \rho$——测定用试样溶液中的亚硝酸根离子或硝酸根离子浓度，mg/L；

$\quad\quad \rho_0$——试剂空白液中亚硝酸根离子或硝酸根离子浓度，mg/L；

$\quad\quad V$——试样溶液体积，mL；

$\quad\quad f$——试样溶液稀释倍数；

$\quad 1\,000$——单位换算系数；

$\quad\quad m$——试样质量，g。

试样中测得的亚硝酸根离子含量乘以换算系数 1.5，即得亚硝酸盐（按亚硝酸钠计）含量；试样中测得的硝酸根离子含量乘以换算系数 1.37，即得硝酸盐（按硝酸钠计）含量。

计算结果保留两位有效数字。在重复性条件下获得的两次独立测定结果的绝对值差不得超过算术平均值的 10%。

6. 注意　亚硝酸盐和硝酸盐的检出限分别为 0.2 mg/kg 和 0.4 mg/kg。

二、分光光度法

1. 原理　亚硝酸盐采用盐酸萘乙二胺法测定，硝酸盐采用镉柱还原法测定。试样经沉淀蛋白质、除去脂肪后，在弱酸条件下，亚硝酸盐与对氨基苯磺酸重氮化后，再与盐酸萘乙二胺偶合形成紫红色染料，外标法测得亚硝酸盐含量。采用镉柱将硝酸盐还原成亚硝酸盐，测得亚硝酸盐总量，用测得的亚硝酸盐总量减去试样中亚硝酸盐含量，即得试样中硝酸盐含量。

2. 仪器 天平（感量为 0.1 mg 和 1 mg），组织捣碎机，超声波清洗器，恒温干燥箱，分光光度计，镉柱或镀铜镉柱。

（1）海绵状镉的制备。镉粒直径为 0.3～0.8 mm。将适量的锌棒放入烧杯中，用 40 g/L 硫酸镉溶液浸没锌棒。在 24 h 之内，不断将锌棒上的海绵状镉轻轻刮下。取出残余锌棒，使镉沉底，倾去上层溶液。用水冲洗海绵状镉 2～3 次后，将镉转移至搅拌器中，加 400 mL 盐酸（0.1 mol/L），搅拌数秒，以得到所需粒径的镉颗粒。将制得的海绵状镉倒回烧杯中，静置 3～4 h，其间搅拌数次，以除去气泡。倾去海绵状镉中的溶液，并按下述方法进行镉粒镀铜。

（2）镉粒镀铜。将制得的镉粒置于锥形瓶中（所用镉粒的量以达到要求的镉柱高度为准），加足量的盐酸（2 mol/L）浸没镉粒，振荡 5 min，静置分层，倾去上层溶液，用水多次冲洗镉粒。在镉粒中加入 20 g/L 硫酸铜溶液（每克镉粒约需 2.5 mL），振荡 1 min，静置分层，倾去上层溶液后，立即用水冲洗镀铜镉粒（注意镉粒要始终用水浸没），直至冲洗的水中不再有铜沉淀。

（3）镉柱的装填。如图 5 - 2 所示，用水装满镉柱玻璃柱，并装入约 2 cm 高的玻璃棉作垫，将玻璃棉压向柱底时，应将其中所包含的空气全部排出，在轻轻敲击下，加入海绵状镉至 8～10 cm（图 5 - 2 装置 A）或 15～20 cm（图 5 - 2 装置 B），上面用 1 cm 高的玻璃棉覆

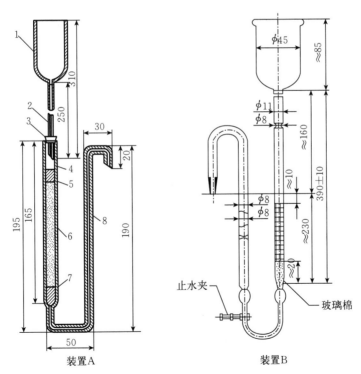

图 5 - 2　镉柱示意图（单位：mm）

1. 储液漏斗（内径 35 mm，外径 37 mm）　2. 进液毛细管（内径 0.4 mm，外径 6 mm）

3. 橡皮塞　4. 镉柱玻璃管（内径 12 mm，外径 16 mm）　5、7. 玻璃棉

6. 海绵状镉　8. 出液毛细管（内径 2 mm，外径 8 mm）

盖。若使用装置 B，则上置一储液漏斗，末端要穿过橡皮塞与镉柱玻璃管紧密连接。无上述镉柱玻璃管时，可以 25 mL 酸式滴定管代替，但过柱时要注意始终保持液面在镉层之上。镉柱填装好后，先用 25 mL 盐酸（0.1 mol/L）洗涤，再以水洗 2 次，每次 25 mL，镉柱不用时用水封盖，随时都要保持水平面在镉层之上，不得使镉层夹有气泡。

（4）洗涤。镉柱每次使用完毕后，应先用 25 mL 盐酸（0.1 mol/L）洗涤，再用水洗 2 次，每次 25 mL，最后用水覆盖镉柱。

（5）镉柱还原效率的测定。吸取 20 mL 硝酸钠标准使用液，加入 5 mL 氨缓冲液的稀释液，混匀后注入储液漏斗，使流经镉柱还原，用一个 100 mL 的容量瓶收集洗提液。洗提液的流量不应超过 6 mL/min，在储液杯将要排空时，用约 15 mL 水冲洗杯壁。冲洗水流尽后，再用 15 mL 水重复冲洗，第 2 次冲洗水也流尽后，将储液杯灌满水，并使其以最大流量流过柱子。当容量瓶中的洗提液接近 100 mL 时，从柱子下取出容量瓶，用水定容至刻度，混匀。取 10.0 mL 还原后的溶液（相当于 10 μg 亚硝酸钠）于 50 mL 比色管中。另吸取 0.00 mL、0.20 mL、0.40 mL、0.60 mL、0.80 mL、1.00 mL、1.50 mL、2.00 mL、2.50 mL 亚硝酸钠标准使用液（相当于 0.0 μg、1.0 μg、2.0 μg、3.0 μg、4.0 μg、5.0 μg、7.5 μg、10.0 μg、12.5 μg 亚硝酸钠），分别置于 50 mL 带塞比色管中。于标准管与试样管中分别加入 2 mL 对氨基苯磺酸溶液（4 g/L），混匀，静置 3～5 min 后各加入 1 mL 盐酸萘乙二胺溶液（2 g/L），加水至刻度，混匀，静置 15 min，用 1 cm 比色杯，以零管调节零点，于波长 538 nm 处测吸光度，绘制标准曲线比较。同时做试剂空白试验。根据标准曲线计算测得结果，与加入量一致，还原效率大于 95％为符合要求。

（6）还原效率计算。

$$X = \frac{m_1}{10} \times 100\%$$

式中：X——还原效率，%；

　　　m_1——测得亚硝酸钠的含量，μg；

　　　10——测定用溶液相当亚硝酸钠的含量，μg。

3. 试剂　除非另有规定，本方法所用试剂均为分析纯。水为 GB/T 6682—2008《分析实验室用水规格和试验方法》规定的一级水。

（1）亚铁氰化钾 $[K_4Fe(CN)_6 \cdot 3H_2O]$。

（2）乙酸锌 $[Zn(CH_3COO)_2 \cdot 2H_2O]$。

（3）冰乙酸（CH_3COOH）。

（4）硼酸钠（$Na_2B_4O_7 \cdot 10H_2O$）。

（5）盐酸（HCl，$\rho = 1.19$ g/mL）。

（6）氨水（$NH_3 \cdot H_2O$，25％）。

（7）对氨基苯磺酸（$C_6H_7NO_3S$）。

（8）盐酸萘乙二胺（$C_{12}H_{14}N_2 \cdot 2HCl$）。

（9）锌皮或锌棒。

（10）硫酸镉（$CdSO_4 \cdot 8H_2O$）。

（11）硫酸铜（$CuSO_4 \cdot 5H_2O$）。

（12）亚铁氰化钾溶液（106 g/L）：称取 106.0 g 亚铁氰化钾，用水溶解，并稀释至 1 000 mL。

（13）乙酸锌溶液（220 g/L）：称取 220.0 g 乙酸锌，先加 30 mL 冰乙酸溶解，用水稀释至 1 000 mL。

（14）饱和硼砂溶液（50 g/L）：称取 5.0 g 硼酸钠，溶于 100 mL 热水中，冷却后备用。

（15）氨缓冲溶液（pH 为 9.6～9.7）：量取 30 mL 盐酸，加 100 mL 水，混匀后加 65 mL 氨水，再加水稀释至 1 000 mL，混匀，调节 pH 为 9.6～9.7。

（16）氨缓冲液的稀释液：量取 50 mL 氨缓冲溶液（pH 为 9.6～9.7），加水稀释至 500 mL，混匀。

（17）盐酸（0.1 mol/L）：量取 8.3 mL 盐酸，用水稀释至 1 000 mL。

（18）盐酸（2 mol/L）：量取 167 mL 盐酸，用水稀释至 1 000 mL。

（19）盐酸（20%）：量取 20 mL 盐酸，用水稀释至 100 mL。

（20）对氨基苯磺酸溶液（4 g/L）：称取 0.4 g 对氨基苯磺酸，溶于 100 mL 盐酸（20%）中，混匀，置于棕色瓶中，避光保存。

（21）盐酸萘乙二胺溶液（2 g/L）：称取 0.2 g 盐酸萘乙二胺，溶于 100 mL 水中，混匀，置于棕色瓶中，避光保存。

（22）硫酸铜溶液（20 g/L）：称取 20 g 硫酸铜，加水溶解，并稀释至 1 000 mL。

（23）硫酸镉溶液（40 g/L）：称取 40 g 硫酸镉，加水溶解，并稀释至 1 000 mL。

（24）乙酸溶液（3%）：量取冰乙酸 3 mL 于 100 mL 容量瓶中，以水稀释至刻度，混匀。

（25）亚硝酸钠（$NaNO_2$，CAS 号为 7632 - 00 - 0）：基准试剂，或采用具有标准物质证书的亚硝酸盐标准溶液。

（26）硝酸钠（$NaNO_3$，CAS 号为 7631 - 99 - 4）：基准试剂，或采用具有标准物质证书的硝酸盐标准溶液。

（27）亚硝酸钠标准溶液（200 μg/mL，以亚硝酸钠计）：准确称取 0.100 0 g 110～120 ℃ 干燥至恒重的亚硝酸钠，加水溶解，移入 500 mL 容量瓶中，加水稀释至刻度，混匀。

（28）硝酸钠标准溶液（200 μg/mL，以亚硝酸钠计）：准确称取 0.123 2 g 110～120 ℃ 干燥至恒重的硝酸钠，加水溶解，移入 500 mL 容量瓶中，并稀释至刻度。

（29）亚硝酸钠标准使用液（5.0 μg/mL）：临用前，吸取 2.50 mL 亚硝酸钠标准溶液，置于 100 mL 容量瓶中，加水稀释至刻度。

（30）硝酸钠标准使用液（5.0 μg/mL，以亚硝酸钠计）：临用前，吸取 2.50 mL 硝酸钠标准溶液，置于 100 mL 容量瓶中，加水稀释至刻度。

4. 方法

（1）试样预处理。

① 蔬菜、水果。将新鲜蔬菜、水果试样用自来水洗净后，用水冲洗，晾干后，取可食部分切碎混匀。将切碎的样品用四分法取适量，用食物粉碎机制成匀浆，备用。如需加水应记录加水量。

② 粮食及其他植物样品。除去可见杂质后，取有代表性试样 50～100 g，粉碎后，过

0.30 mm 筛，混匀，备用。

③ 肉类、蛋、水产及其制品。用四分法取适量或取全部，用食物粉碎机制成匀浆，备用。

④ 乳粉、豆奶粉、婴儿配方粉等固态乳制品（不包括干酪）。将试样装入能够容纳 2 倍试样体积的带盖容器中，通过反复摇晃和颠倒容器使样品充分混匀直到试样均一化。

⑤ 发酵乳、乳、炼乳及其他液体乳制品。通过搅拌或反复摇晃和颠倒容器使试样充分混匀。

⑥ 干酪。取适量的样品研磨成均匀的泥浆状。为避免水分损失，研磨过程中应避免产生过多的热量。

（2）提取。

① 干酪。称取试样 2.5 g（精确至 0.001 g），置于 150 mL 具塞锥形瓶中，加水 80 mL，摇匀，超声 30 min，取出放置至室温，定量转移至 100 mL 容量瓶中，加入 3% 乙酸溶液 2 mL，加水稀释至刻度，混匀。于 4 ℃ 条件下放置 20 min，取出放置至室温，溶液经滤纸过滤，滤液备用。

② 液体乳样品。称取试样 90 g（精确至 0.001 g），置于 250 mL 具塞锥形瓶中，加 12.5 mL 饱和硼砂溶液，加入 70 ℃ 左右的水约 60 mL，混匀，沸水浴加热 15 min，取出置于冷水浴中冷却，并放置至室温。定量转移上述提取液至 200 mL 容量瓶中，加入 5 mL 亚铁氰化钾溶液（106 g/L），摇匀，再加入 5 mL 乙酸锌溶液（220 g/L），以沉淀蛋白质。加水至刻度，摇匀，放置 30 min，除去上层脂肪，上清液用滤纸过滤，滤液备用。

③ 乳粉。称取试样 10 g（精确至 0.001 g），置于 150 mL 具塞锥形瓶中，加 12.5 mL 饱和硼砂溶液（50 g/L），加入 70 ℃ 左右的水约 150 mL，混匀，沸水浴加热 15 min，取出置于冷水浴中冷却，并放置至室温。定量转移上述提取液至 200 mL 容量瓶中，加入 5 mL 亚铁氰化钾溶液（106 g/L），摇匀，再加入 5 mL 乙酸锌溶液（220 g/L），以沉淀蛋白质。加水至刻度，摇匀，放置 30 min，除去上层脂肪，上清液用滤纸过滤，弃去初滤液 30 mL，滤液备用。

④ 其他样品。称取 5 g（精确至 0.001 g）匀浆试样（如制备过程中加水，应按加水量折算），置于 250 mL 具塞锥形瓶中，加 12.5 mL 饱和硼砂溶液（50 g/L），加入 70 ℃ 左右的水约 150 mL，混匀，沸水浴加热 15 min，取出置于冷水中冷却，并放置至室温。定量转移上述提取液至 200 mL 容量瓶中，加入 5 mL 亚铁氰化钾溶液（106 g/L），摇匀，再加入 5 mL 乙酸锌溶液（220 g/L），以沉淀蛋白质。加水至刻度，摇匀，放置 30 min，除去上层脂肪，上清液用滤纸过滤，弃去初滤液 30 mL，滤液备用。

（3）亚硝酸盐的测定。吸取 40.0 mL 上述滤液于 50 mL 带塞比色管中，另吸取 0.00 mL、0.20 mL、0.40 mL、0.60 mL、0.80 mL、1.00 mL、1.50 mL、2.00 mL、2.50 mL 亚硝酸钠标准使用液（相当于 0.0 μg、1.0 μg、2.0 μg、3.0 μg、4.0 μg、5.0 μg、7.5 μg、10.0 μg、12.5 μg 亚硝酸钠），分别置于 50 mL 带塞比色管中。向标准管与试样管中分别加 2 mL 对氨基苯磺酸溶液（4 g/L），混匀，静置 3～5 min 后各加入 1 mL 盐酸萘乙二胺溶液（2 g/L），加水至刻度，混匀，静置 15 min，用 1 cm 比色杯，以零管调节零点，于波长 538 nm 处测吸光度，绘制标准曲线比较。同时做试剂空白试验。

（4）硝酸盐的测定。

① 镉柱还原。先以 25 mL 氨缓冲液的稀释液冲洗镉柱，流速控制在 3～5 mL/min（以滴定管代替的可控制在 2～3 mL/min）。吸取 20 mL 滤液于 50 mL 烧杯中，加 5 mL 氨缓冲溶液（pH 为 9.6～9.7），混合后注入储液漏斗，使流经镉柱还原，当储液杯中的样液流尽后，加 15 mL 水冲洗烧杯，再倒入储液杯中。冲洗水流完后，再用 15 mL 水重复 1 次。当第 2 次冲洗水快流尽时，将储液杯装满水，以最大流速过柱。当容量瓶中的洗提液接近 100 mL 时，取出容量瓶，用水定容至刻度，混匀。

② 亚硝酸钠总量的测定。吸取 10～20 mL 还原后的样液于 50 mL 比色管中。另吸取 0.00 mL、0.20 mL、0.40 mL、0.60 mL、0.80 mL、1.00 mL、1.50 mL、2.00 mL、2.50 mL 亚硝酸钠标准使用液（相当于 0.0 μg、1.0 μg、2.0 μg、3.0 μg、4.0 μg、5.0 μg、7.5 μg、10.0 μg、12.5 μg 亚硝酸钠），分别置于 50 mL 带塞比色管中。向标准管与试样管中分别加 2 mL 对氨基苯磺酸溶液（4 g/L），混匀，静置 3～5 min 后各加入 1 mL 盐酸萘乙二胺溶液（2 g/L），加水至刻度，混匀，静置 15 min，用 1 cm 比色杯，以零管调节零点，于波长 538 nm 处测吸光度，绘制标准曲线比较。

同时做空白试验。

5. 计算

（1）亚硝酸盐含量计算。

$$X_1 = \frac{m_2 \times 1\,000}{m_3 \times \dfrac{V_1}{V_0} \times 1\,000}$$

式中：X_1——试样中亚硝酸钠的含量，mg/kg；

$\quad\quad m_2$——测定用样液中亚硝酸钠的质量，μg；

$\quad 1\,000$——单位换算系数；

$\quad\quad m_3$——试样质量，g；

$\quad\quad V_1$——测定用样液体积，mL；

$\quad\quad V_0$——试样处理液总体积，mL。

结果保留两位有效数字。

（2）硝酸盐含量的计算。

$$X_2 = \left[\frac{m_4 \times 1\,000}{m_5 \times \dfrac{V_3}{V_2} \times \dfrac{V_5}{V_4} \times 1\,000} - X_1\right] \times 1.232$$

式中：X_2——试样中硝酸钠的含量，mg/kg；

$\quad\quad m_4$——经镉粉还原后测得总亚硝酸钠的质量，μg；

$\quad 1\,000$——单位换算系数；

$\quad\quad m_5$——试样的质量，g；

$\quad\quad V_3$——测总亚硝酸钠的测定用样液体积，mL；

$\quad\quad V_2$——试样处理液总体积，mL；

$\quad\quad V_5$——经镉柱还原后样液的测定用体积，mL；

$\quad\quad V_4$——经镉柱还原后样液总体积，mL；

X_1——试样中亚硝酸钠的含量，mg/kg；

1.232——亚硝酸钠换算成硝酸钠的系数。

结果保留两位有效数字。在重复性条件下获得的两次独立测定结果的绝对差值不得超过算术平均值的 10％。

6. 注意 此法中亚硝酸盐检出限：液体乳为 0.06 mg/kg，乳粉为 0.5 mg/kg，干酪及其他为 1 mg/kg；硝酸盐检出限：液体乳为 0.6 mg/kg，乳粉为 5 mg/kg，干酪及其他为 10 mg/kg。

火腿中发色剂亚硝酸盐的测定

【实训目的】学会并掌握分光光度法测定火腿中发色剂亚硝酸盐的含量。

【实训原理】试样经沉淀蛋白质、除去脂肪后，在弱酸条件下，亚硝酸盐与对氨基苯磺酸重氮化后，再与盐酸萘乙二胺偶合形成紫红色染料，外标法测得亚硝酸盐含量。采用镉柱将硝酸盐还原成亚硝酸盐，测得亚硝酸盐总量，由测得的亚硝酸盐总量减去试样中亚硝酸盐含量，即得试样中硝酸盐含量。

【实训仪器】分光光度计。

【实训试剂】除非另有规定，本方法所用试剂均为分析纯。水为 GB/T 6682—2008《分析实验室用水规格和试验方法》规定的一级水。

1. 亚铁氰化钾溶液（106 g/L） 称取 106.0 g 亚铁氰化钾，用水溶解，并稀释至1 000 mL。

2. 乙酸锌溶液（220 g/L） 称取 220.0 g 乙酸锌，先加 30 mL 冰醋酸溶解，用水稀释至1 000 mL。

3. 饱和硼砂溶液（50 g/L） 称取 5.0 g 硼酸钠，溶于 100 mL 热水中，冷却后备用。

4. 对氨基苯磺酸溶液（4 g/L） 称取 0.4 g 对氨基苯磺酸，溶于 100 mL 盐酸（20％，体积比）中，置于棕色瓶中混匀，避光保存。

5. 盐酸萘乙二胺溶液（2 g/L） 称取 0.2 g 盐酸萘乙二胺，溶于 100 mL 水中，混匀后，置于棕色瓶中，避光保存。

6. 亚硝酸钠标准溶液（200 μg/mL） 准确称取 0.100 0 g 110～120 ℃干燥至恒重的亚硝酸钠，加水溶解，移入 500 mL 容量瓶中，加水稀释至刻度，混匀。

7. 亚硝酸钠标准使用液（5.0 μg/mL） 临用前，吸取 2.50 mL 亚硝酸钠标准溶液，置于 100 mL 容量瓶中，加水稀释至刻度。

【操作步骤】

1. 试样预处理 称取 5 g（精确至 0.001 g）火腿匀浆试样（如制备过程中加水，应按加水量折算），置于 250 mL 具塞锥形瓶中，加 12.5 mL 饱和硼砂溶液（50 g/L），加入 70 ℃左右的水约 150 mL，混匀，沸水浴加热 15 min，取出置于冷水中冷却，并放置至室温。定量转移上述提取液至 200 mL 容量瓶中，加入 5 mL 亚铁氰化钾溶液（106 g/L），摇匀，再加入 5 mL 乙酸锌溶液（220 g/L），以沉淀蛋白质。加水至刻度，摇匀，放置 30 min，除去上层脂肪，上清液用滤纸过滤，弃去初滤液 30 mL，滤液备用。

2. 试样测定　吸取 40.0 mL 上述滤液于 50 mL 带塞比色管中，另吸取 0.00 mL、0.20 mL、0.40 mL、0.60 mL、0.80 mL、1.00 mL、1.50 mL、2.00 mL、2.50 mL 亚硝酸钠标准使用液（相当于 0.0 μg、1.0 μg、2.0 μg、3.0 μg、4.0 μg、5.0 μg、7.5 μg、10.0 μg、12.5 μg 亚硝酸钠），分别置于 50 mL 带塞比色管中。向标准管与试样管中分别加 2 mL 对氨基苯磺酸溶液（4 g/L），混匀，静置 3～5 min 后各加入 1 mL 盐酸萘乙二胺溶液（2 g/L），加水至刻度，混匀，静置 15 min，用 1 cm 比色杯，以零管调节零点，于波长 538 nm 处测吸光度，绘制标准曲线比较。同时做试剂空白试验。

【结果计算】

$$X_1 = \frac{m_2 \times 1\,000}{m_3 \times \dfrac{V_1}{V_0} \times 1\,000}$$

式中：X_1——试样中亚硝酸钠的含量，mg/kg；

　　　m_2——测定用样液中亚硝酸钠的质量，μg；

　　1 000——单位换算系数；

　　　m_3——试样质量，g；

　　　V_1——测定用样液体积，mL；

　　　V_0——试样处理液总体积，mL。

结果保留两位有效数字。在重复性条件下获得的两次独立测定结果的绝对差值不得超过算术平均值的 10%。

任务四　漂白剂测定

漂白剂是指能够破坏、抑制食品发色因素，使其褪色或使食品免于褐变的物质。我国允许使用的漂白剂主要有亚硫酸钠（Na_2SO_3）、亚硫酸氢钠（$NaHSO_3$）、低亚硫酸钠（$Na_2S_2O_4$）、焦亚硫酸钠（$Na_2S_2O_5$）和硫黄燃烧生成的二氧化硫。这些漂白剂通过解离生成亚硫酸，亚硫酸具有还原性，具有漂白、脱色、防腐和抗氧化作用。

漂白剂可使食品中的有色物质经化学作用分解转变为无色物质，或使其褪色，可分为还原型和氧化型两类。我国使用的大都是以亚硫酸类化合物为主的还原型漂白剂，通过产生的二氧化硫的还原作用而使食品漂白。

一、滴定法（GB 5009.34—2016）

1. 原理　在密闭容器中对样品进行酸化、蒸馏，蒸馏物用乙酸铅溶液吸收。吸收后的溶液用盐酸酸化，用碘标准溶液滴定，根据所消耗的碘标准溶液量计算出样品中的二氧化硫含量。

2. 仪器

（1）全玻璃蒸馏器：500 mL，或等效的蒸馏设备。

（2）酸式滴定管：25 mL 或 50 mL。

（3）剪切式粉碎机。

（4）碘量瓶：500 mL。

3. 试剂 除非另有说明，本方法所用试剂均为分析纯，水为 GB/T 6682—2008《分析实验室用水规格和试验方法》规定的三级水。

（1）盐酸（HCl）。

（2）硫酸（H_2SO_4）。

（3）可溶性淀粉 $[(C_6H_{10}O_5)_n]$。

（4）氢氧化钠（NaOH）。

（5）碳酸钠（Na_2CO_3）。

（6）乙酸铅（$C_4H_6O_4Pb$）。

（7）硫代硫酸钠（$Na_2S_2O_3 \cdot 5H_2O$）或无水硫代硫酸钠（$Na_2S_2O_3$）。

（8）碘（I_2）。

（9）碘化钾（KI）。

（10）盐酸溶液（1+1）：量取 50 mL 盐酸，缓缓倾入 50 mL 水中，边加边搅拌。

（11）硫酸溶液（1+9）：量取 10 mL 硫酸，缓缓倾入 90 mL 水中，边加边搅拌。

（12）淀粉指示液（10 g/L）：称取 1 g 可溶性淀粉，用少许水调成糊状，缓缓倾入 100 mL 沸水中，边加边搅拌，煮沸 2 min，放冷备用，临用现配。

（13）乙酸铅溶液（20 g/L）：称取 2 g 乙酸铅，溶于少量水中并稀释至 100 mL。

（14）重铬酸钾（$K_2Cr_2O_7$）：优级纯，纯度≥99%。

（15）硫代硫酸钠标准溶液（0.1 mol/L）：称取 25 g 含结晶水的硫代硫酸钠或 16 g 无水硫代硫酸钠溶于 1 000 mL 新煮沸放冷的水中，加入 0.4 g 氢氧化钠或 0.2 g 碳酸钠，摇匀，储存于棕色瓶内，放置两周后过滤，用重铬酸钾标准溶液标定其准确浓度。或购买有证书的硫代硫酸钠标准溶液。

（16）碘标准溶液 $[c(1/2\ I_2)=0.10\ \text{mol/L}]$：称取 13 g 碘和 35 g 碘化钾，加水约 100 mL，溶解后加入 3 滴盐酸，用水稀释至 1 000 mL，过滤后转入棕色瓶。使用前用硫代硫酸钠标准溶液标定。

（17）重铬酸钾标准溶液 $[c(1/6K_2Cr_2O_7)=0.100\ 0\ \text{mol/L}]$：准确称取 4.903 1 g 已于（120±2）℃电烘箱中干燥至恒重的重铬酸钾，溶于水并转移至 1 000 mL 容量瓶中，定容至刻度。或购买有证书的重铬酸钾标准溶液。

（18）碘标准溶液 $[c(1/2\ I_2)=0.010\ 00\ \text{mol/L}]$：将 0.100 0 mol/L 碘标准溶液用水稀释 10 倍。

4. 方法

（1）样品制备。将果脯、干菜、米粉类、粉条和食用菌适当剪成小块，再用剪切式粉碎机剪碎，搅拌均匀，备用。

（2）样品蒸馏。称取 5 g 均匀样品（精确至 0.001 g，取样量可视含量高低而定），液体样品可直接吸取 5.00～10.00 mL 样品，置于蒸馏烧瓶中。加入 250 mL 水，装上冷凝装置，冷凝管下端插入备有 25 mL 乙酸铅吸收液的碘量瓶的液面下，然后在蒸馏瓶中加入 10 mL 盐酸溶液，立即盖塞，加热蒸馏。当蒸馏液约为 200 mL 时，使冷凝管下端离开液面，再蒸馏 1 min。用少量蒸馏水冲洗插入乙酸铅溶液的装置部分。同时做空白试验。

（3）滴定。向取下的碘量瓶中依次加入 10 mL 盐酸、1 mL 淀粉指示液，摇匀之后用碘标准溶液滴定至溶液颜色变蓝且 30 s 内不褪色，记录消耗的碘标准滴定溶液的体积。

5. 计算

$$X = \frac{(V - V_0) \times 0.032 \times c \times 1\,000}{m}$$

式中：X——试样中的二氧化硫总含量（以 SO_2 计），g/kg 或 g/L；

V——滴定样品所用的碘标准溶液的体积，mL；

V_0——空白试验所用的碘标准溶液的体积，mL；

0.032——1 mL 碘标准溶液 $[c\,(1/2\,I_2) = 0.10\,mol/L]$ 相当于二氧化硫的质量，g；

c——碘标准溶液浓度，mol/L；

m——试样质量或体积，g 或 mL；

1 000——单位换算系数。

计算结果以重复性条件下获得的两次独立测定结果的算术平均值表示，当二氧化硫含量 ≥1 g/kg（或 1 g/L）时，结果保留三位有效数字；当二氧化硫含量＜1 g/kg（或 1 g/L）时，结果保留两位有效数字。在重复性条件下获得的两次独立测试结果的绝对差值不得超过算术平均值的 10%。

6. 注意

（1）当取 5 g 固体样品时，方法的检出限（LOD）为 3.0 mg/kg，定量限为 10.0 mg/kg；当取 10 mL 液体样品时，方法的检出限（LOD）为 1.5 mg/L，定量限为 5.0 mg/L。

（2）此法适用于果脯、干菜、米粉类、粉条、砂糖、食用菌和葡萄酒等食品中总二氧化硫的测定。

二、比色法（GB 5009.244—2016）

1. 原理　试样中的二氧化氯用磷酸盐缓冲溶液提取，经冷冻离心，纤维滤纸过滤，以甘氨酸作掩蔽剂，消除溶液中 Cl_2、ClO^- 等物质的假阳性干扰，加入 N, N-二乙基-对苯二胺（DPD）显色剂与二氧化氯显色，采用分光光度计在 552 nm 处测定其最大吸光度，从而确定食品中二氧化氯的含量。

2. 仪器

（1）紫外-可见分光光度计。

（2）均质器：≥8 000 r/min。

（3）离心机：≥10 000 r/min。

（4）具塞锥形瓶：100 mL。

（5）滤膜：0.22 μm。

（6）移液管：1.0 mL、2.0 mL、5.0 mL、10.0 mL。

（7）分析天平。

3. 试剂　除非另有说明，所用试剂均为分析纯，水为 GB/T 6682—2008《分析实验室用水规格和试验方法》规定的二级水。

（1）甘氨酸（$C_2H_5NO_2$）。

（2）乙二胺四乙酸二钠（Na_2EDTA）（$C_{10}H_{14}N_2Na_2O_8$）。

（3）碘化钾（KI）：纯度为 99.5%。

（4）亚氯酸钠（$NaClO_2$）。

（5）乙酸（CH_3COOH）。

（6）硫酸（H_2SO_4）。

（7）无水硫酸钠（Na_2SO_4）。

（8）氢氧化钠（NaOH）。

（9）磷酸二氢钾（KH_2PO_4）。

（10）N，N-二乙基-对苯二胺（DPD）。

（11）硫代硫酸钠（$Na_2S_2O_3$）。

（12）可溶性淀粉。

（13）重铬酸钾（$Cr_2K_2O_7$）。

（14）高纯氮气。

（15）DPD 显色剂（1 g/L）：称取 1 g DPD 溶于含 8 mL 硫酸溶液（1+3）和 200 mg Na_2EDTA 的无氯二级水中，并用无氯二级水稀释至 1 000 mL，储于具玻塞的棕色玻璃瓶中，置于暗处。

（16）无氧化性氯二级水：向二级水中加入亚硫酸钠，将氧化性氯还原为氯离子（以 DPD 检查不显色），再进行蒸馏，所得水为无氧化性氯二级水。

（17）甘氨酸溶液（10%）：取 10 g 甘氨酸，用水溶解，定容至 100 mL。

（18）氢氧化钠溶液（2 mol/L）：称取 80 g 氢氧化钠，用水溶解，定容至 1 L。

（19）氢氧化钠溶液（0.1 mol/L）：称取 4 g 氢氧化钠，用水溶解，定容至 1 L。

（20）硫酸溶液（1 mol/L）：量取 98.4% 的硫酸 54 mL，缓慢地加入约 300 mL 蒸馏水中，冷却以后，转移到容量瓶中，把容器用约 20 mL 蒸馏水洗涤 3 次，也转移到容量瓶中，用水定容至 1 L。

（21）磷酸二氢钾溶液［c（KH_2PO_4）=0.1 mol/L］：称取 13.61 g 磷酸二氢钾溶液，用水溶解，定容至 1 L。

（22）磷酸盐缓冲液（pH=6.5）：取 500 mL 磷酸二氢钾溶液（0.1 mol/L）和 81 mL 氢氧化钠溶液（0.1 mol/L），用水稀释至 1 L。

（23）亚氯酸钠饱和溶液：取适量亚氯酸钠于烧杯内，加少量水，搅拌使其成为饱和溶液（亚氯酸钠的溶解度相当高，按所需用量配制）。

（24）硫代硫酸钠标准溶液的配制［c（$Na_2S_2O_3$）=0.100 0 mol/L］：称取 16 g 无水硫酸钠，溶于 1 L 水中，加热煮沸 10 min，冷却，避光两周后过滤备用。

（25）硫代硫酸钠标准溶液的标定［c（$Na_2S_2O_3$）=0.100 0 mol/L］：称取 0.15 g 120 ℃ 烘至恒重的基准重铬酸钾，精确至 0.000 1 g，置于碘量瓶中，加入 25 mL 水，溶解后加入 2 g 碘化钾及 20 mL 硫酸溶液（20%），摇匀，于暗处放置 10 min。加 150 mL 水，用配制好的硫代硫酸钠标准溶液（0.100 0 mol/L）滴定，近终点时加入 3 mL 淀粉指示液（5 g/L），继续滴定至溶液由蓝色变为亮绿色。同时做空白试验。

（26）淀粉指示剂（5 g/L）：称取 5.0 g 淀粉放入 50 mL 烧杯，量取 1 L 蒸馏水，先用数滴把淀粉调成糊状，再取约 900 mL 水加热至微沸，倒入糊状淀粉，再用剩余蒸馏水冲洗 50 mL 烧杯 3 次，将洗液倒入烧杯，然后再加入 1 滴 10% 的盐酸，微沸 3 min。

（27）淀粉溶液（1%）：称取 1 g 可溶性淀粉，用少许水将其调成糊状，用 100 mL 沸水将其溶解，再加热煮沸至澄清。

（28）二氧化氯标准储备溶液的制备。图 5-3 所示为二氧化氯的发生及吸收装置，在 A 瓶中放入 300 mL 纯水，将 A 瓶一端玻璃管与空气压缩机相接，另一玻璃管与 B 瓶相连。B 瓶为高强度硼硅玻璃瓶，瓶口有 3 根玻璃管。第一根玻璃管插至离瓶底 5 mm 处，用以引进空气；第二根玻璃管上接带刻度的圆柱形分液漏斗，下端伸至液面下；第三根玻璃管下端离开液面，上端与 C 瓶相接。溶解 10 g 亚氯酸钠于 750 mL 纯水中并倒入 B 瓶中，在分液漏斗中装有 20 mL 硫酸溶液。C 瓶为装有亚氯酸钠饱和溶液的洗气塔。D 瓶为 2 L 硼硅玻璃收集瓶，瓶中装有 1 500 mL 纯水，用以吸收所产生的二氧化氯，余气由排气管排出。整套装置应放入通风橱内。

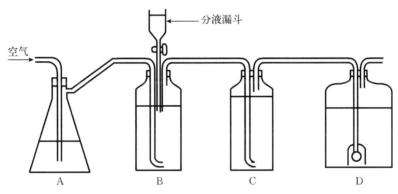

图 5-3　二氧化氯的发生及吸收装置

启动空气压缩机，使空气均匀地通过整个装置。每隔 5 min 由分液漏斗加入 5 mL 硫酸溶液，加完最后一次硫酸溶液后，空气流量要持续 30 min。

将所获得的黄色二氧化氯储备溶液放入棕色瓶中盖上瓶塞、密封后于冷藏箱中保存。其质量浓度约为 250～600 mg/L，相当于 500～1 200 mg/L 有效氯（Cl_2）。

（29）二氧化氯标准储备溶液的标定。向 250 mL 碘量瓶内加入 100 mL 纯水、1 g 碘化钾及 5 mL 乙酸，摇动碘量瓶使碘化钾完全溶解。加入 10.00 mL 二氧化氯标准溶液，在暗处放置 5 min。用 0.1 mol/L 硫代硫酸钠标准溶液滴定至溶液呈淡黄色时，加入 1 mL 淀粉溶液，继续滴定至终点。按以上步骤加入相同量的试剂（仅不加二氧化氯），用硫代硫酸钠标准溶液滴定至蓝色消失，记录空白用量。

二氧化氯标准储备溶液的浓度计算：

$$\rho\,(ClO_2)=\frac{c\times(V_1-V_0)\times13.49}{V_2}$$

式中：$\rho\,(ClO_2)$——二氧化氯标准储备溶液的浓度，mg/mL；

　　　　c——硫代硫酸钠标准溶液的浓度，mol/L；

　　　　V_1——滴定二氧化氯所用硫代硫酸钠标准溶液的体积，mL；

V_0——滴定空白所用硫代硫酸钠标准溶液的体积，mL；

V_2——二氧化氯体积，mL；

13.49——与 1.00 mL 硫代硫酸钠标准溶液（0.100 0 mol/L）相当的以毫克表示的二氧化氯的质量。

（30）二氧化氯标准溶液的配制。1 mL 溶液含二氧化氯（ClO_2）0.25 mg，根据测定的二氧化氯储液的浓度，吸取一定量二氧化氯标准储备液，用无氯二级水进行稀释。该溶液即用即配。

4. 方法

（1）试样制备。从所取全部样品中取出有代表性的样品约 1 kg，经捣碎机充分捣碎均匀，均分成两份，分别装到洁净容器内作为试样。密封并加贴标签。

（2）试样保存。将试样于 −18 ℃ 以下冷冻保存。在抽样及制样的操作过程中，应防止样品受到污染或发生残留物含量的变化。

（3）提取。称取水果及蔬菜试样 1.00 g（精确至 0.01 g）于 50 mL 离心管中，加入 20 mL 磷酸盐缓冲溶液（pH=6.5），8 000 r/min 均质提取 3 min，于高速离心机中 10 000 r/min 冷冻离心 10 min，取出，用纤维滤纸过滤于 10 mL 具塞比色管中，供分光光度计测定使用。

（4）标准曲线的绘制。向一系列 10 mL 具塞比色管中加入一定量的二氧化氯标准使用溶液，使各管中的浓度相当于 0.00 mg/L、0.05 mg/L、0.10 mg/L、0.50 mg/L、1.00 mg/L、2.00 mg/L、5.00 mg/L 的二氧化氯标准溶液。

分别加入 1.0 mL 磷酸盐缓冲液（pH=6.5）和 1.0 mL DPD 溶液（1 g/L）、1.0 mL 甘氨酸溶液，定容至刻度，摇匀，在 60 s 内，用 1 cm 比色皿在 552 nm 处测定吸光度，以标准工作液的浓度为横坐标，以响应值（吸收值）为纵坐标，绘制标准曲线。

（5）样品中二氧化氯的测定。取 5 mL 滤液于 10 mL 具塞比色管中，向滤液中加入 1 mL 甘氨酸溶液（10%）混合，加入 1 mL 磷酸盐缓冲液（pH=6.5）和 1.0 mL DPD 溶液（1 g/L），用水定容至 10 mL，摇匀。立即在 60 s 内，用 1 cm 比色皿在 552 nm 处测定吸光度，根据标准曲线求出二氧化氯的浓度。

注：整个操作过程需避光。

5. 计算

$$X = \frac{(c - c_0) \times V}{m}$$

式中：X——试样中二氧化氯的含量，mg/kg；

c——样液中二氧化氯的浓度，mg/L；

c_0——空白中二氧化氯的浓度，mg/L；

V——样液最终定容体积，mL；

m——最终样液所代表的试样质量，g。

计算结果保留至小数点后两位。在重复性条件下获得的两次独立测定结果的绝对差值不得超过算术平均值的 10%。

6. 注意

（1）方法检出限为 0.65 mg/kg，水果及蔬菜的定量限为 2.00 mg/kg。

（2）此法适用于蔬菜、水果、畜禽肉、水产品中二氧化氯的测定。

📝 **实训操作**

果脯中漂白剂二氧化硫的测定

【实训目的】学会并掌握气相色谱法测定果脯中抗氧化剂二丁基羟基甲苯（BHT）的含量。学会并掌握蒸馏法测定果脯中漂白剂二氧化硫的含量。

【实训原理】在密闭容器中对试样进行酸化并加热蒸馏，以释放出其中的二氧化硫，释放物用乙酸铅溶液吸收。吸收后用浓酸酸化，再以碘标准溶液滴定，根据所消耗的碘标准溶液量计算出试样中的二氧化硫的含量。

【实训仪器】全玻璃蒸馏器、碘量瓶、酸式滴定管。

【实训试剂】

1. 盐酸（1+1） 浓盐酸用水稀释一倍。

2. 乙酸铅溶液（20 g/L） 称取 2 g 乙酸铅，溶于少量水中并稀释至 100 mL。

3. 碘标准溶液 $[c \, (1/2 \, I_2)=0.010 \, mol/L]$

4. 淀粉指示液（10 g/L） 称取 1 g 可溶性淀粉，用少许水调成糊状，缓缓倾入 100 mL 沸水中，随加随搅拌，煮沸 2 min，放冷，备用，此溶液应临用时新制。

【操作步骤】

1. 制备 果脯用刀切或剪刀剪成碎末后混匀，称取约 5.00 g 均匀试样（试样量可视漂白剂含量高低而定）。

2. 蒸馏 将称好的试样置于圆底蒸馏烧瓶中，加入 250 mL 水，装上冷凝装置，冷凝管下端应插入碘量瓶中的 25 mL 乙酸铅（20 g/L）吸收液中，然后在蒸馏瓶中加入 10 mL 盐酸（1+1），立即盖塞，加热蒸馏。当蒸馏液约为 200 mL 时，使冷凝管下端离开液面，再蒸馏 1 min。用少量蒸馏水冲洗插入乙酸铅溶液的装置部分。

3. 滴定 向取下的碘量瓶中依次加入 10 mL 浓盐酸、1 mL 淀粉指示液（10 g/L）。摇匀之后用碘标准滴定溶液（0.010 mol/L）滴定至变蓝且在 30 s 内不褪色。

同时要做空白试验。

【结果计算】

$$X=\frac{(V_1-V_2)\times 0.01\times 0.032\times 1\,000}{m}$$

式中：X——果脯中二氧化硫的含量，g/kg；

$\qquad V_1$——滴定试样所用碘标准溶液的体积，mL；

$\qquad V_2$——滴定空白所用碘标准溶液的体积，mL；

$\qquad m$——试样质量，g；

$\quad$ 0.032——1 mL 碘标准溶液 $[c \, (1/2 \, I_2)=1.0 \, mol/L]$ 相当于二氧化硫的质量，g；

$\quad$ 1 000——单位换算系数。

计算结果保留三位有效数字。在重复性条件下获得的两次独立测定结果的绝对值差不得超过算术平均值的 10％。

任务五 甜味剂测定（GB 5009.279—2016）

甜味剂是指赋予食品甜味，满足人们的嗜好，改进食品可口性及其加工工艺特性的食品添加剂。甜味剂按其来源可分为天然甜味剂和人工合成甜味剂，按其营养价值可分为营养型甜味剂与非营养型甜味剂。常用的甜味剂有糖精钠、甜蜜素、木糖醇、山梨糖醇、甘露醇等。

一、示差折光检测法

1. 原理 试样经沉淀蛋白质后过滤，上清液进高效液相色谱仪，经氨基色谱柱或阳离子交换色谱柱分离，用示差折光检测器检测，用外标法定量。

2. 仪器

（1）高效液相色谱仪：具有示差折光检测器。

（2）色谱柱：氨基色谱柱（内径为 4.6 mm，柱长为 250 mm，粒径为 5 μm）或阳离子交换色谱柱（内径为 6.5 mm，柱长为 300 mm）。

（3）食品粉碎机。

（4）分析天平：感量为 0.1 mg 和 0.01 g。

（5）高速离心机：转速≥9 500 r/min。

（6）超声波清洗机：工作频率为 40 kHz，功率为 500 W。

3. 试剂 除非另有说明，本方法所用试剂均为分析纯，水为 GB/T 6682—2008《分析实验室用水规格和试验方法》规定的一级水。

（1）乙腈（CH_3CN）：色谱纯。

（2）三氯乙酸（CCl_3COOH）。

（3）无水碳酸钠（Na_2CO_3）。

（4）三氯乙酸溶液（100 g/L）：称取 10 g 三氯乙酸，加水溶解并定容至 100 mL。

（5）碳酸钠溶液（21.2 g/L）：称取 2.12 g 碳酸钠，加水溶解并定容至 100 mL，现用现配。

（6）木糖醇（$C_5H_{12}O_5$，CAS 号为 87-99-0）：纯度≥99％，或经国家认证并授予标准物质证书的标准物质。

（7）山梨醇（$C_6H_{14}O_6$，CAS 号为 50-70-4）：纯度≥99％，或经国家认证并授予标准物质证书的标准物质。

（8）麦芽糖醇（$C_{12}H_{24}O_{11}$，CAS 号为 585-88-6）：纯度≥99％，或经国家认证并授予标准物质证书的标准物质。

（9）赤藓糖醇（$C_4H_{10}O_4$，CAS 号为 149-32-6）：纯度≥99％，或经国家认证并授予标准物质证书的标准物质。

（10）标准储备液（40 mg/mL）：分别称取 400 mg（精确至 0.1 mg）木糖醇、山梨醇、麦芽糖醇、赤藓糖醇标准品，加水定容至 10 mL，4 ℃条件下密封可储藏 1 个月。

（11）标准工作液：分别准确移取各种糖醇标准储备液 40 μL、60 μL、80 μL、100 μL、

120 μL、150 μL，加水定容至 1 mL，配制成质量浓度分别为 1.6 mg/mL、2.4 mg/mL、3.2 mg/mL、4.0 mg/mL、4.8 mg/mL、6.0 mg/mL 的混合系列标准工作溶液。

4. 方法

（1）试样制备及前处理。对非蛋白饮料类，取样品至少 200 mL，充分混匀，置于密闭的容器内。称取 10 g 饮料于 50 mL 容量瓶中，加水定容至 50 mL，摇匀，用 0.22 μm 滤膜过滤后，上机测试。

对蛋白饮料类，取样品至少 200 g，置于密闭的容器内混匀。称取样品 5 g，置于 50 mL 容量瓶中，加入 35 mL 水，摇匀后超声 30 min，每隔 5 min 振荡混匀，取出后 9 000 r/min 离心 10 min。

沉淀蛋白质：在上清液中加入三氯乙酸溶液（100 g/L）5 mL，摇匀后室温条件下放置 30 min，9 500 r/min 离心 10 min。取 8 mL 上清液于 10 mL 容量瓶中并加水定容，摇匀后取滤液 850 μL，加入 150 μL 碳酸钠溶液（21.2 g/L），摇匀中和；或取 10 mL 上清液加入 20 mL 乙腈，摇匀后室温条件下放置 30 min，9 500 r/min 离心 10 min，将上清液定容至 50 mL，摇匀。用 0.22 μm 的微孔滤膜过滤，上机测试。

注：对糖醇含量较低、经乙腈沉淀稀释后低于检出限的样品，应采用三氯乙酸沉淀。对赤藓糖醇含量较低（≤1%）的样品，应采用乙腈沉淀。其他情况两种方法均可。

（2）氨基色谱柱的仪器参考条件。氨基柱：柱长为 250 mm，内径为 4.6 mm，粒径为 5 μm，或等效柱；柱温：30 ℃；流动相：$V_{乙腈} + V_{水} = 80 + 20$；流速：1.0 mL/min；进样量：20 μL；检测池温度：30 ℃。

（3）阳离子交换色谱柱的仪器参考条件。阳离子交换柱：柱长为 300 mm，内径为 6.5 mm，或等效柱；柱温：80 ℃；流动相：水或与色谱柱匹配的酸性水溶液；流速：0.5 mL/min；进样量：20 μL；检测池温度：50 ℃。

（4）标准曲线的制作。将 20 μL 标准系列工作液分别注入高效液相色谱仪中，在色谱条件下测定标准溶液的响应值（峰面积），以标准工作液的浓度为横坐标，以响应值（峰面积）为纵坐标，绘制标准曲线。

（5）试样溶液的测定。将 20 μL 试样溶液注入高效液相色谱仪中，在色谱条件下测定试样的响应值（峰面积），通过各个糖醇的色谱峰的保留时间定性。根据峰面积由标准曲线得到试样溶液中木糖醇、山梨醇、麦芽糖醇、赤藓糖醇的浓度。

5. 计算

$$X = \frac{\rho \times V}{m \times 1\,000} \times 100$$

式中：X——试样中木糖醇、山梨醇、麦芽糖醇、赤藓糖醇的含量，%；

ρ——由标准曲线获得的试样溶液中木糖醇、山梨醇、麦芽糖醇、赤藓糖醇的浓度，mg/mL；

V——水溶液的总体积，mL；

m——试样的质量，g；

100、1 000——单位换算系数。

计算结果保留两位有效数字。在重复性条件下获得的两次独立测定结果的绝对差值不得超过算术平均值的10%。

6. 注意

（1）本方法对木糖醇、山梨醇、麦芽糖醇、赤藓糖醇的检出限均为 0.4 g/100 g，定量限均为 1.3 g/100 g。

（2）本方法适用于口香糖、饼干、糕点、面包、饮料中木糖醇、山梨醇、麦芽糖醇、赤藓糖醇含量的测定。

二、蒸发光散射检测法

1. 原理　试样经沉淀蛋白质后过滤，上清液进高效液相色谱仪，经氨基色谱柱分离，用蒸发光散射检测器检测，用外标法定量。

2. 仪器

（1）高效液相色谱仪：具有蒸发光散射检测器。

（2）色谱柱：氨基色谱柱，柱长为 250 mm，内径为 4.6 mm，粒径为 5 μm，或等效柱。

（3）食品粉碎机。

（4）分析天平：感量为 0.1 mg 和 0.01 g。

（5）高速离心机：转速≥9 500 r/min。

（6）超声波清洗机：工作频率为 40 kHz，功率为 500 W。

3. 试剂　除非另有说明，本方法所用试剂均为分析纯，水为 GB/T 6682—2008《分析实验室用水规格和试验方法》规定的一级水。

（1）乙腈（CH_3CN）：色谱纯。

（2）三氯乙酸（CCl_3COOH）。

（3）无水碳酸钠（Na_2CO_3）。

（4）三氯乙酸溶液（100 g/L）：称取 10 g 三氯乙酸，加水溶解并定容至 100 mL。

（5）碳酸钠溶液（21.2 g/L）：称取 2.12 g 碳酸钠，加水溶解并定容至 100 mL，现用现配。

（6）木糖醇（$C_5H_{12}O_5$，CAS 号为 87-99-0）：纯度≥99%，或经国家认证并授予标准物质证书的标准物质。

（7）山梨醇（$C_6H_{14}O_6$，CAS 号为 50-70-4）：纯度≥99%，或经国家认证并授予标准物质证书的标准物质。

（8）麦芽糖醇（$C_{12}H_{24}O_{11}$，CAS 号为 585-88-6）：纯度≥99%，或经国家认证并授予标准物质证书的标准物质。

（9）赤藓糖醇（$C_4H_{10}O_4$，CAS 号为 149-32-6）：纯度≥99%，或经国家认证并授予标准物质证书的标准物质。

（10）标准储备液：分别准确称取木糖醇 25 mg、山梨糖醇 25 mg、麦芽糖醇 25 mg、赤藓糖醇 35 mg，精确至 0.1 mg，加水定容至 10 mL，每毫升溶液含 3.5 mg 赤藓糖醇、2.5 mg 木糖醇、2.5 mg 山梨醇、2.5 mg 麦芽糖醇，4 ℃条件下密封可储藏 1 个月。

（11）标准工作液：分别准确移取各种糖醇标准储备液 40 μL、60 μL、80 μL、100 μL、120 μL、140 μL，加水定容至 1 mL，将赤藓糖醇配制成质量浓度分别为 0.14 mg/mL、

0.21 mg/mL、0.28 mg/mL、0.35 mg/mL、0.42 mg/mL、0.49 mg/mL 的混合系列标准工作溶液，将木糖醇、山梨醇和麦芽糖醇配制成质量浓度分别为 0.10 mg/mL、0.15 mg/mL、0.20 mg/mL、0.25 mg/mL、0.30 mg/mL、0.35 mg/mL 的混合系列标准工作溶液。

4. 方法

(1) 试样制备及前处理。对非蛋白饮料类，取样品至少 200 mL，充分混匀，置于密闭的容器内。称取 10 g 饮料于 50 mL 容量瓶中，加水定容至 50 mL，摇匀，用 0.22 μm 滤膜过滤，稀释后上机测试。

对蛋白饮料类，取样品至少 200 g，置于密闭的容器内混匀。称取样品 5 g，置于 50 mL 容量瓶中，加入 35 mL 水，摇匀后超声 30 min，每隔 5 min 振荡混匀，取出后 9 000 r/min 离心 10 min。

沉淀蛋白质：向上清液中加三氯乙酸溶液（100 g/L）5 mL，摇匀后室温条件下放置 30 min，9 500 r/min 离心 10 min。取 8 mL 上清液于 10 mL 容量瓶中并加水定容，摇匀后取滤液 850 μL，加入 150 μL 碳酸钠溶液（21.2 g/L），摇匀中和；或取 10 mL 上清液加入 20 mL 乙腈，摇匀后室温条件下放置 30 min，9 500 r/min 离心 10 min，用上清液定容至 50 mL，摇匀。用 0.22 μm 的微孔滤膜过滤，稀释后上机测试。

注：对糖醇含量较低、经乙腈沉淀稀释后低于检出限的样品，应采用三氯乙酸沉淀。对赤藓糖醇含量较低（≤1%）的样品，应采用乙腈沉淀。其他情况两种方法均可。

(2) 仪器参考条件。色谱柱：氨基柱，柱长为 250 mm，内径为 4.6 mm，粒径为 5 μm，或等效柱；柱温：30 ℃；流动相：$V_{乙腈} + V_{水} = 80 + 20$；流速：1.0 mL/min；进样量：10 μL；漂移管温度：83.5 ℃；雾化气流速：2.1 L/min。

(3) 标准曲线的制作。将 10 μL 标准系列工作液分别注入高效液相色谱仪中，在色谱条件下测定标准溶液的响应值（峰面积），以标准工作液的浓度的以 10 为底的对数值为横坐标，以响应值（峰面积）的以 10 为底的对数值为纵坐标，绘制标准曲线。

(4) 试样溶液的测定。将 10 μL 试样溶液注入高效液相色谱仪中，在色谱条件下测定试样的响应值（峰面积），通过各个糖醇的色谱峰在色谱图中的保留时间，确认样品中的糖醇，根据峰面积的以 10 为底的对数值由标准曲线计算得到试样溶液中木糖醇、山梨醇、麦芽糖醇、赤藓糖醇的浓度。

5. 计算

$$X = \frac{\rho \times V}{m \times 1\,000} \times 100$$

式中：X——试样中木糖醇、山梨醇、麦芽糖醇、赤藓糖醇的含量，%；

ρ——由标准曲线获得的试样溶液中木糖醇、山梨醇、麦芽糖醇、赤藓糖醇的浓度，mg/mL；

V——水溶液的总体积，mL；

m——试样的质量，g；

100、1 000——单位换算系数。

计算结果保留两位有效数字。在重复性条件下获得的两次独立测定结果的绝对差值不得超过算术平均值的 10%。

6. 注意

（1）本方法对木糖醇、山梨糖醇、麦芽糖醇、赤藓糖醇的检出限分别为 0.01 g/100 g、0.02 g/100 g、0.03 g/100 g 和 0.04 g/100 g，定量限分别为 0.03 g/100 g、0.05 g/100 g、0.07 g/100 g 和 0.12 g/100 g。

（2）本方法适用于口香糖、饼干、糕点、面包、饮料中木糖醇、山梨醇、麦芽糖醇、赤藓糖醇含量的测定。

 **实训操作**

饮料中甜味剂糖精钠的测定

【实训目的】学会并掌握用高效液相色谱法测定饮料中甜味剂糖精钠的含量。

【实训原理】试样用氨水调节 pH 至近中性，过滤后进高效液相色谱仪。经反相色谱分离后，根据保留时间和峰面积，与标准品比较，进行定性和定量分析。

【实训仪器】高效液相色谱仪（带紫外检测器）。

【实训试剂】

1. 甲醇 经 0.5 μm 滤膜过滤。

2. 氨水（1+1） 氨水加等体积水混合。

3. 乙酸铵溶液（0.02 mol/L） 称取 1.54 g 乙酸铵，加水至 1 000 mL 溶解，经 0.45 μm 滤膜过滤。

4. 糖精钠标准储备溶液 准确称取 0.085 1 g 经 120 ℃ 烘 4 h 的糖精钠（$C_6H_4CONNaSO_2 \cdot 2H_2O$），加水溶解定容至 100 mL。糖精钠含量为 1.0 mg/mL，作为储备溶液。

5. 糖精钠标准使用溶液 吸取糖精钠标准储备液 10 mL 放入 100 mL 容量瓶中，加水至刻度，经 0.45 μm 滤膜过滤，每毫升该溶液相当于 0.10 mg 的糖精钠。

【操作步骤】

1. 试样处理 称取 10.00 g 果汁饮料，用氨水（1+1）调 pH≈7，加水定容至 100 mL，4 000 r/min 离心 10 min，上清液经 0.45 μm 滤膜过滤，备用。

2. 标准曲线绘制 配制浓度为 10 μg/mL、20 μg/mL、40 μg/mL、60 μg/mL、80 μg/mL、100 μg/mL 的系列标准溶液，供 HPLC 分析使用。以浓度为横坐标，以相应峰面积值为纵坐标，绘制标准曲线。

3. 色谱条件 色谱柱：YWG-C_{18} 4.6 mm×250 mm，10 μm 不锈钢柱。流动相：甲醇-乙酸铵溶液（0.02 mol/L）（5+95）。流速：1 mL/min。检测器：紫外检测器，波长为 230 nm，满刻度吸光度为 0.2。

4. 试样测定 取处理液和标准系列溶液各 10 μL（或相同体积）注入高效液相色谱仪进行分离，根据保留时间和峰面积，与标准品色谱图比较，进行定性和定量分析。

【结果计算】

$$X = \frac{A \times 1\,000}{m \times \frac{V_2}{V_1} \times 1\,000}$$

式中：X——饮料中糖精钠的含量，g/kg；

　　　A——进样体积中糖精钠的质量，mg；

　　　V_2——进样体积，mL；

　　　V_1——试样稀释液总体积，mL；

　　　m——试样质量，g；

　　1 000——单位换算系数。

计算结果保留三位有效数字。

任务六　着色剂测定

着色剂是使食品着色和改善食品色泽的物质。按来源分为天然着色剂和化学合成着色剂两大类。天然着色剂是从有色动植物体内提取分离精制而成的物质。但其有效成分含量低、原料来源困难，故价格很高，逐渐被合成着色剂代替。化学合成着色剂因其着色力强，易于调色，在食品加工过程中稳定性能好，价格低廉，在着色剂中占主要地位。但是合成着色剂很多是以煤焦油为原料制成的，在合成过程中可能被砷、铅以及其他有害物质污染，对人体有害，故不能多用或尽量不用。

一、比色法（GB 5009.141—2016）

1. 原理　诱惑红在酸性条件下被聚酰胺粉吸附，而在碱性条件下解吸附，再用纸色谱法进行分离后，与标准比较定性、定量。

2. 仪器

（1）可见分光光度计。

（2）电子天平：感量为 0.001 g 和 0.000 1 g。

（3）微量注射器：10 μL、50 μL。

（4）展开槽。

（5）电吹风机。

（6）离心机。

（7）恒温水浴锅。

3. 试剂　除非另有说明，本方法所用试剂均为分析纯，水为 GB/T 6682—2008《分析实验室用水规格和试验方法》规定的一级水。

（1）甲醇（CH_3OH）。

（2）石油醚：沸程为 30～60 ℃。

（3）硫酸（H_2SO_4）：优级纯。

（4）乙醇（CH_3CH_2OH）。

（5）氨水（$NH_3 \cdot H_2O$）：含量为 20％～25％。

（6）柠檬酸（$C_6H_8O_7 \cdot H_2O$）。

（7）钨酸钠（$Na_2WO_4 \cdot 2H_2O$）。

(8) 丁酮（C_4H_8O）。

(9) 柠檬酸钠（$C_6H_5Na_3O_7$）。

(10) 正丁醇（$C_4H_{10}O$）。

(11) 甲酸（HCOOH）。

(12) 硫酸溶液（10%，体积分数）：将 1 mL 硫酸缓慢加至 8 mL 水中，混匀，冷却，用水定容至 10 mL，混匀。

(13) 乙醇-氨溶液：取 2 mL 的氨水，加 70%（体积分数）乙醇至 100 mL。

(14) 乙醇溶液（50%，体积分数）：量取 50 mL 无水乙醇与 50 mL 水混匀。

(15) 柠檬酸溶液（200 g/L）：称取 20 g 柠檬酸，加水至 100 mL，溶解混匀。

(16) 钨酸钠溶液（100 g/L）：称取 10 g 钨酸钠，加水至 100 mL，溶解混匀。

(17) 氨水溶液（1%，体积分数）：量取 1 mL 氨水，加水至 100 mL，混匀。

(18) 柠檬酸钠溶液（2.5%，体积分数）：称取 2.5 g 柠檬酸，加水至 100 mL，溶解混匀。

(19) 甲醇-甲酸溶液（6+4，体积比）：量取甲醇 60 mL、甲酸 40 mL，混匀。

(20) 展开剂 1：丁酮＋丙醇＋水＋氨水（7＋3＋3＋0.5）。

(21) 展开剂 2：正丁醇＋无水乙醇＋1%氨水溶液（6＋2＋3）。

(22) 展开剂 3：2.5%柠檬酸钠＋氨水＋乙醇（8＋1＋2）。

(23) 诱惑红（CAS 为 25956－17－6）。

(24) 诱惑红标准储备液配制：准确称取诱惑红 0.025 g（精确至 0.000 1 g，按诱惑红实际纯度折算为纯品后的质量），用水溶解并定容至 25 mL，诱惑红浓度为 1.0 mg/mL。

(25) 诱惑红标准使用液（0.1 mg/mL）：吸取诱惑红的标准储备液 5.0 mL 于 50 mL 容量瓶中，加水稀释到 50 mL。

4. 方法

(1) 试样制备。

① 汽水。将样品加热去二氧化碳后，称取 10 g（精确至 0.001 g）样品于烧杯中，然后用 20%柠檬酸调 pH 至酸性，加入 0.5～1.0 g 聚酰胺粉吸附色素，将吸附色素的聚酰胺粉全部转到漏斗中过滤，用 pH＝4 的酸性热水洗涤多次（约 200 mL），以洗去糖等物质。若有天然色素，用甲醇-甲酸溶液洗涤 1～3 次，每次 20 mL，至洗液无色。再用 70 ℃的水多次洗涤至流出液呈中性。洗涤过程中应充分搅拌然后用乙醇-氨水溶液分次解吸色素，收集全部解吸液，水浴驱除氨，蒸发至 2 mL 左右，转入 5 mL 的容量瓶，用 50%的乙醇分次洗涤蒸发皿，将洗涤液并入 5 mL 的容量瓶，用 50%的乙醇定容至刻度。此液留作纸色谱用。

② 硬糖。称取 10 g（精确至 0.001 g）的已粉碎的样品，加 30 mL 的水，温热溶解，若样品溶液的 pH 较高，用柠檬酸溶液（200 g/L）调至 pH 为 4 左右。加入 0.5～1.0 g 聚酰胺粉吸附色素，将吸附色素的聚酰胺粉全部转到漏斗中过滤，用 pH＝4 的酸性热水洗涤多次（约 200 mL），以洗去糖等物质。若有天然色素，用甲醇-甲酸溶液洗涤 1～3 次，每次 20 mL，至洗液无色。再用 70 ℃的水多次洗涤至流出液呈中性。洗涤过程中应充分搅拌然后用乙醇-氨水溶液分次解吸色素，收集全部解吸液，水浴驱除氨，蒸发至 2 mL 左右，转入 5 mL 的容量瓶，用 50%的乙醇分次洗涤蒸发皿，将洗涤液并入 5 mL 的容量瓶，用 50%

的乙醇定容至刻度。此液留作纸色谱用。

（2）定性。取层析纸，在距底边 2 cm 的起始线上分别点 3～10 μL 的样品处理液、1 μL 诱惑红标准使用液，分别挂于盛有展开剂 1、展开剂 2、展开剂 3 的展开槽中，用上行法展开，待溶剂前沿展至 15 cm 处，将滤纸取出晾干，与标准斑比较定性。

（3）标准曲线的制备。吸取 0.0 mL、0.2 mL、0.4 mL、0.6 mL、0.8 mL、1.0 mL 诱惑红标准使用液，分别置于 10 mL 比色管中，各加水稀释到刻度，浓度分别为 0 μg/mL、2 μg/mL、4 μg/mL、6 μg/mL、8 μg/mL、10 μg/mL。用 1 mL 比色杯，以零管调零点，于波长 500 nm 处测定吸光度，绘制标准曲线。

（4）样品的测定。取色谱用纸，在距离底边 2 cm 的起始线上，点 0.20 mL 样品处理液，从左到右点成条状。在纸的右边点诱惑红的标准溶液 1 μL，依法展开，取出晾干。将样品的色带剪下，用少量热水洗涤数次，将洗液移入 10 mL 的比色管，加水稀释至刻度，混匀后，与标准管同时在 500 nm 处测定吸光度。

5. 计算

$$X = \frac{A \times 1\,000}{m \times \dfrac{V_2}{V_1} \times 1\,000}$$

式中：X——试样中诱惑红的含量，g/kg；

　　　A——测定用样品中诱惑红的质量，mg；

　　　V_1——样品解吸后的总体积，mL；

　　　V_2——样品纸层析所用体积，mL；

　　　m——试样质量，g；

　　　1 000——单位换算系数。

计算结果以重复性条件下获得的两次独立测定结果的算术平均值表示，结果保留两位有效数字。在重复性条件下获得的两次独立测定结果的绝对差值不得超过算术平均值的 10%。

6. 注意

（1）取样量为 10 g 时，检出限为 25 mg/kg。

（2）此方法适用于汽水、硬糖、糕点、冰激凌中诱惑红的测定。

二、高效液相色谱法（GB 5009.35—2016）

1. 原理　食品中人工合成着色剂用聚酰胺吸附法或液-液分配法提取，制成水溶液，注入高效液相色谱仪，经反相色谱分离，根据保留时间定性和与峰面积比较进行定量。

2. 仪器

（1）高效液相色谱仪：带二极管阵列或紫外检测器。

（2）天平：感量为 0.001 g 和 0.000 1 g。

（3）恒温水浴锅。

（4）G_3 垂融漏斗。

3. 试剂　除非另有说明，本方法所用试剂均为分析纯，水为 GB/T 6682—2008《分析实验室用水规格和试验方法》规定的一级水。

（1）甲醇（CH_3OH）：色谱纯。

（2）正己烷（C_6H_{14}）。

（3）盐酸（HCl）。

（4）冰醋酸（CH_3COOH）。

（5）甲酸（HCOOH）。

（6）乙酸铵（CH_3COONH_4）。

（7）柠檬酸（$C_6H_8O_7 \cdot H_2O$）。

（8）硫酸钠（Na_2SO_4）。

（9）正丁醇（$C_4H_{10}O$）。

（10）三正辛胺（$C_{24}H_{51}N$）。

（11）无水乙醇（CH_3CH_2OH）。

（12）氨水（$NH_3 \cdot H_2O$）：含量为 20%～25%。

（13）聚酰胺粉（尼龙 6）：过 200 μm（目）筛。

（14）乙酸铵溶液（0.02 mol/L）：称取 1.54 g 乙酸铵，加水至 1 000 mL，溶解，经 0.45 μm 微孔滤膜过滤。

（15）氨水溶液：量取氨水 2 mL，加水至 100 mL，混匀。

（16）甲醇-甲酸溶液（6＋4）：量取甲醇 60 mL，甲酸 40 mL，混匀。

（17）柠檬酸溶液：称取 20 g 柠檬酸，加水至 100 mL，溶解混匀。

（18）无水乙醇-氨水-水溶液（7＋2＋1）：量取无水乙醇 70 mL、氨水溶液 20 mL、水 10 mL，混匀。

（19）三正辛胺-正丁醇溶液（5%）：量取三正辛胺 5 mL，加正丁醇至 100 mL，混匀。

（20）饱和硫酸钠溶液。

（21）pH＝6 的水：水加柠檬酸溶液调 pH＝6。

（22）pH＝4 的水：水加柠檬酸溶液调 pH＝4。

（23）柠檬黄（CAS 为 1934－21－0）。

（24）新红（CAS 为 220658－76－4）。

（25）苋菜红（CAS 为 915－67－3）。

（26）胭脂红（CAS 为 2611－82－7）。

（27）日落黄（CAS 为 2783－94－0）。

（28）亮蓝（CAS 为 3844－45－9）。

（29）赤藓红（CAS 为 16423－68－0）。

（30）合成着色剂标准储备液（1 mg/mL）：准确称取按其纯度折算为 100% 质量的柠檬黄、日落黄、苋菜红、胭脂红、新红、赤藓红、亮蓝各 0.1 g（精确至 0.000 1 g），置于 100 mL 容量瓶中，加 pH＝6 的水到刻度。配成水溶液（1.00 mg/mL）。

（31）合成着色剂标准使用液（50 μg/mL）：临用时将标准储备液加水稀释 20 倍，经 0.45 μm 微孔滤膜过滤。配成每毫升含 50.0 μg 的合成着色剂。

4. 方法

（1）试样制备。

① 果汁饮料及果汁、果味碳酸饮料等。称取 20～40 g（精确至 0.001 g），放入 100 mL 烧杯中。含二氧化碳样品加热或超声驱除二氧化碳。

② 配制酒类。称取 20～40 g（精确至 0.001 g），放入 100 mL 烧杯中，加小碎瓷片数片，加热驱除乙醇。

③ 硬糖、蜜饯类、淀粉软糖等。称取 5～10 g（精确至 0.001 g）粉碎样品，放入 100 mL 小烧杯中，加水 30 mL，温热溶解，若样品溶液 pH 较高，用柠檬酸溶液调 pH≈6。

（2）色素提取。

① 聚酰胺吸附法。样品溶液加柠檬酸溶液调 pH 至 6，加热至 60 ℃，将 1 g 聚酰胺粉加少许水调成粥状，倒入样品溶液中，搅拌片刻，以 G₃ 垂融漏斗抽滤，用 pH=4 的 60 ℃的水洗涤 3～5 次，然后用甲醇-甲酸混合溶液洗涤 3～5 次，再用水洗至中性，用乙醇-氨水-水混合溶液解吸 3～5 次，直至色素完全解吸，收集解吸液，加乙酸中和，蒸发至近干，加水溶解，定容至 5 mL。经 0.45 μm 微孔滤膜过滤，进高效液相色谱仪分析。

② 液-液分配法（适用于含赤藓红的样品）。将制备好的样品溶液放入分液漏斗，加 2 mL 盐酸、三正辛胺-正丁醇溶液（5%）10～20 mL，振摇提取，分取有机相，重复提取，直至有机相无色，合并有机相，用饱和硫酸钠溶液洗 2 次，每次 10 mL，分取有机相，放在蒸发皿中，水浴加热浓缩至 10 mL，转移至分液漏斗，加 10 mL 正己烷，混匀，加氨水溶液提取 2～3 次，每次 5 mL，合并氨水溶液层（含水溶性酸性色素），用正己烷洗 2 次，氨水层加乙酸调成中性，水浴加热蒸发至近干，加水定容至 5 mL。经 0.45 μm 微孔滤膜过滤，进高效液相色谱仪分析。

（3）仪器参考条件。色谱柱：C₁₈柱，4.6 mm×250 mm，5 μm。进样量：10 μL。柱温：35 ℃。二极管阵列检测器波长范围：400～800 nm，或紫外检测器检测波长：254 nm。梯度洗脱见表 5-2。

表 5-2　梯度洗脱表

时间/min	流速/(mL/min)	0.02 mol/L 乙酸铵溶液/%	甲醇/%
0	1.0	95	5
3	1.0	65	35
7	1.0	0	100
10	1.0	0	100
10.1	1.0	95	5
21	1.0	95	5

（4）测定。将样品提取液和合成着色剂标准使用液分别注入高效液相色谱仪，根据保留时间定性，用外标峰面积法定量。

5. 计算

$$X = \frac{c \times V \times 1\,000}{m \times 1\,000 \times 1\,000}$$

式中：X——试样中着色剂的含量，g/kg；

　　　　c——进样液中着色剂的浓度，μg/mL；

V——试样稀释总体积，mL；

m——试样质量，g；

1 000——单位换算系数。

计算结果以重复性条件下获得的两次独立测定结果的算术平均值表示，结果保留两位有效数字。在重复性条件下获得的两次独立测定结果的绝对差值不得超过算术平均值的 10%。

6. 注意

（1）方法检出限：柠檬黄、新红、苋菜红、胭脂红、日落黄均为 0.5 mg/kg，亮蓝、赤藓红均为 0.2 mg/kg（检测波长为 254 nm 时亮蓝检出限为 1.0 mg/kg，赤藓红检出限为 0.5 mg/kg）。

（2）此方法适用于饮料、配制酒、硬糖、蜜饯、淀粉软糖、巧克力豆及着色糖衣制品中合成着色剂（不含铝色锭）的测定。

✉ **实训操作**

橘子汁中着色剂的测定

【实训目的】学会并掌握用高效液相色谱法测定橘子汁中着色剂的含量。

【实训原理】食品中人工合成着色剂用聚酰胺吸附法或液-液分配法提取，制成水溶液，注入高效液相色谱仪，经反相色谱分离，根据保留时间定性和与峰面积比较进行定量。

【实训仪器】高效液相色谱仪：带紫外检测器。

【实训试剂】

1. 乙酸铵溶液（0.02 mol/L） 称取 1.54 g 乙酸铵，加水至 1 000 mL 溶解，经 0.45 μm 滤膜过滤。

2. 氨水 量取氨水 2 mL，加水至 100 mL，混匀。

3. 氨水-乙酸铵溶液（0.02 mol/L） 量取氨水 0.5 mL，加乙酸铵溶液（0.02 mol/L）至 1 000 mL，混匀。

4. 甲醇-甲酸溶液（6＋4） 量取甲醇 60 mL、甲酸 40 mL，混匀。

5. 柠檬酸溶液 称取 20 g 柠檬酸（$C_6H_8O_7 \cdot H_2O$），加水至 100 mL，溶解混匀。

6. 乙醇-氨水-水溶液（7＋2＋1） 量取无水乙醇 70 mL、氨水 20 mL、水 10 mL，混匀。

7. pH＝6 的水 水加柠檬酸溶液调 pH＝6。

8. 合成着色剂标准溶液 准确称取按其纯度折算为 100%质量的柠檬黄、日落黄、苋菜红、胭脂红、新红、亮蓝、靛蓝各 0.100 g，置于 100 mL 容量瓶中，加 pH＝6 的水到刻度，配成水溶液（1.00 mg/mL）。

9. 合成着色剂标准使用液 临用时，将合成着色剂标准溶液加水稀释 20 倍，经 0.45 μm 滤膜过滤，配成每毫升含 50.0 μg 的合成着色剂。

【操作步骤】

1. 试样处理 称取 20.0～40.0 g 橘子汁，放入 100 mL 烧杯中。含二氧化碳试样加热驱除二氧化碳。

2. 色素提取 试样溶液加柠檬酸溶液调 pH＝6，加热至 60 ℃，将 1 g 聚酰胺粉加少许水调成粥状，倒入试样溶液中，搅拌片刻，以 G_3 垂融漏斗抽滤，用 pH＝4 的 60 ℃的水洗涤 3～5 次，然后用甲醇-甲酸混合溶液洗涤 3～5 次，再用水洗至中性，用乙醇-氨水-水混合溶液解吸 3～5 次，每次 5 mL，收集解吸液，加乙酸中和，蒸发至近干，加水溶解，定容至 5 mL。经 0.45 μm 滤膜过滤，取 10 μL 进高效液相色谱仪。

3. 色谱参考条件

色谱柱：YWG‐C_{18}10 μm 不锈钢柱，4.6 mm（内径）×250 mm。流动相：甲醇-乙酸铵溶液（pH＝4，0.02 mol/L）。梯度洗脱：甲醇浓度为 20%～35%，每分钟增加 3%；甲醇浓度为 35%～98%，每分钟增加 9%；甲醇浓度为 98%持续 6 min。流速：1 mL/min。紫外检测器：波长为 254 nm。

4. 测定 取相同体积样液和合成着色剂标准使用液分别注入高效液相色谱仪，根据保留时间定性，用外标峰面积法定量。

【结果计算】

$$X=\frac{A\times 1\,000}{m\times \dfrac{V_2}{V_1}\times 1\,000\times 1\,000}$$

式中：X——橘子汁中着色剂的含量，g/kg；

$\quad\quad A$——样液中着色剂的质量，μg；

$\quad\quad V_2$——进样体积，mL；

$\quad\quad V_1$——试样稀释总体积，mL；

$\quad\quad m$——试样质量，g；

$\quad\quad 1\,000$——单位换算系数。

计算结果保留两位有效数字。

任务七　酶制剂测定

食品工业用酶制剂是由动物或植物的可食或非可食部分直接提取，或由传统或通过基因修饰的微生物（包括但不限于细菌、放线菌、真菌菌种）发酵、提取制得，用于食品加工，具有特殊催化功能的生物制品。

注：商品化的酶制剂产品允许加入易于产品储存、使用的配料成分。

酶在一定条件下催化某一特定反应的能力即酶活力，是表达酶制剂产品的一个特征性专属指标。产品酶活力在标示值的 85%～115%。

酶活力测定所用试剂和水，在没有注明其他要求时，均指分析纯试剂和 GB/T 6682—2008《分析实验室用水规格和试验方法》规定的三级水。试验中所用标准溶液、杂质标准溶液、制剂及制品，在没有注明其他要求时，均按 GB/T 601—2016《化学试剂　标准滴定溶液的制备》、GB/T 602—2002《化学试剂　杂质测定用标准溶液的制备》和 GB/T 603—2002《化学试剂　试验方法中所用制剂及制品的制备》的规定制备。试验中所用溶液在未注明用何种溶剂配制时，均指水溶液。

一、α-淀粉酶活力测定（GB 1886.174—2016）

α-淀粉酶是指能水解淀粉分子链中的 α-1，4 葡萄糖苷键，将淀粉链切断成为短链糊精和少量麦芽糖和葡萄糖，使淀粉黏度迅速下降的酶。

中温 α-淀粉酶活力单位：1 g 固体酶粉（或 1 mL 液体酶），于 60 ℃、pH=6.0 条件下，1 h 液化 1 g 可溶性淀粉，即 1 个酶活力单位，以 U/g（U/mL）表示。

耐高温 α-淀粉酶活力单位：1 g 固体酶粉（或 1 mL 液体酶），于 70 ℃、pH=6.0 条件下，1 min 液化 1 mg 可溶性淀粉，即 1 个酶活力单位，以 U/g（U/mL）表示。

1. 原理　α-淀粉酶制剂能将淀粉分子链中的 α-1，4 葡萄糖苷键随机切成长短不一的短链糊精、少量麦芽糖和葡萄糖，而使淀粉对碘呈蓝紫色的特性反应逐渐消失，呈现棕红色，其颜色消失的速度与酶活性有关，据此可通过反应后的吸光度计算酶活力。

2. 仪器

（1）分光光度计。

（2）恒温水浴锅：精度为 ±0.1 ℃。

（3）自动移液器。

（4）试管：25 mm×200 mm。

（5）秒表。

3. 试剂

（1）碘。

（2）碘化钾。

（3）原碘液：称取 11.0 g 碘和 22.0 g 碘化钾，用少量水使碘完全溶解，定容至 500 mL，储存于棕色瓶中。

（4）稀碘液：吸取原碘液 2.00 mL，加 20.0 g 碘化钾用水溶解并定容至 500 mL，储存于棕色瓶中。

（5）可溶性淀粉溶液（20 g/L）：称取 2.000 g（精确至 0.001 g）可溶性淀粉（以绝干计）于烧杯中，用少量水调成浆状物，边搅拌边缓缓加至 70 mL 沸水中，然后用水分次冲洗装淀粉的烧杯，洗液倒入其中，搅拌加热至完全透明，冷却定容至 100 mL。溶液现配现用。

注：可溶性淀粉应采用酶制剂分析专用淀粉。

（6）磷酸缓冲液（pH=6.0）：称取 45.23 g 磷酸氢二钠（$Na_2HPO_4 \cdot 12H_2O$）和 8.07 g 柠檬酸（$C_6H_8O_7 \cdot H_2O$），用水溶解并定容至 1 000 mL。用 pH 计校正后使用。

（7）盐酸溶液（0.1 mol/L）。

4. 方法

（1）待测酶液的制备。称取试样 1~2 g（精确至 0.000 1 g）或准确吸取 1.00 mL，用少量磷酸缓冲液充分溶解，将上清液小心倾入容量瓶，若有剩余残渣，再加少量磷酸缓冲液充分研磨，最终使样品全部移入容量瓶中，用磷酸缓冲液定容至刻度，摇匀。用 4 层纱布过滤，滤液待用。

注：待测中温 α-淀粉酶酶液酶活力控制酶浓度在 3.4~4.5 U/mL，待测耐高温 α-淀粉

酶活力控制酶浓度在 60～65 U/mL。

（2）测定。吸取 20.0 mL 可溶性淀粉溶液于试管中，加入磷酸缓冲液 5.00 mL，摇匀后，(60±0.2)℃ [耐高温 α-淀粉酶制剂 (70±0.2)℃] 恒温水浴预热 8 min。加入 1.00 mL 稀释好的待测酶液，立即计时，摇匀，准确反应 5 min。

立即用自动移液器吸取 1.00 mL 反应液，加到盛有 0.5 mL 盐酸溶液和 5.00 mL 稀碘液的试管中，摇匀，并以 0.5 mL 盐酸溶液和 5.00 mL 稀碘液为空白，于 660 nm 波长处，用 10 mm 比色皿迅速测定其吸光度（A）。根据吸光度查 GB 1886.174—2016《食品安全国家标准　食品添加剂　食品工业用酶制剂》附录 B，得测试酶液的浓度。

5. 计算

（1）中温 α-淀粉酶制剂的酶活力

$$X_1 = c \times n$$

式中：X_1——中温 α-淀粉酶制剂的酶活力，U/mL（或 U/g）；

c——测试酶样浓度，U/mL（或 U/g）；

n——样品的稀释倍数。

（2）耐高温 α-淀粉酶制剂的酶活力

$$X_2 = c \times n \times 16.67$$

式中：X_2——耐高温 α-淀粉酶制剂的酶活力，U/mL（或 U/g）；

c——测试酶样浓度，U/mL（或 U/g）；

n——样品的稀释倍数。

16.67——根据酶活力定义计算的换算系数。

6. 注意

（1）所得结果用整数表示。

（2）试验结果以平行测定结果的算术平均值为准。在重复性条件下获得的两次独立测定结果的绝对差值不大于算术平均值的 5%。

二、蛋白酶活力测定（GB 1886.174—2016）

蛋白酶是指能切断蛋白质分子内部的肽键，使蛋白质分子变成小分子多肽和氨基酸的酶。

蛋白酶活力以蛋白酶活力单位表示，定义为 1 g 或 1 mL 酶在一定温度和 pH 条件下，1 min 水解酪蛋白产生 1 μg 酪氨酸，即 1 个酶活力单位，以 U/g（U/mL）表示。

1. 原理　蛋白酶在一定的温度与 pH 条件下，水解酪蛋白底物，产生含有酚基的氨基酸（如酪氨酸、色氨酸等），在碱性条件下，将福林试剂还原，生成钼蓝与钨蓝，用分光光度计于波长 680 nm 处测定溶液的吸光度。酶活力与吸光度成比例，由此可以计算产品的酶活力。

2. 仪器

（1）分析天平：精度为 0.000 1 g。

（2）紫外-可见分光光度计。

（3）恒温水浴锅：精度为 ±0.2 ℃。

（4）pH 计：精度为 0.01 个 pH 单位。

3. 试剂

（1）福林试剂：于 2 000 mL 磨口回流装置中加入 100.0 g 钨酸钠（$Na_2WO_4 \cdot 2H_2O$）、25.0 g 钼酸钠（$Na_2MoO_4 \cdot 2H_2O$）、700 mL 水、50 mL 磷酸（85%）、100 mL 浓盐酸。小火沸腾回流 10 h，取下回流冷却器，在通风橱中加入 50 g 硫酸锂（Li_2SO_4）、50 mL 水和数滴浓溴水（99%），再微沸 15 min，以除去多余的溴（冷后仍有绿色需再加溴水，再煮沸除去过量的溴），冷却，加水定容至 1 000 mL。混匀，过滤。制得的试剂应呈金黄色，储存于棕色瓶内。

（2）福林使用溶液：一份福林试剂与二份水混合，摇匀。也可使用市售福林溶液配制。

（3）碳酸钠溶液（42.4 g/L）：称取 42.4 g 无水碳酸钠（Na_2CO_3），用水溶解并定容至 1 000 mL。

（4）三氯乙酸（65.4 g/L）：称取 65.4 g 三氯乙酸，用水溶解并定容至 1 000 mL。

（5）氢氧化钠溶液（20 g/L）：称取 20.0 g 氢氧化钠片剂，加 900 mL 水并搅拌溶解。待溶液到室温后加水定容至 1 000 mL，搅拌均匀。

（6）盐酸溶液（1 mol/L）。

（7）盐酸溶液（0.1 mol/L）。

（8）磷酸缓冲液（pH=7.5，适用于中性蛋白酶制剂）：分别称取 6.02 g 磷酸氢二钠（$Na_2HPO_4 \cdot 12H_2O$）和 0.5 g 磷酸二氢钠（$NaH_2PO_4 \cdot 2H_2O$），加水溶解并定容至 1 000 mL。

（9）乳酸钠缓冲液（pH=3.0，适用于酸性蛋白酶制剂）：取 4.71 g 乳酸（80%～90%）和 0.89 g 乳酸钠（70%），加水至 900 mL，搅拌至均匀。用乳酸或乳酸钠调整 pH 至 3.0±0.05，定容至 1 000 mL。

（10）硼酸缓冲溶液（pH=10.5，适用于碱性蛋白酶制剂）：称 9.54 g 硼酸钠，1.60 g 氢氧化钠，加 900 mL 水，搅拌至均匀。用 1 mol/L 盐酸溶液或 0.5 mol/L 氢氧化钠溶液调整 pH 至 10.5±0.05，定容至 1 000 mL。

（11）酪蛋白溶液（10.0 g/L）：称取标准酪蛋白（NICPBP 国家药品标准物质）1 g，精确至 0.001 g，用少量氢氧化钠溶液（若是酸性蛋白酶制剂则用浓乳酸 2～3 滴）湿润后，加入相应的缓冲溶液约 80 mL，沸水浴加热煮沸 30 min，并不时搅拌至酪蛋白全部溶解。冷却到室温后转入 100 mL 容量瓶，用适宜的 pH 缓冲溶液稀释至刻度。定容前检查并调整 pH 至相应缓冲液的规定值。将此溶液放在冰箱内储存，有效期为 3 d。使用前重新确认并调整 pH 至规定值。

注：不同来源或批号的酪蛋白对试验结果有影响。如使用不同的酪蛋白作为底物，使用前应与以上标准酪蛋白进行结果比对。

（12）L-酪氨酸标准储备溶液（100 μg/mL）：精确称取 105 ℃ 干燥至恒重的 L-酪氨酸 0.100 0 g±0.000 2 g，用 1 mol/L 盐酸溶液 60 mL 溶解后定容至 100 mL，即 1 mg/mL 酪氨酸溶液。吸取 1 mg/mL 酪氨酸溶液 10.00 mL，用 0.1 mol/L 盐酸溶液定容至 100 mL，即得 100 μg/mL 的 L-酪氨酸标准储备溶液。

注：除上述蛋白酶的溶解/稀释缓冲体系外，生产者和使用者还可以探讨使用其他适用

的缓冲体系。

4. 方法

（1）标准曲线的绘制。L-酪氨酸标准溶液按表 5-3 配制。

表 5-3　L-酪氨酸标准溶液

管号	酪氨酸标准溶液的浓度/ （μg/mL）	酪氨酸标准储备溶液的体积/ mL	加水的体积/ mL
0	0	0	10
1	10	1	9
2	20	2	8
3	30	3	7
4	40	4	6
5	50	5	5

分别取上述溶液各 1.00 mL（应做平行试验），各加碳酸钠溶液 5.00 mL、福林试剂使用溶液 1.00 mL，振荡均匀，（40±0.2）℃水浴显色 20 min，取出，用分光光度计于波长 680 nm 处、用 10 mm 比色皿、以不含酪氨酸的 0 管为空白分别测定其吸光度。以吸光度 A 为纵坐标，以酪氨酸的浓度 c 为横坐标，绘制标准曲线。

利用回归方程，计算吸光度为 1 时的酪氨酸的量（μg），即吸光常数 K，K 应在 95～100。如不符合，需重新配制试剂，进行试验。

注：L-酪氨酸稀释液应在稀释后立即进行测定。

（2）待测酶液的制备。称取酶样品 1～2 g，精确至 0.000 2 g。然后用相应的缓冲液溶解并稀释到一定浓度，推荐浓度范围为酶活力 10～15U/mL。

对于粉状的样品，可以用相应的缓冲液充分溶解，然后取滤液（慢速定性滤纸）稀释至适当浓度。

（3）测定。先将酪蛋白溶液（40±0.2）℃恒温水浴，预热 5 min。

试管 A（空白）→加酶液 1.00 mL→（40±0.2）℃，2 min→加三氯乙酸 2.00 mL（摇匀）→（40±0.2）℃，10 min→加酪蛋白溶液 1.00 mL（摇匀）→取出静置 10 min，过滤（慢速定性滤纸）→取 1.00 mL 滤液→加碳酸钠溶液 5.0 mL→加福林试剂使用溶液 1.00 mL→（40±0.2）℃，显色 20 min→于 680 nm 波长处、用 10 mm 比色皿测定吸光度。

试管 B（酶试样，需作 3 个平行试样）→加酶液 1.00 mL→（40±0.2）℃，2 min→加酪蛋白溶液 1.00 mL（摇匀）→（40±0.2）℃，10 min→加三氯乙酸 2.00 mL（摇匀）→取出静置 10 min，过滤（慢速定性滤纸）→取 1.00 mL 滤液→加碳酸钠溶液 5.0 mL→加福林试剂使用溶液 1.00 mL→（40±0.2）℃，显色 20 min→于 680 nm 波长处、用 10 mm 比色皿测定吸光度。

注：枯草芽孢来源的中性蛋白酶制剂，除反应与显色温度为（30±0.2）℃外，其他操作同上，标准曲线做同样处理。

5. 计算

$$X = \frac{A_1 \times V_1 \times 4 \times n_1}{m_1 \times 10}$$

式中：X——蛋白酶制剂的酶活力，U/mL（或 U/g）；

   A_1——由标准曲线得出的样品最终稀释液的酶活力，U/mL；

   V_1——溶解样品所使用的容量瓶的体积，mL；

   4——反应试剂的总体积，mL；

   n_1——样品的稀释倍数；

   m_1——样品的质量，g；

   10——反应时间，min。

6. 注意

（1）所得结果用整数表示。

（2）试验结果以平行测定结果的算术平均值为准。在重复性条件下获得的两次独立测定结果的绝对差值不大于算术平均值的 3%。

三、纤维素酶活力测定（QB/T 2583—2003）

纤维素酶是指在各种酶组分的协同作用下，能降解纤维素、使之变成纤维寡糖、纤维二糖和葡萄糖的酶。

滤纸酶活力（filter paper activity，FPA）是指 1 g 固体酶（或 1 mL 液体酶），在（50±0.1）℃和指定 pH 条件下（酸性纤维素酶 pH=4.8，中性纤维素酶 pH=6.0），1 h 水解滤纸底物，产生相当于 1 mg 葡萄糖的还原糖量，为 1 个酶活力单位，以 μ/g（或 μ/mL）表示。

1. 原理 纤维素酶在一定温度和 pH 条件下，将纤维素底物（滤纸）水解，释放出还原糖。在碱性、煮沸条件下，3,5-二硝基水杨酸（DNS 试剂）与还原糖发生显色反应，其颜色的深浅与还原糖（以葡萄糖计）含量成正比。通过在 540 nm 处测其吸光度，可得到产生还原糖的量，计算出纤维素酶的滤纸酶活力，以此代表纤维素酶的酶活力。

2. 仪器

（1）分光光度计。

（2）酸度计：精度为±0.01 个 pH 单位。

（3）恒温水浴锅：50±0.1 ℃。

（4）分析天平：感量为 0.1 mg。

（5）磁力搅拌器。

（6）秒表或定时钟。

（7）沸水浴（可由 800 W 电炉和高脚烧杯、搪瓷量杯或其他容器组成）。

（8）具塞刻度试管：25 mL。

3. 试剂 除非另有说明，在分析中仅使用确认为分析纯的试剂和蒸馏水或去离子水或相当纯度的水。

（1）DNS 试剂：称取 3,5-二硝基水杨酸（10±0.1）g，置于约 600 mL 水中，逐渐加入氢氧化钠 10 g，在 50 ℃ 水中磁力搅拌溶解，再依次加入酒石酸甲钠 200 g、苯酚（重蒸）2 g 和无水亚硫酸钠 5 g，待全部溶解并澄清后，冷却至室温，用水定容至 1 000 mL，过滤。储存于棕色试剂瓶中，于暗处放置 7 d 后使用。

（2）柠檬酸缓冲液（0.05 mol/L，pH=4.8，适用于酸性纤维素酶）：称取一水柠檬酸

4.83 g，溶于约750 mL水，在搅拌的情况下，加入柠檬酸三钠7.94 g，用水定容至1 000 mL。调节溶液的pH至4.8±0.05，备用。

注：也可采用pH＝4.8的乙酸缓冲溶液，称取三水乙酸钠8.16 g，溶于约750 mL水，加入乙酸2.31 mL，用水定容至1 000 mL。调节溶液的pH至4.8±0.05，备用。

（3）磷酸缓冲液（0.1 mol/L，pH＝6.0，适用于中性纤维素酶）：分别称取一水磷酸二氢钠121.0 g和二水磷酸氢二钠21.89 g，将其溶解在10 L去离子水中。调节溶液的pH至6.0±0.05，备用。溶液在室温下可保存一个月。

（4）葡萄糖标准储备溶液（10 mg/mL）：称取于（103±2）℃条件下烘干至恒重的无水葡萄糖1 g，精确至0.1 mg，用水溶解并定容至100 mL。

（5）葡萄糖标准使用溶液：分别吸取葡萄糖标准储备溶液0.00 mL、1.00 mL、1.50 mL、2.00 mL、2.50 mL、3.00 mL、3.50 mL于10 mL容量瓶中，用水定容至10 mL，盖塞，摇匀备用。上述系列浓度应根据需要自行调整。

（6）快速定性滤纸：每批滤纸使用前，用标准酶加以校正。

4. 方法

（1）绘制标准曲线。按表5-4规定的量，分别吸取葡萄糖标准使用溶液、柠檬酸缓冲液（或磷酸缓冲溶液）和DNS试剂于各管中（每管号平行做3个样），混匀。

表5-4　葡萄糖标准曲线

管号	葡萄糖标准使用溶液		缓冲液吸取量 /mL	DNS试剂吸取量 /mL
	浓度/(mg/mL)	吸取量/mL		
0	0.0	0.00	2.0	3.0
1	1.0	0.50	1.5	3.0
2	1.5	0.50	1.5	3.0
3	2.0	0.50	1.5	3.0
4	2.5	0.50	1.5	3.0
5	3.0	0.50	1.5	3.0
6	3.5	0.50	1.5	3.0

将标准管同时置于沸水中，反应10 min。取出，迅速冷却至室温，用水定容至25 mL，盖塞，混匀。用10 mm比色杯，在分光光度计波长540 nm处测量吸光度。以葡萄糖量为横坐标，以吸光度为纵坐标，绘制标准曲线，获得线性回归方程。线性回归系数在0.999 0以上时方可使用，否则须重做。

（2）样品的测定。待测酶液的制备：称取固体酶样1 g，精确至0.1 mg（或吸取液体酶样1 mL，精确至0.01 mL），用水溶解，磁力搅拌混匀，准确稀释定容（使试样液与空白液的吸光度之差恰好在0.3~0.4），放置10 min，待测。

滤纸条的准备：将待用滤纸放入（硅胶）干燥器中平衡24 h。将水分平衡后的滤纸制成宽1 cm、质量为（50±0.5）mg的滤纸条，折成M形，备用。

操作程序：取4支25 mL刻度具塞试管（1支空白试管，3支样品试管）。将折成M形的滤纸条，分别放入每支试管的底部（沿1 cm方向竖直放入）。分别向4支试管中，准确加入相应 pH 的柠檬酸缓冲液（或磷酸缓冲溶液）1.50 mL。分别准确加入制备好的待测酶液 0.50 mL 于 3 支样品管中（空白管不加），使管内溶液浸没滤纸，盖塞。将 4 支试管同时置于（50±0.1）℃水中，准确计时，反应 60 min，取出。立即准确地向各管中加入 DNS 试剂 3.0 mL。再于空白管中准确加入制备好的待测酶 0.50 mL，摇匀。将 4 支试管同时放入沸水中，加热 10 min，取出，迅速冷却至室温，加水定容至 25 mL，摇匀。以空白管（对照液）调仪器零点，在分光光度计波长 540 nm 处，用 10 mm 比色杯，分别测量 3 支平行试管中样液的吸光度，取平均值。以吸光度平均值查标准曲线或用线性回归方程求出还原糖的含量。

5. 计算

$$X = A \times 1/0.5 \times n$$

式中：X——样品的滤纸酶活力（FPA），U/g（或 U/mL）；

　　　A——根据吸光度在标准曲线上查得（或计算出）的还原糖量，mg；

　　　1/0.5——换算成酶液 1 mL；

　　　n——酶样的稀释倍数。

6. 注意　同一试样两次测试结果的绝对差值，不得超过算术平均值的 10%。变异系数不超过 10%。本方法适用于以木霉属（*Trichoderma*）为代表的微生物及其变异株经液体深层发酵或固态培养后精制提纯制得的酸性（或中性）纤维素酶制剂。主要应用于食品、纺织、造纸等行业。食品级纤维素酶制剂也可用作饲料添加剂。

四、果胶酶活力测定（GB 1886.174—2016）

果胶酶是指能水解果胶，生成含有还原性基团产物的酶。

果胶酶活力是指在 50 ℃、pH＝3.5 的反应条件下，1 g 固体酶粉（或 1 mL 液体酶）1 h 分解果胶产生 1 mg 半乳糖醛酸，即 1 个酶活力单位，以 U/g 或 U/mL 表示。

1. 原理　果胶酶能水解果胶，生成的半乳糖醛酸的还原性糖醛基可用次亚碘酸法定量测定，以此来表示果胶酶的活性。

本方法主要用于检测果胶酶产品中多聚半乳糖醛酸酶和果胶裂解酶的活力，对于果胶酶中的果胶（甲基）酯酶不适用。

2. 仪器

（1）比色管：25 mL。

（2）带加热装置的恒温水浴锅：控温精度为±0.1 ℃。

（3）碘量瓶：250 mL。

（4）滴定管：25 mL。

3. 试剂

（1）柑橘果胶溶液（10 g/L）：称取果胶粉 1 g（型号为 Sigma，货号为 P9135 或与此商品相当者，精确至 0.1 mg），加水溶解，煮沸，冷却，过滤。调整 pH＝3.5，用水定容至 100 mL，在冰箱中储存备用。使用时间不超过 3 d。

注：果胶底物对试验的影响大。如使用不同来源或批号的果胶粉，应与旧批次进行对照试验。

（2）硫代硫酸钠标准溶液：c（$Na_2S_2O_3$）＝0.05 mol/L。

（3）碳酸钠标准溶液：c（$1/2\ Na_2CO_3$）＝2 mol/L。

（4）碘标准溶液：c（$1/2\ I_2$）＝0.1 mol/L。

（5）硫酸溶液（2 mol/L）：取浓硫酸5.6 mL，缓慢加入适量水中，冷却后用水定容至100 mL，摇匀，备用。

（6）可溶性淀粉指示液（10 g/L）。

（7）柠檬酸-柠檬酸钠缓冲液（0.1 mol/L，pH＝3.5）：称取柠檬酸（$C_6H_8O_7 \cdot H_2O$）14.71 g，柠檬酸三钠（$C_6H_5Na_3O_7 \cdot 2H_2O$）8.82 g，加950 mL水溶解，调节pH＝3.5，再用水定容至1 000 mL。

4. 方法

（1）样品制备。用已知质量的50 mL烧杯，称取1～2 g酶粉（精确至0.000 1 g）或准确吸取1.00 mL，用少量柠檬酸-柠檬酸钠缓冲液充分溶解，并用玻璃棒捣研，将上清液小心倾入容量瓶中，若有剩余残渣，再加少量上述缓冲液充分研磨，最终将样品全部移入容量瓶中，定容至刻度，摇匀。用4层纱布过滤，滤液待用。

注：待测酶液需准确稀释至一定倍数，酶液浓度控制在消耗硫代硫酸钠标准溶液与空白消耗之差在0.5～1.0 mL。必要时可先做预备试验。

（2）测定。于甲、乙两支比色管中，分别加入5 mL果胶溶液，（50±0.2）℃恒温水浴预热8 min；向甲管（空白）加入5 mL柠檬酸-柠檬酸钠缓冲液；向乙管（样品）中加入1 mL稀释酶液和4 mL柠檬酸-柠檬酸钠缓冲液，立即摇匀，计时，准确反应30 min后，立即取出，加热煮沸5 min，终止反应，冷却；取上述甲、乙管反应液各5 mL放入碘量瓶中，准确加入4 mL碳酸钠标准溶液和5 mL碘标准溶液，摇匀，于暗处放置20 min；取出，加入2 mL硫酸溶液，用硫代硫酸钠标准溶液滴定至浅黄色，加淀粉指示液3滴，继续滴定至蓝色刚好消失为其终点，记录甲管、乙管反应液消耗硫代硫酸钠标准溶液的体积。同时做平行样品测定。

5. 计算

$$X = \frac{(A_2 - B_2) \times c_2 \times 0.51 \times 194.14 \times n \times 10}{5 \times 1 \times 0.5}$$

式中：X——果胶酶制剂的酶活力，U/mL或U/g；

A_2——空白消耗硫代硫酸钠标准溶液的体积，mL；

B_2——样品消耗硫代硫酸钠标准溶液的体积，mL；

c_2——硫代硫酸钠标准溶液的浓度，mol/L；

0.51——1 mmol硫代硫酸钠相当于0.51 mmol的游离半乳糖醛酸；

194.14——半乳糖醛酸的质量，mg；

n——稀释倍数；

10——反应液总体积，mL；

5——滴定时取反应混合物的总体积，mL；

1——反应时加入稀释酶液的体积，mL；

0.5——反应时间，h。

6. 注意

（1）所得结果用整数表示。

（2）试验结果以平行测定结果的算术平均值为准。在重复性条件下获得的两次独立测定结果的绝对差值不大于算术平均值的 3%。

📩 **实训操作**

α-淀粉酶酶活力的测定

【实训目的】学会并掌握米曲霉来源的 α-淀粉酶酶活力的测定。

【实训原理】酶作用于淀粉溶液生成还原糖，然后加入费林试剂，在加热的情况下，定量生成氧化亚铜沉淀。在加入碘化钾和硫酸后，生成游离碘，此时立即用硫代硫酸钠滴定。

【实训仪器】滴定装置；电子天平；电热恒温干燥箱；干燥器（内附干燥剂）。

【实训试剂】

1. 碘化钾溶液（30%） 取碘化钾 150 g 溶解于 350 mL 水，保存在褐色试剂瓶中，避免阳光直射。

2. 硫酸溶液（30%） 取硫酸 125 g 溶于 375 mL 水。

3. 硫代硫酸钠溶液（0.05 mol/L） 将定量分析用的 0.1 mol/L 硫代硫酸钠溶液 500 mL 用煮沸过的冷却水稀释，所得溶液的总体积为 1 000 mL。配制好后，应进行标定，求出浓度校正系数 f 值。

4. 乙酸-乙酸钠缓冲溶液（1 mol/L，pH=5.0） 将 1 mol/L 乙酸钠溶液加到 1 mol/L 乙酸溶液中，调 pH 至 5.0。

5. 可溶性淀粉溶液（pH=5.0） 将可溶性淀粉（试剂级）105 ℃ 干燥 4 h 后称量计算含水量。然后，根据可溶性淀粉的含水量称取 0.50 g（折干）的可溶性淀粉，缓慢加到 50 mL 沸水中，煮沸 5 min，用自来水冷却后，加入 1 mol/L 乙酸-乙酸钠缓冲溶液（pH=5.0）5 mL，用水定容到 100 mL。

6. 费林试剂 铜溶液（取硫酸铜 34.66 g 溶解于水中，定容至 500 mL）和酒石酸钾钠碱溶液（取酒石酸钾钠 173 g 和氢氧化钠 50 g 溶解于水中，定容至 500 mL），使用前精确地取等体积的铜溶液和碱溶液充分混合。

【操作步骤】

1. 样品溶液的制备 用水稀释酶样品，使得到酶液的 $(T_0-T_{30})\times f\times 1.62$ 值为 3～6 mg 的葡萄糖的量。

2. 测定 将可溶性淀粉溶液 10 mL 加到 100 mL 锥形瓶中，（40±0.5）℃恒温水浴，预热 10～15 min，加入样品稀释酶液 1 mL。准确加热 30 min 后，加入费林试剂 4 mL 使酶失活。将锥形瓶直接在煤气喷灯（或电炉）上加热 2 min 后，立即放在自来水中冷却。随后加入 30% 碘化钾溶液 2 mL 和 25% 的硫酸溶液 2 mL，用硫代硫酸钠溶液滴定游离的碘，以蓝色消失为滴定终点 T_{30}（mL）。

3. 空白对照试验 以水取代酶液，在另一个锥形瓶中用上述同样的操作步骤测定空白对照值 T_0（mL）。临近终点时，加入 1% 可溶性淀粉溶液［应使用可溶性淀粉（试剂级）另行配制］1～2 滴，以蓝色消失为滴定终点。

【结果计算】

α-淀粉酶活力的定义为：在40℃的条件下，1 g或1 mL酶样品与底物可溶性淀粉反应，30 min生成相当于10 mg的葡萄糖，即1个酶活力单位，以U/g或U/mL表示。

$$X = (T_0 - T_{30}) \times f \times 1.62 \times \frac{1}{10} \times n$$

式中：X——α-淀粉糖化酶活力，U/mL或U/g；

T_0——空白溶液滴定消耗硫代硫酸钠标准溶液的体积，mL；

T_{30}——酶反应液滴定消耗硫代硫酸钠标准溶液的体积，mL；

f——0.05 mol/L硫代硫酸钠标准溶液浓度的矫正系数；

1.62——换算系数；

$\frac{1}{10}$——该分析方法的常数（相当于10 mg葡萄糖的还原糖）；

n——样品的稀释倍数。

试验结果以平行测定结果的算术平均值为准。在重复性条件下获得的两次独立测定结果的绝对差值不大于算术平均值的5%。

项目总结

食品添加剂是指为改善食品品质和色、香、味以及为防腐和加工工艺的需要而加到食品中的化学合成或者天然物质。主要的食品添加剂有防腐剂、抗氧化剂、发色剂、漂白剂、甜味剂、着色剂和酶制剂等。

食品添加剂使用的基本要求：不应对人体产生任何健康危害；不应掩盖食品腐败变质；不应掩盖食品本身或加工过程中的质量缺陷或以掺杂、掺假、伪造为目的而使用食品添加剂；不应降低食品本身的营养价值；在达到预期目的前提下尽可能降低在食品中的使用量。

问题思考

1. 什么是食品添加剂？
2. 食品中防腐剂的测定原理是什么？
3. 食品中抗氧化剂的测定原理是什么？
4. 食品中发色剂的测定原理是什么？
5. 食品中漂白剂的测定原理是什么？
6. 食品中甜味剂的测定原理是什么？
7. 食品中着色剂的测定原理是什么？
8. 为什么要测定酶制剂的酶活力？

Project 6

项目六
有毒有害成分检测

【知识目标】
1. 了解农产品中有毒有害成分的种类和危害。
2. 掌握农产品中有毒有害成分的检测原理。

【技能目标】
1. 能够正确使用农产品中有毒有害成分检测所用的仪器设备。
2. 能够熟练掌握农产品中有毒有害成分检测的操作技能。

项目导入

农产品中的重金属、农药和兽药残留、生物毒素、非法添加的有害物质以及包装材料中有害物质的污染直接影响农产品的安全性，为保证人类健康必须采用科学的方法对农产品中的有毒有害成分进行检测。

任务一　有害元素测定

农产品中的有害元素主要有铅、镉、汞、砷等，这些有害元素主要来源于工业的三废、化学农药、食品加工辅料等。这些有害元素污染农产品后，随着食物进入体内，会危害人体健康，甚至导致人终身残疾或死亡。检测农产品中的有害元素，可防止其危害人体健康，为加强农产品的安全性提供依据。

一、镉的测定（GB 5009.15—2014）

镉（Cd）对农产品的污染主要是由工业废水的排放造成的。含镉工业废水污染水体，经水生生物浓集，使水产品中镉含量明显升高。含镉污水灌溉农田亦可污染土壤，经作物吸收而使农产品中镉残留量升高。农产品被镉污染后，含镉量有很大差别，海产品和动物食品（尤其是肾）高于植物性食品，而植物性食品中谷类、根茎类、豆类镉含量较高。食物是人体摄入镉的主要来源，镉是蓄积性有毒物质，即使人体摄入很微量的镉，也会对人的肾产生危害。日本神通川流域的"骨痛病"（痛痛病）就是由镉污染造成的一种典型的公害病，此病的主要特征是背部和下肢疼痛，行走困难、蛋白尿、骨质疏松和假性骨折。

农产品中镉的测定常用的方法是石墨炉原子吸收光谱法。

1. 原理　试样经灰化或酸消解后，注入一定量样品消化液于原子吸收分光光度计石墨炉中，电热原子化后吸收 228.8 nm 共振线，在一定浓度范围内，其吸光度与镉含量成正比，采用标准曲线法定量。

2. 仪器

（1）原子吸收分光光度计：附石墨炉。

（2）镉空心阴极灯。

（3）电子天平：感量为 0.1 mg 和 1 mg。

（4）可调温式电热板、可调温式电炉。

（5）马弗炉。

（6）恒温干燥箱。

（7）压力消解器、压力消解罐。

（8）微波消解系统：配聚四氟乙烯压力罐或其他合适的压力罐。

动画：原子吸收分光光度计的原理

3. 试剂　除非另有说明，本方法所用试剂均为分析纯，水为 GB/T 6682—2008《分析实验室用水规格和试验方法》规定的二级水。所用玻璃仪器均须以硝酸溶液（1+4）浸泡 24 h 以上，用水反复冲洗，最后用去离子水冲洗干净。

（1）硝酸（HNO_3）：优级纯。

（2）盐酸（HCl）：优级纯。

（3）高氯酸（$HClO_4$）：优级纯。

（4）过氧化氢（H_2O_2，30%）。

（5）磷酸二氢铵（$NH_4H_2PO_4$）。

（6）硝酸溶液（1%）：取 10.0 mL 硝酸加入 100 mL 水中，稀释至 1 000 mL。

（7）盐酸溶液（1+1）：取 50 mL 盐酸慢慢加入 50 mL 水中。

（8）硝酸-高氯酸混合溶液（9+1）：取 9 份硝酸与 1 份高氯酸混合。

（9）磷酸二氢铵溶液（10 g/L）：称取 10.0 g 磷酸二氢铵，用 100 mL 硝酸溶液（1%）溶解后定量移入 1 000 mL 容量瓶，用硝酸溶液（1%）定容至刻度。

（10）金属镉（Cd）标准品：纯度为 99.99% 或经国家认证并授予标准物质证书的标准物质。

（11）镉标准储备液（1 000 mg/L）：准确称取 1 g 金属镉标准品（精确至 0.000 1 g）于小烧杯中，分次加 20 mL 盐酸溶液（1+1）溶解，加 2 滴硝酸，移入 1 000 mL 容量瓶中，用水定容至刻度，混匀；或购买经国家认证并授予标准物质证书的标准物质。

（12）镉标准使用液（100 ng/mL）：吸取镉标准储备液 10.0 mL 于 100 mL 容量瓶中，用硝酸溶液（1%）定容至刻度，如此经多次稀释成每毫升含 100.0 ng 镉的标准使用液。

（13）镉标准曲线工作液：准确吸取镉标准使用液 0 mL、0.50 mL、1.0 mL、1.5 mL、2.0 mL、3.0 mL 于 100 mL 容量瓶中，用硝酸溶液（1%）定容至刻度，即得含镉量分别为 0 ng/mL、0.50 ng/mL、1.0 ng/mL、1.5 ng/mL、2.0 ng/mL、3.0 ng/mL 的标准系列溶液。

4. 方法

（1）试样制备。

① 干试样。去除杂质、去壳，磨碎成均匀的样品，颗粒度不大于 0.425 mm。储于洁净的塑料瓶中，并做好标记，于室温下或按样品保存条件保存备用。

② 鲜（湿）试样。蔬菜、水果等，用食品加工机打成匀浆或碾磨成匀浆，储于洁净的塑料瓶中，并做好标记，于 -16～-18 ℃冰箱中保存备用。

③ 液态试样。按样品保存条件保存备用。含气样品使用前应除气。

（2）试样消解。可根据实验室条件选用以下任何一种方法消解，称量时应保证样品的均匀性。

① 压力消解罐消解法。称取干试样 0.3～0.5 g（精确至 0.000 1 g）、鲜（湿）试样 1～2 g（精确至 0.001 g）于聚四氟乙烯内罐，加硝酸 5 mL 浸泡过夜。再加过氧化氢溶液（30%）2～3 mL（总量不能超过罐容积的 1/3）。盖好内盖，旋紧不锈钢外套，放入恒温干燥箱，120～160 ℃保持 4～6 h，在箱内自然冷却至室温，打开后加热赶酸至近干，将消化液洗入 10 mL 或 25 mL 容量瓶中，用少量硝酸溶液（1%）洗涤内罐和内盖 3 次，将洗液合并于容量瓶中并用硝酸溶液（1%）定容至刻度，混匀备用。同时做试剂空白试验。

② 微波消解法。称取干试样 0.3～0.5 g（精确至 0.000 1 g）、鲜（湿）试样 1～2 g（精确至 0.001 g）置于微波消解罐中，加 5 mL 硝酸和 2 mL 过氧化氢。微波消化程序可以根据仪器型号调至最佳条件。消解完毕后，待消解罐冷却后打开，消化液呈无色或淡黄色，加热赶酸至近干，用少量硝酸溶液（1%）冲洗消解罐 3 次，将溶液转移至 10 mL 或 25 mL 容量瓶中，并用硝酸溶液（1%）定容至刻度，混匀备用。同时做试剂空白试验。

③ 湿式消解法。称取干试样 0.3～0.5 g（精确至 0.000 1 g）、鲜（湿）试样 1～2 g（精确至 0.001 g）于锥形瓶中，放数粒玻璃珠，加 10 mL 硝酸-高氯酸混合溶液（9+1），加盖浸泡过夜，加一小漏斗在电热板上消化，若变棕黑色，再加硝酸，直至冒白烟，消化液呈无色透明或略带微黄色，放冷后将消化液洗入 10 mL 或 25 mL 容量瓶中，用少量硝酸溶液（1%）洗涤锥形瓶 3 次，将洗液合并于容量瓶中并用硝酸溶液（1%）定容至刻度，混匀备用。同时做试剂空白试验。

④ 干法灰化。称取 0.3～0.5 g 干试样（精确至 0.000 1 g）、鲜（湿）试样 1～2 g（精确至 0.001 g）、液态试样 1～2 g（精确至 0.001 g）于瓷坩埚中，先小火在可调式电炉上炭化至无烟，移入马弗炉 500 ℃灰化 6～8 h，冷却。若个别试样灰化不彻底，加 1 mL 混合酸在可调式电炉上小火加热，将混合酸蒸干后，再转入马弗炉中 500 ℃继续灰化 1～2 h，直至试样消化完全，呈灰白色或浅灰色。放冷，用硝酸溶液（1%）将灰分溶解，将试样消化液移入 10 mL 或 25 mL 容量瓶中，用少量硝酸溶液（1%）洗涤瓷坩埚 3 次，将洗液合并于容量瓶中并用硝酸溶液（1%）定容至刻度，混匀备用。同时做试剂空白试验。

注：试验要在通风良好的通风橱内进行。对含油脂的样品，尽量避免用湿式消解法消化，最好采用干法灰化，如果必须采用湿式消解法消化，样品的取样量最大不能超过 1 g。

（3）仪器参考条件。根据所用仪器型号将仪器调至最佳状态。原子吸收分光光度计（附石墨炉及镉空心阴极灯）的测定参考条件为：波长为 228.8 nm；狭缝为 0.2～1.0 nm；灯电流为 2～10 mA；干燥温度为 105 ℃，干燥时间为 20 s；灰化温度为 400～700 ℃，灰化时间

为 $20 \sim 40$ s；原子化温度为 $1\,300 \sim 2\,300$ ℃，原子化时间为 $3 \sim 5$ s；背景校正为氘灯或塞曼效应。

（4）标准曲线的制作。将标准曲线工作液按浓度由低到高的顺序各取 20 μL 注入石墨炉，测其吸光度，以标准曲线工作液的浓度为横坐标，以相应的吸光度为纵坐标，绘制标准曲线并求出吸光度与浓度关系的一元线性回归方程。配制 5 个以上不同浓度的镉标准溶液得出标准曲线，相关系数不应小于 0.995。如果有自动进样装置，也可用程序稀释来配制标准系列。

（5）试样溶液的测定。于测定标准曲线工作液相同的试验条件下，吸取样品消化液 20 μL（可根据使用仪器选择最佳进样量），注入石墨炉，测其吸光度。代入标准系列的一元线性回归方程中求样品消化液中镉的含量，平行测定次数不少于两次。若测定结果超出标准曲线范围，用硝酸溶液（1%）稀释后再进行测定。

（6）基体改进剂的使用。对有干扰的试样，和样品消化液一起注入石墨炉 5 μL 基体改进剂磷酸二氢铵溶液（10 g/L），绘制标准曲线时也要加入与试样测定时等量的基体改进剂。

5. 计算

$$X = \frac{(c_1 - c_0) \times V}{m \times 1\,000}$$

式中：X——试样中镉含量，mg/kg 或 mg/L；

$\quad\quad c_1$——试样消化液中镉含量，ng/mL；

$\quad\quad c_0$——空白液中镉含量，ng/mL；

$\quad\quad V$——试样消化液定容总体积，mL；

$\quad\quad m$——试样质量或体积，g 或 mL；

$\quad 1\,000$——单位换算系数。

以重复性条件下获得的两次独立测定结果的算术平均值表示，结果保留两位有效数字。在重复性条件下获得的两次独立测定结果的绝对差值不得超过算术平均值的 20%。

6. 注意　此方法适用于各类食品中镉的测定。方法检出限为 0.001 mg/kg，定量限为 0.003 mg/kg。

二、铅的测定（GB 5009.12—2017）

含铅（Pb）工业三废的排放和汽车尾气是农产品铅污染的主要来源，农产品包装材料也是铅的重要来源，如陶瓷食具的釉彩、铁皮罐头盒的镀焊锡，涂料脱落时，铅易溶出污染农产品，用铁桶或锡壶盛酒也可将铅溶出；印刷农产品包装材料的油墨、颜料，某些食品添加剂或生产加工中使用的化学物质含铅杂质，亦可污染食品。含铅农药〔如砷酸铅 $Pb(AsO_4)_2$ 等〕的使用，可造成农产品的铅污染。铅的毒性作用主要是损害神经系统、造血系统和肾。儿童摄入过量铅可影响其生长发育，导致智力低下。

农产品中铅的测定常用的方法是石墨炉原子吸收光谱法。

1. 原理　试样消解处理后，经石墨炉原子化，在 283.3 nm 处测定其吸光度。在一定浓度范围内铅的吸光度与铅含量成正比，与标准系列比较定量。

2. 仪器　所有玻璃器皿及聚四氟乙烯消解内罐均须用硝酸溶液（1＋5）浸泡过夜，用自来水反复冲洗，最后用水冲洗干净。

（1）原子吸收光谱仪：配石墨炉原子化器，附铅空心阴极灯。

（2）分析天平：感量为 0.1 mg 和 1 mg。

（3）可调式电热炉。

（4）可调式电热板。

（5）微波消解系统：配聚四氟乙烯消解内罐。

（6）恒温干燥箱。

（7）压力消解罐：配聚四氟乙烯消解内罐。

3. 试剂　除非另有说明，本方法所用试剂均为优级纯，水为 GB/T 6682—2008《分析实验室用水规格和试验方法》规定的二级水。

（1）硝酸（HNO_3）。

（2）高氯酸（$HClO_4$）。

（3）磷酸二氢铵（$NH_4H_2PO_4$）。

（4）硝酸钯［$Pd(NO_3)_2$］。

（5）硝酸溶液（5+95）：量取 50 mL 硝酸，缓慢加入到 950 mL 水中，混匀。

（6）硝酸溶液（1+9）：量取 50 mL 硝酸，缓慢加入到 450 mL 水中，混匀。

（7）磷酸二氢铵-硝酸钯溶液：称取 0.02 g 硝酸钯，加少量硝酸溶液（1+9）溶解后，再加入 2 g 磷酸二氢铵，溶解后用硝酸溶液（5+95）定容至 100 mL，混匀。

（8）硝酸铅［$Pb(NO_3)_2$，CAS 号为 10099-74-8］：纯度＞99.99%，或经国家认证并授予标准物质证书的一定浓度的铅标准溶液。

（9）铅标准储备液（1 000 mg/L）：准确称取 1.598 5 g（精确至 0.000 1 g）硝酸铅，用少量硝酸溶液（1+9）溶解，移入 1 000 mL 容量瓶，加水至刻度，混匀。

（10）铅标准中间液（1.00 mg/L）：准确吸取铅标准储备液（1 000 mg/L）1.00 mL 于 1 000 mL 容量瓶中，加硝酸溶液（5+95）至刻度，混匀。

（11）铅标准系列溶液：分别吸取铅标准中间液（1.00 mg/L）0.00 mL、0.50 mL、1.00 mL、2.00 mL、3.00 mL 和 4.00 mL 于 100 mL 容量瓶中，加硝酸溶液（5+95）至刻度，混匀。此铅标准系列溶液的质量浓度分别为 0 μg/L、5.00 μg/L、10.0 μg/L、20.0 μg/L、30.0 μg/L 和 40.0 μg/L。

注：可根据仪器的灵敏度及样品中铅的实际含量确定标准系列溶液中铅的质量浓度。

4. 方法

（1）试样制备。

注：在采样和试样制备过程中，应避免试样污染。

① 粮食、豆类样品。样品去除杂物后，粉碎，储于塑料瓶中。

② 蔬菜、水果、鱼类、肉类等样品。样品用水洗净，晾干，取可食部分，制成匀浆，储于塑料瓶中。

③ 饮料、酒、醋、酱油、食用植物油、液态乳等液体样品。将样品摇匀。

（2）试样前处理。

① 湿法消解。称取固体试样 0.2～3.0 g（精确至 0.001 g）或准确移取液体试样 0.50～

5.00 mL 于带刻度消化管中，加入 10 mL 硝酸和 0.5 mL 高氯酸，在可调式电热炉上消解（参考条件：120 ℃消解 0.5～1 h；升至 180 ℃消解 2～4 h、升至 200～220 ℃）。若消化液呈棕褐色，再加少量硝酸，消解至冒白烟，消化液无色透明或略带黄色，取出消化管，冷却后用水定容至 10 mL，混匀备用。同时做试剂空白试验。亦可采用锥形瓶，于可调式电热板上，按上述操作方法进行湿法消解。

② 微波消解。称取固体试样 0.2～0.8 g（精确至 0.001 g）或准确移取液体试样 0.50～3.00 mL 于微波消解罐中，加入 5 mL 硝酸，按照微波消解的操作步骤消解试样，消解条件见表 6-1。冷却后取出消解罐，在电热板上 140～160 ℃赶酸至 1 mL 左右。消解罐放冷后，将消化液转移至 10 mL 容量瓶中，用少量水洗涤消解罐 2～3 次，合并洗涤液于容量瓶中并用水定容至刻度，混匀备用。同时做试剂空白试验。

表 6-1　微波消解升温程序

步骤	设定温度/℃	升温时间/min	恒温时间/min
1	120	5	5
2	160	5	10
3	180	5	10

③ 压力罐消解。称取固体试样 0.2～1 g（精确至 0.001 g）或准确移取液体试样 0.50～5.00 mL 于消解内罐中，加入 5 mL 硝酸。盖好内盖，旋紧不锈钢外套，放入恒温干燥箱，140～160 ℃保持 4～5 h。冷却后缓慢旋松外罐，取出消解内罐，放在可调式电热板上 140～160 ℃赶酸至 1 mL 左右。冷却后将消化液转移至 10 mL 容量瓶中，用少量水洗涤内罐和内盖 2～3 次，合并洗涤液于容量瓶中并用水定容至刻度，混匀备用。同时做试剂空白试验。

（3）测定。

① 仪器参考条件。根据各自仪器性能调至最佳状态。参考条件：波长为 283.3 nm；狭缝为 0.5 nm；灯电流为 8～12 mA；85～120 ℃干燥 40～50 s；750 ℃灰化 20～30 s；2 300 ℃原子化 4～5 s。

② 标准曲线的制作。按质量浓度由低到高的顺序分别将 10 μL 铅标准系列溶液和 5 μL 磷酸二氢铵-硝酸钯溶液（可根据所使用的仪器确定最佳进样量）同时注入石墨炉，原子化后测其吸光度，以质量浓度为横坐标，以吸光度为纵坐标，制作标准曲线。

③ 试样溶液的测定。在与测定标准溶液相同的试验条件下，将 10 μL 空白溶液或试样溶液与 5 μL 磷酸二氢铵-硝酸钯溶液（可根据所使用的仪器确定最佳进样量）同时注入石墨炉，原子化后测其吸光度，与标准系列比较定量。

5. 计算

$$X=\frac{(\rho-\rho_0)\times V}{m\times 1\,000}$$

式中：X——试样中铅的含量，mg/kg 或 mg/L；

ρ——试样溶液中铅的质量浓度，μg/L；

ρ_0——空白溶液中铅的质量浓度，μg/L；

V——试样消化液的定容体积，mL；

m——试样称样量或移取体积，g 或 mL；

1 000——单位换算系数。

当铅含量≥1.00 mg/kg（或 mg/L）时，计算结果保留三位有效数字；当铅含量＜1.00 mg/kg（或 mg/L）时，计算结果保留两位有效数字。在重复性条件下获得的两次独立测定结果的绝对差值不得超过算术平均值的 20%。

6. 注意 当称样量为 0.5 g（或 0.5 mL）、定容体积为 10 mL 时，方法的检出限为 0.02 mg/kg（或 0.02 mg/L），定量限为 0.04 mg/kg（或 0.04 mg/L）。

三、砷的测定（GB 5009.11—2014）

砷（As）是一种非金属元素，由于其许多理化性质类似于金属，因此常称其为类金属。砷包括无机砷部分和有机砷部分，二者之和为总砷。砷的毒性顺序为：砷化氢＞三价无机砷＞五价无机砷＞有机砷，元素砷几乎没有毒性。农产品中砷的主要来源：一是含砷农药的大量使用，如 $Pb_2(AsO_4)_2$、$Ca_3(AsO_4)_2$、Na_2AsO_3、As_2O_3 等；二是工业三废对环境的污染。

农产品中总砷的测定常用的方法是电感耦合等离子体质谱法。

1. 原理 样品经酸消解处理为样品溶液，样品溶液经雾化由载气送入 ICP 炬管中，经过蒸发、解离、原子化和离子化等过程，转化为带电荷的离子，经离子采集系统进入质谱仪，质谱仪根据质荷比进行分离。对于一定的质荷比，质谱的信号强度与进入质谱仪的离子数成正比，即样品浓度与质谱信号强度成正比。通过测量质谱的信号强度对试样溶液中的砷元素进行测定。

2. 仪器 玻璃器皿及聚四氟乙烯消解内罐均须以硝酸溶液（1+4）浸泡 24 h，用水反复冲洗，最后用去离子水冲洗干净。

（1）电感耦合等离子体质谱仪（ICP-MS）。

（2）微波消解系统。

（3）压力消解器。

（4）恒温干燥箱（50～300 ℃）。

（5）控温电热板（50～200 ℃）。

（6）超声水浴箱。

（7）天平：感量为 0.1 mg 和 1 mg。

3. 试剂 除非另有说明，本方法所用试剂均为优级纯，水为 GB/T 6682—2008《分析实验室用水规格和试验方法》规定的一级水。

（1）硝酸（HNO_3）：MOS 级（电子工业专用高纯化学品）、BV（Ⅲ）级。

（2）过氧化氢（H_2O_2）。

（3）质谱调谐液：锂（Li）、钇（Y）、铈（Ce）、钛（Ti）、钴（Co），推荐使用浓度为 10 ng/mL。

（4）内标储备液：锗（Ge），浓度为 100 μg/mL。

（5）氢氧化钠（NaOH）。

（6）硝酸溶液（2+98）：量取 20 mL 硝酸，缓缓倒入 980 mL 水中，混匀。

（7）内标溶液锗或钇（1.0 μg/mL）：取 1.0 mL 内标溶液，用硝酸溶液（2+98）稀释并定容至 100 mL。

（8）氢氧化钠溶液（100 g/L）：称取 10.0 g 氢氧化钠，用水溶解和定容至 100 mL。

（9）三氧化二砷（As_2O_3）标准品：纯度≥99.5%。

（10）砷标准储备液（100 mg/L，按 As 计）：准确称取 100 ℃干燥 2 h 的三氧化二砷 0.013 2 g，加 1 mL 氢氧化钠溶液（100 g/L）和少量水溶解，转入 100 mL 容量瓶中，加入适量盐酸调整其酸度近中性，用水稀释至刻度。4 ℃避光保存，有效期为一年。或购买经国家认证并授予标准物质证书的标准溶液物质。

（11）砷标准使用液（1.00 mg/L，按 As 计）：准确吸取 1.00 mL 砷标准储备液（100 mg/L）于 100 mL 容量瓶中，用硝酸溶液（2+98）稀释定容至刻度。现用现配。

4. 方法

（1）试样预处理。在采样和制备过程中，应注意避免试样污染。将粮食、豆类等样品去杂物后粉碎均匀，装入洁净聚乙烯瓶中，密封保存备用。蔬菜、水果、鱼类、肉类及蛋类等新鲜样品，洗净晾干，取可食部分匀浆，装入洁净聚乙烯瓶中，密封，于 4 ℃中冰箱中冷藏备用。

（2）试样消解。

① 微波消解法。称取 2.0～4.0 g（精确至 0.001 g）样品于消解罐中，加入 5 mL 硝酸，放置 30 min，盖好安全阀，将消解罐放入微波消解系统中，根据不同类型的样品，设置适宜的微波消解程序，按相关步骤进行消解，消解完全后赶酸，将消化液转移至 25 mL 容量瓶或比色管中，用少量水洗涤内罐 3 次，合并洗涤液并定容至刻度，混匀。同时做空白试验。

② 高压密闭消解法。称取固体试样 0.20～1.0 g（湿样为 1.0～5.0 g，或吸取液体试样 2.00～5.00 mL，精确至 0.001 g 或 0.001 mL）于消解内罐中，加入 5 mL 硝酸浸泡过夜。盖好内盖，旋紧不锈钢外套，放入恒温干燥箱，140～160 ℃保持 3～4 h，自然冷却至室温，然后缓慢旋松不锈钢外套，将消解内罐取出，用少量水冲洗内盖，放在控温电热板上 120 ℃赶去棕色气体。取出消解内罐，将消化液转移至 25 mL 容量瓶或比色管中，用少量水洗涤内罐 3 次，合并洗涤液并定容至刻度，混匀。同时做空白试验。

（3）仪器参考条件。RF 功率为 1 550 W；载气流速为 1.14 L/min；采样深度为 7 mm；雾化室温度为 2 ℃；Ni 采样锥，Ni 截取锥。质谱干扰主要来源于同量异位素、多原子、双电荷离子等，可采用最优化仪器条件、干扰校正方程校正或采用碰撞池、动态反应池技术方法消除干扰。砷的干扰校正方程为 $^{75}As = ^{75}As - ^{77}M$（3.127）$+ ^{82}M$（2.733）$- ^{83}M$（2.757），采用内标校正、稀释样品等方法校正非质谱干扰。砷的 m/z 为 75，选 ^{72}Ge 为内标元素。

推荐使用碰撞/反应池技术，在没有碰撞/反应池技术的情况下使用干扰方程消除干扰。

（4）标准曲线的制作。吸取适量砷标准使用液（1.00 mg/L），用硝酸溶液（2+98）配制砷浓度分别为 0.00 ng/mL、1.0 ng/mL、5.0 ng/mL、10 ng/mL、50 ng/mL 和 100 ng/mL 的标准系列溶液。当仪器真空度达到要求时，用调谐液调整仪器灵敏度、氧化物、双电荷、分辨率等各项指标，当仪器各项指标达到测定要求时，编辑测定方法、选择相关消除干扰方法，引入内标，观测内标灵敏度、脉冲与模拟模式的线性拟合，符合要求后，将标准系列引入仪器。进行相关数据的处理，绘制标准曲线、计算回归方程。

（5）试样溶液的测定。相同条件下，将试剂空白、样品溶液分别引入仪器进行测定。根据回归方程计算样品中砷元素的浓度。

5. 计算

$$X = \frac{(c - c_0) \times V \times 1\,000}{m \times 1\,000 \times 1\,000}$$

式中：X——试样中砷的含量，mg/kg 或 mg/L；

c——试样消化液中砷的浓度，ng/mL；

c_0——试样空白消化液中砷的浓度，ng/mL；

V——试样消化液的总体积，mL；

m——试样的量，g 或 mL；

1 000——单位换算系数。

计算结果保留两位有效数字。在重复性条件下获得的两次独立测定结果的绝对差值不得超过算术平均值的 20%。

6. 注意 此方法适用于各类食品中总砷的测定。称样量为 1 g，定容体积为 25 mL 时，方法检出限为 0.003 mg/kg，方法定量限为 0.010 mg/kg。

四、汞的测定 （GB 5009.17—2021）

汞俗称水银，是典型的有害有毒元素。农产品中的汞为总汞，包括无机汞和有机汞。汞在农产品上的污染主要有两个方面：一是工业三废；二是含汞农药的大量使用。汞的毒性与汞的存在形式、汞化合物的吸收关系很大。无机汞不易被吸收，毒性小，而有机汞，特别是烷基汞容易被吸收且毒性大，尤其是其中的甲基汞的被吸收程度可达 90%～100%。

农产品中总汞的测定常用的方法是原子荧光光谱分析法。

1. 原理 试样经酸加热消解后，在酸性介质中，试样中汞被硼氢化钾或硼氢化钠还原成原子态汞，由载气（氩气）带入原子化器中，在汞空心阴极灯照射下，基态汞原子被激发至高能态，再由高能态回到基态时，发射出特征波长的荧光，其荧光强度与汞含量成正比，与标准系列溶液比较定量。

2. 仪器 玻璃器皿及聚四氟乙烯消解内罐均须用硝酸溶液（1＋4）浸泡 24 h，用水反复冲洗，最后用去离子水冲洗干净。

（1）原子荧光光谱仪。

（2）天平：感量为 0.1 mg 和 1 mg。

（3）微波消解系统。

（4）压力消解器。

（5）恒温干燥箱（50～300 ℃）。

（6）控温电热板（50～200 ℃）。

（7）超声水浴箱。

3. 试剂 除非另有说明，本方法所用试剂均为优级纯，水为 GB/T 6682—2008 规定的一级水。

（1）硝酸（HNO_3）。

（2）过氧化氢（H_2O_2）。

（3）硫酸（H_2SO_4）。

（4）氢氧化钾（KOH）。

（5）硼氢化钾（KBH_4）：分析纯。

（6）硝酸溶液（1+9）：量取 50 mL 硝酸，缓缓加入 450 mL 水中。

（7）硝酸溶液（5+95）：量取 5 mL 硝酸，缓缓加入 95 mL 水中。

（8）氢氧化钾溶液（5 g/L）：称取 5.0 g 氢氧化钾，用纯水溶解并定容至 1 000 mL，混匀。

（9）硼氢化钾溶液（5 g/L）：称取 5.0 g 硼氢化钾，用 5 g/L 的氢氧化钾溶液溶解并定容至 1 000 mL，混匀。现配现用。

（10）重铬酸钾的硝酸溶液（0.5 g/L）：称取 0.05 g 重铬酸钾溶于 100 mL 硝酸溶液（5+95）中。

（11）硝酸-高氯酸混合溶液（5+1）：量取 500 mL 硝酸、100 mL 高氯酸，混匀。

（12）氯化汞（$HgCl_2$）：纯度≥99%。

（13）汞标准储备液（1.00 mg/mL）：准确称取 0.135 4 g 干燥过的氯化汞，用重铬酸钾的硝酸溶液（0.5 g/L）溶解并转移至 100 mL 容量瓶中，稀释至刻度，混匀。此溶液浓度为 1.00 mg/mL。于 4 ℃冰箱中避光保存，可保存 2 年。或购买经国家认证并授予标准物质证书的标准溶液物质。

（14）汞标准中间液（10 μg/mL）：吸取 1.00 mL 汞标准储备液（1.00 mg/mL）于 100 mL 容量瓶中，用重铬酸钾的硝酸溶液（0.5 g/L）稀释至刻度，混匀，此溶液浓度为 10 μg/mL。于 4 ℃冰箱中避光保存，可保存 2 年。

（15）汞标准使用液（50 ng/mL）：吸取 0.50 mL 汞标准中间液（10 μg/mL）于 100 mL 容量瓶中，用 0.5 g/L 重铬酸钾的硝酸溶液稀释至刻度，混匀，此溶液浓度为 50 ng/mL。现用现配。

4. 方法

（1）试样预处理。在采样和制备过程中，应注意避免试样污染。将粮食、豆类等样品去杂物后粉碎均匀，装入洁净聚乙烯瓶中，密封保存备用。蔬菜、水果等新鲜样品，洗净晾干，取可食部分匀浆，装入洁净聚乙烯瓶中，密封，于 4 ℃冰箱中冷藏备用。

（2）试样消解。

① 压力罐消解法。称取固体试样 0.2～1.0 g（新鲜样品 0.5～2.0 g 或吸取液体试样 1～5 mL，精确至 0.001 g 或 0.001 mL）置于消解内罐中，加入 5 mL 硝酸浸泡过夜。盖好内盖，旋紧不锈钢外套，放入恒温干燥箱，140～160 ℃保持 4～5 h，在箱内自然冷却至室温，然后缓慢旋松不锈钢外套，将消解内罐取出，用少量水冲洗内盖，放在控温电热板上或超声水浴箱中，于 80 ℃或超声脱气 2～5 min 赶去棕色气体。取出消解内罐，将消化液转移至 25 mL 容量瓶中，用少量水分 3 次洗涤内罐，将洗涤液合并于容量瓶中并定容至刻度，混匀备用。同时做空白试验。

② 微波消解法。称取固体试样 0.2～0.5 g（新鲜样品 0.2～0.8 g 或吸取液体试样 1～3 mL，

精确至 0.001 g 或 0.001 mL）于消解罐中，加入 5～8 mL 硝酸，加盖放置过夜，旋紧罐盖，按照微波消解仪的标准操作步骤进行消解，消解参考条件见表 6 - 2 和表 6 - 3。冷却后取出，缓慢打开罐盖排气，用少量水冲洗内盖，将消解罐放在控温电热板上或超声水浴箱中，80 ℃加热或超声脱气 2～5 min，赶去棕色气体，取出消解内罐，将消化液转移至 25 mL 塑料容量瓶中，用少量水分 3 次洗涤内罐，将洗涤液合并于容量瓶中并定容至刻度，混匀备用。同时做空白试验。

表 6 - 2　粮食、蔬菜、鱼肉类试样微波消解参考条件

步骤	功率（1 600 W）变化/%	温度/℃	升温时间/min	保温时间/min
1	50	80	30	5
2	80	120	30	7
3	100	160	30	5

表 6 - 3　油脂、糖类试样微波消解参考条件

步骤	功率（1 600 W）变化/%	温度/℃	升温时间/min	保温时间/min
1	50	50	30	5
2	70	75	30	5
3	80	100	30	5
4	100	140	30	7
5	100	180	30	5

（3）测定。

① 标准曲线制作。分别吸取 50 ng/mL 汞标准使用液 0.00 mL、0.20 mL、0.50 mL、1.00 mL、1.50 mL、2.00 mL、2.50 mL 于 50 mL 容量瓶中，用硝酸溶液（1+9）稀释至刻度，混匀。分别相当于汞浓度为 0.00 ng/mL、0.20 ng/mL、0.50 ng/mL、1.00 ng/mL、1.50 ng/mL、2.00 ng/mL、2.50 ng/mL。

② 试样溶液的测定。设定仪器为最佳条件，连续用硝酸溶液（1+9）进样，待读数稳定之后，转入标准系列测量，绘制标准曲线。转入试样测量，先用硝酸溶液（1+9）进样，使读数基本回零，再分别测定试样空白和试样消化液，测不同的试样前都应清洗进样器。

（4）仪器参考条件。光电倍增管负高压：240 V；汞空心阴极灯电流：30 mA；原子化器温度：300 ℃；载气流速：500 mL/min；屏蔽气流速：1 000 mL/min。

5. 计算

$$X = \frac{(c - c_0) \times V \times 1\,000}{m \times 1\,000 \times 1\,000}$$

式中：X——试样中汞的含量，mg/kg 或 mg/L；

　　　c——测定样液中汞的含量，ng/mL；

　　　c_0——空白液中汞的含量，ng/mL；

　　　V——试样消化液定容总体积，mL；

m——试样的量，g 或 mL；

1 000——单位换算系数。

计算结果保留两位有效数字。在重复性条件下获得的两次独立测定结果的绝对差值不得超过算术平均值的 20%。

6. **注意** 此方法适用于食品中总汞的测定。当样品称样量为 0.5 g、定容体积为 25 mL 时，方法检出限为 0.003 mg/kg，方法定量限为 0.010 mg/kg。

实训操作

大米中镉的测定

【实训目的】学会并掌握用石墨炉原子化法测定大米中镉的含量。

【实训原理】试样经灰化或酸消解后，向原子吸收分光光度计石墨炉中注入一定量样品消化液，电热原子化后吸收 228.8 nm 共振线，在一定浓度范围内，其吸光度与镉含量成正比，采用标准曲线法定量。

【实训仪器】原子吸收分光光度计：附石墨炉及镉空心阴极灯。

【实训试剂】除非另有说明，本方法所用试剂均为分析纯，水为 GB/T 6682—2008《分析实验室用水规格和试验方法》规定的二级水。所用玻璃仪器均须以硝酸溶液（1+4）浸泡 24 h 以上，用水反复冲洗，最后用去离子水冲洗干净。

1. **硝酸溶液（1%）** 取 10.0 mL 硝酸加至 100 mL 水中，稀释至 1 000 mL。

2. **硝酸-高氯酸混合溶液（9+1）** 取 9 份硝酸与 1 份高氯酸混合。

3. **磷酸二氢铵溶液（10 g/L）** 称取 10.0 g 磷酸二氢铵，用 100 mL 硝酸溶液（1%）溶解后定量移至 1 000 mL 容量瓶，用硝酸溶液（1%）定容至刻度。

4. **金属镉（Cd）标准品** 纯度为 99.99% 或经国家认证并授予标准物质证书的标准物质。

5. **镉标准储备液（1 000 mg/L）** 准确称取 1 g 金属镉标准品（精确至 0.000 1 g）于小烧杯中，分次加 20 mL 盐酸溶液（1+1）溶解，加 2 滴硝酸，移至 1 000 mL 容量瓶中，用水定容至刻度，混匀；或购买经国家认证并授予标准物质证书的标准物质。

6. **镉标准使用液（100 ng/mL）** 吸取镉标准储备液 10.0 mL 于 100 mL 容量瓶中，用硝酸溶液（1%）定容至刻度，如此经多次稀释成每毫升含 100.0 ng 镉的标准使用液。

7. **镉标准曲线工作液** 准确吸取镉标准使用液 0.00 mL、0.50 mL、1.00 mL、1.50 mL、2.00 mL、3.00 mL 于 100 mL 容量瓶中，用硝酸溶液（1%）定容至刻度，即得到镉含量分别为 0.00 ng/mL、0.50 ng/mL、1.00 ng/mL、1.50 ng/mL、2.00 ng/mL、3.00 ng/mL 的标准系列溶液。

【操作步骤】

1. **试样制备** 将大米去除杂质、去壳，磨碎成均匀的样品，颗粒度不大于 0.425 mm，储于洁净的塑料瓶中，并做好标记，于室温下或按样品保存条件保存备用。

2. **试样消解** 称取制备好的大米试样 0.3～0.5 g（精确至 0.000 1 g）于锥形瓶中，放数粒玻璃珠，加 10 mL 硝酸-高氯酸混合溶液（9+1），加盖浸泡过夜，加一小漏斗在电热板上消化，若变棕黑色，再加硝酸，直至冒白烟、消化液呈无色透明或略带黄色，放冷后将消化液洗至 10 mL 或 25 mL 容量瓶中，用少量硝酸溶液（1%）洗涤锥形瓶 3 次，将洗液合并于容量瓶中并用硝酸溶液（1%）定容至刻度，混匀备用。同时做试剂空白试验。

3. 仪器参考条件 根据所用仪器型号将仪器调至最佳状态。原子吸收分光光度计（附石墨炉及镉空心阴极灯）的测定参考条件为：波长 228.8 nm；狭缝 0.2～1.0 nm；灯电流 2～10 mA；干燥温度 105 ℃，干燥时间 20 s；灰化温度 400～700 ℃，灰化时间 20～40 s；原子化温度 1 300～2 300 ℃，原子化时间 3～5 s；背景校正为氘灯或塞曼效应。

4. 标准曲线 将标准曲线工作液按浓度由低到高的顺序各取 20 μL 注入石墨炉，测其吸光度，以标准曲线工作液的浓度为横坐标，以相应的吸光度为纵坐标，绘制标准曲线并求出吸光度与浓度关系的一元线性回归方程。标准系列溶液应有不少于 5 个点的不同浓度的镉标准溶液，相关系数不应小于 0.995。如果有自动进样装置，也可用程序稀释来配制标准系列溶液。

5. 试样测定 于测定标准曲线工作液相同的试验条件下，吸取样品消化液 20 μL（可根据使用仪器选择最佳进样量），注入石墨炉，测其吸光度。代入标准系列的一元线性回归方程中求样品消化液中镉的含量，平行测定不少于两次。若测定结果超出标准曲线范围，用硝酸溶液（1%）稀释后再进行测定。

【结果计算】

$$X = \frac{(c_1 - c_0) \times V}{m \times 1\,000}$$

式中：X——试样中镉的含量，mg/kg 或 mg/L；

$\quad\quad c_1$——试样消化液中镉的含量，ng/mL；

$\quad\quad c_0$——空白液中镉的含量，ng/mL；

$\quad\quad V$——试样消化液定容总体积，mL；

$\quad\quad m$——试样量，g 或 mL；

$\quad\quad 1\,000$——单位换算系数。

任务二 农药残留测定

农药残留（pesticide residues）是农药使用后一段时间内没有被分解而残留于生物体、收获物、土壤、水体、大气中的微量农药原体、有毒代谢物、降解物和杂质的总称。使用于作物上的农药，其中一部分附着于作物上，一部分散落在土壤、大气和水等环境中，环境中残存的农药中的一部分又会被植物吸收。残留农药直接通过植物果实或水、大气到达人畜体内，或通过环境、食物链最终传递给人畜。农产品中常见的农药残留种类有有机氯农药、有机磷农药、拟除虫菊酯农药、氨基甲酸酯农药。为保证农产品安全，保障消费者健康，我国对农药使用做了限制，并制定了农药允许残留量标准。

一、液相色谱-质谱联用法（GB 23200.108—2018）

1. 原理 试样中的草铵膦用水和甲醇提取，再经固相材料分散净化处理，净化液与氯甲酸-9-芴基甲酯（9-fluorenylmethyl chloroformate）反应后生成的衍生物草铵膦-FMOC（glufosinate-FMOC）经液相色谱质谱联用法检测，用外标法定量。

2. 仪器

（1）液相色谱-质谱联用仪：配有电喷雾离子源（ESI）。

（2）分析天平：感量为 0.000 1 g 和 0.01 g。

（3）组织捣碎仪。

（4）离心机：转速不低于 10 000 r/min。

（5）涡旋振荡器。

（6）恒温水浴锅。

3. 试剂 除另有说明外，在分析中仅使用分析纯试剂和 GB/T 6682—2008《分析实验室用水规格和试验方法》中规定的一级水。

（1）乙腈（CH_3CN，CAS 号为 75-05-8）：色谱纯。

（2）甲醇（CH_3OH，CAS 号为 67-56-1）：色谱纯。

（3）乙酸铵（CH_3COONH_4，CAS 号为 631-61-8）。

（4）硼酸钠（$Na_2B_4O_7 \cdot 10H_2O$，CAS 号为 1303-96-4）。

（5）氯甲酸-9-芴基甲酯（$C_{15}H_{11}ClO_2$，CAS 号为 28920-43-6）：纯度为 99.0%，0~4 ℃保存。

（6）硼酸盐缓冲溶液（50.0 g/L，pH＝9）：称取 5 g 硼酸钠（$Na_2B_4O_7 \cdot 10H_2O$），用水溶解并定容至 100 mL。

（7）氯甲酸-9-芴基甲酯乙腈溶液（10.0 g/L）：称取 1 g 氯甲酸-9-芴基甲酯，用乙腈溶解并定容至 100 mL。

（8）乙酸铵水溶液（5 mmol/L）：称取 0.385 g 乙酸铵溶解于适量水中，用水定容至 1 000 mL。

（9）草铵膦（$C_5H_{18}N_3O_4P$，CAS 号为 77182-82-2）标准品：纯度≥99.0%。

（10）草铵膦标准储备溶液（100 mg/L）：准确称取草铵膦标准品 10.0 mg 于 50 mL 烧杯中，用水溶解后转移到 100 mL 容量瓶中，用水定容。放置于 0~4 ℃冰箱中，有效期为 6 个月。

（11）草铵膦标准中间溶液（10 mg/L）：吸取 5.0 mL 草铵膦标准储备溶液于 50 mL 容量瓶中，用水定容。放置于 0~4 ℃冰箱中，有效期为 1 个月。

（12）中性氧化铝（Al_2O_3，CAS 号为 1344-28-1）：0.075~0.150 mm。

（13）多壁碳纳米管（MWCNTs）：粒径范围为 10~20 nm；颗粒物长度为 5~15 μm；比表面积为（225±25）m^2/g。

（14）滤膜：0.22 μm，有机系。

4. 方法

（1）试样制备。蔬菜、水果和食用菌样品按相关标准取一定量，样品取样部位按照 GB 2763—2021《食品安全国家标准　食品中农药最大残留限量》的规定执行。对于个体较小的样品，取样后全部处理；对于个体较大的基本均匀样品，可在对称轴或对称面上分割或切成小块后处理；对于细长、扁平或组分含量在各部分有差异的样品，可在不同部位切取小片或截成小段后处理。将取后的样品切碎，充分混匀，用四分法取样或直接放入组织捣碎机中捣碎成匀浆，将匀浆放入聚乙烯容器中。

取谷类样品 500 g，粉碎后使其全部通过 425 μm 的标准网筛，放入聚乙烯瓶或袋中。取油料作物、茶叶、坚果和香辛料样品各 500 g，粉碎后充分混匀，放入聚乙烯瓶或袋中。植物油类搅拌均匀。试样于 −18 ℃以下保存。

（2）提取。蔬菜、水果、食用菌类：称取 10 g（精确至 0.01 g）试样于 50 mL 离心管中，根据表 6‑4 补水，然后加 10 mL 甲醇，涡旋振荡 2 min 后，3 800 r/min 离心 5 min，待净化。

香辛料、茶叶类：称取 2 g（精确至 0.01 g）试样于 50 mL 离心管中，根据表 6‑4 补水，然后加 10 mL 甲醇，涡旋振荡 2 min 后，3 800 r/min 离心 5 min，待净化。

谷物、坚果、油料作物、植物油类：称取 5 g（精确至 0.01 g）试样于 50 mL 离心管中，根据表 6‑4 补水，然后加 10 mL 甲醇，涡旋振荡 2 min 后，3 800 r/min 离心 5 min，待净化。

表 6‑4　所选基质含水量、称样量及提取前补水量信息

基质名称	含水量/%	称样量/g	提取前补水量/g
结球甘蓝	85	10	1.5
芹菜	95	10	0.5
番茄	95	10	0.5
茄子	95	10	1.0
马铃薯	80	10	2.0
萝卜	95	10	0.5
菜豆	75	10	2.5
韭菜	85	10	1.5
苹果	85	10	1.5
桃	90	10	1.0
葡萄	80	10	1.5
柑橘	85	10	1.5
香蕉	75	10	2.5
木瓜	90	10	1.0
香菇	90	10	1.0
杏仁	<10	5	10
大豆油	<10	5	10
糙米	<10	5	10
小麦	<10	5	10
玉米	<10	5	10
花生	<10	5	10
绿茶	<10	2	10
花椒	<10	2	10

注：不包含在本表中的基质可根据其含水量测试结果进行补水；按照基质含水量补水至 10 g。

（3）净化。蔬菜、水果、坚果、食用菌类、香辛料、茶叶类、谷物类：准确吸取 1 mL 提取液于有 5 mg 多壁碳纳米管的 2 mL 离心管中，涡旋 1 min 后，10 000 r/min 离心 3 min，取上清液过 0.22 μm 有机系滤膜于另一个 2 mL 离心管中，待衍生化。

油料作物类：用吸量管准确吸取 4 mL 提取液于 5 mL 离心管中，置于−20 ℃的冰箱中冷冻过夜，然后取 1 mL 上清液于有 5 mg 多壁碳纳米管和 50 mg 中性氧化铝的 2 mL 离心管中，涡旋 1 min 后，10 000 r/min 离心 3 min，取上清液过 0.22 μm 有机系滤膜于另一个 2 mL 离心管中，待衍生化。

植物油类：准确吸取 1 mL 提取液直接过 0.22 μm 有机系滤膜于另一个 2 mL 离心管中，待衍生化。

（4）衍生化。准确吸取 0.5 mL 净化后的提取液于 2 mL 离心管中，加入 0.5 mL 硼酸盐缓冲溶液，混匀后再加入 0.5 mL 氯甲酸-9-芴基甲酯乙腈溶液，涡旋 1 min，40 ℃水浴衍生 1 h，衍生后 10 000 r/min 离心 1 min，取上清液过 0.22 μm 有机系滤膜，供检测。准确吸取草铵膦标准溶液 0.5 mL 按此方法同时进行衍生化。

（5）仪器参考条件。

① 液相色谱参考条件。色谱柱：C_{18}，50 mm×2.1 mm，粒径为 1.7 μm，或相当者；流动相：A 为 5 mmol/L 乙酸铵水溶液，B 为乙腈，梯度洗脱程序见表 6-5；流速：0.2 mL/min；柱温：室温；进样体积：5 μL。

表 6-5 流动相及梯度洗脱程序（$V_A + V_B$）

时间/min	流动相 A 体积（V_A）/mL	流动相 B 体积（V_B）/mL
0	95	5
4	70	30
6	70	30
6.1	5	95
8.0	5	95
8.1	95	5
10	95	5

② 质谱参考条件。离子源：电喷雾离子源；扫描方式：正离子扫描；喷雾电压：3 500 V；毛细管温度：320 ℃；气化温度：300 ℃；鞘气（N_2）：0.31 MPa 辅助气（N_2）：0.07 MPa；碰撞气氩气：0.20 Pa；检测方式：多反应监测（MRM），多反应监测条件见表 6-6。

表 6-6 草铵膦衍生物 glufosinate-FMOC 的保留时间和多反应监测（MRM）条件

中文名称	保留时间/min	定量离子对（m/z）	定量离子对（m/z）	碰撞能量/V
草铵膦衍生物	5.5	404.0/182.0	404.0/182.0	15
			404.0/208.0	10

（6）标准工作曲线。将草铵膦标准中间溶液用空白提取液稀释成浓度为 0.01 mg/L、0.05 mg/L、0.1 mg/L、0.5 mg/L 和 1 mg/L 的系列基质匹配标准溶液，经衍生化后按参考

色谱和质谱条件测定。以草铵膦质量浓度为横坐标、其衍生物的峰面积积分值为纵坐标，绘制标准曲线，求回归方程和相关系数。基质匹配标准溶液应现配现用。

（7）定性及定量。

① 保留时间。被测试样中草铵膦衍生物 glufosinate‐FMOC 色谱峰的保留时间与相应标准色谱峰的保留时间相比较，相对误差应在±2.5％之内。

② 定量离子、定性离子及子离子丰度比。在相同试验条件下进行样品测定时，如果检出的色谱峰的保留时间与标准样品相一致，并且在扣除背景后的样品质谱图中，目标化合物的质谱定性离子必须出现，至少应包括 1 个母离子和 2 个子离子，而且同一检测批次，对同一化合物，样品中目标化合物的 2 个子离子的相对丰度比与浓度相当的标准溶液相比，其相对偏差不超过表 6‐7 规定的范围，则可判断样品中存在草胺膦。

表 6‐7　定性测定时相对离子丰度的最大允许偏差

相对离子丰度	＞50％	20％～50％（含）	10％～20％（含）	≤10％
允许相对偏差/％	±20	±25	±30	±50

（8）测定。将基质匹配标准溶液和待测溶液经衍生化后分别注入液相色谱-质谱联用仪中，以保留时间和定性离子定性，样品中草铵膦质量浓度应在标准工作曲线质量浓度范围内，超过标准工作曲线质量浓度上限的样品应稀释后进样，采用外标法定量。同时做空白试验。

5. 计算

$$w=\frac{A\times\rho_s\times v}{A_s\times m}$$

式中：w——试样中草铵膦的残留量，mg/kg；

　　　A——试样溶液中草铵膦衍生物的峰面积；

　　　A_s——标准溶液中草铵膦衍生物的峰面积；

　　　ρ_s——基质匹配标准工作溶液中草铵膦的质量浓度，mg/L；

　　　m——试样的质量，g；

　　　v——提取溶液总体积，mL，$v=20$。

计算结果以重复性条件下获得的两次独立测定结果的算术平均值表示，保留两位有效数字。当结果大于 1 mg/kg 时，保留三位有效数字。

在重复性条件下，2 次独立测定结果的绝对差不大于重复性限（r）。重复性限（r）的数据为：含量为 0.05 mg/kg 时，重复性限（r）为 0.01；含量为 0.1 mg/kg 时，重复性限（r）为 0.02；含量为 0.5 mg/kg 时，重复性限（r）为 0.09；含量为 1 mg/kg 时，重复性限（r）为 0.19。

在再现性条件下，2 次独立测定结果的绝对差不大于再现性限（R）。再现性限（R）的数据为：含量为 0.05 mg/kg 时，再现性限（R）为 0.02；含量为 0.1 mg/kg 时，再现性限（R）为 0.04；含量为 0.5 mg/kg 时，再现性限（R）为 0.16；含量为 1 mg/kg 时，再现性限（R）为 0.24。

6. 注意　本标准适用于植物源性食品中草铵膦残留量的测定。香辛料和茶叶的定量限为 0.1 mg/kg，其他样品的定量限为 0.05 mg/kg。

二、高效液相色谱法（GB 23200.117—2019）

1. 原理 试样中残留的喹啉铜，用 1% 草酸溶液提取，用亲水亲脂平衡的水可浸润性的反相固相萃取柱净化，用 1% 草酸水溶液复溶，用带有紫外检测器的高效液相色谱测定，用外标法定量。

2. 仪器

（1）高效液相色谱仪：配有紫外检测器或者二极管阵列检测器。

（2）分析天平：感量为 0.1 mg 和 0.01 g。

（3）容量瓶：1 L。

（4）聚丙烯广口瓶：250 mL。

（5）聚丙烯容量瓶：100 mL。

（6）聚丙烯试管：10 mL。

（7）聚丙烯离心管：150 mL。

（8）振荡仪。

（9）离心机：≥5 000 r/min。

（10）氮吹仪。

（11）涡旋振荡合器。

（12）固相萃取装置。

3. 试剂 除非另有说明，在分析中仅使用确认为色谱纯的试剂和符合 GB/T 6682—2008《分析实验室用水规格和试验方法》规定的一级水。

（1）草酸（$C_2H_2O_4$，CAS 号为 144-62-7）：分析纯。

（2）甲醇（CH_3OH，CAS 号为 67-56-1）。

（3）草酸溶液（10 g/L）：称取 10 g 草酸加水溶解，用水定容至 1 L。

（4）氢氧化钠溶液（1 mol/L）：称取 4 g 氢氧化钠，用水溶解并稀释至 100 mL。

（5）淋洗液：甲醇-水溶液（1+9，体积比）：量取 100 mL 甲醇，加到 900 mL 水中，混匀。

（6）洗脱液：草酸甲醇溶液（10 g/L），称取 1 g 草酸，用 100 mL 甲醇溶解，混匀。

（7）流动相 A：称取 1.26 g 草酸，用水溶解并定容至 1 L，过 0.22 μm 有机滤膜，现用现配。

（8）喹啉铜（$C_{18}H_{12}N_2O_2Cu$，CAS 号为 10380-28-6）：纯度≥98%。

（9）喹啉铜标准储备溶液（100 mg/L）：称取 10 mg（精确至 0.1 mg）喹啉铜标准品于 100 mL 聚丙烯容量瓶中，用甲醇溶解后定容，作为标准储备溶液，在 -18 ℃ 以下保存，有效期为 6 个月。

（10）喹啉铜标准工作溶液（10 mg/L）：吸取 10 mL（精确至 0.1 mL）喹啉铜标准储备溶液于 100 mL 聚丙烯容量瓶中，用甲醇定容，配制成标准工作溶液，0～5 ℃ 保存，有效期为 1 个月。

（11）有机滤膜：0.22 μm。

（12）聚乙烯筛板：20 μm，13 mm，或者相当规格的滤膜。

动画：固相萃取净化流程

动画：固相萃取洗脱不能太快

动画：固相萃取上样不能太快

（13）亲水亲脂平衡的水可浸润性的反相固相萃取柱（HLB 固相萃取柱）：200 mg，6 mL，或相当者。

（14）精密 pH 试纸：pH 为 2.7～4.7。

4. 方法

（1）试样制备。蔬菜、水果和食用菌样品按相关标准取一定量，样品取样部位按 GB 2763—2021《食品安全国家标准　食品中农药最大残留限量》的规定执行。对于个体较小的样品，取样后全部处理；对于个体较大的基本均匀样品，可在对称轴或对称面上分割或切成小块后处理；对于细长、扁平或组分含量在各部分有差异的样品，可在不同部位切取小片或截成小段后处理。将取后的样品切碎，充分混匀，用四分法取样或直接放入组织捣碎机捣碎成匀浆。将匀浆放入聚乙烯容器中。取谷类样品500 g，粉碎后使其全部可通过 425 μm 的标准网筛，放至聚乙烯瓶或袋中。取油料作物、茶叶、坚果和香辛料样品各 500 g，粉碎后充分混匀，放至聚乙烯瓶或袋中。植物油类样品搅拌均匀。试样于－20～－16 ℃条件下保存。

（2）提取。蔬菜、水果、植物油和食用菌：称取 10 g（精确至 0.01 g）试样于 250 mL 聚丙烯广口瓶中，加入 90 mL 草酸溶液，振荡提取 1 h，转移至离心管，4 000 r/min 离心 5 min，上清液（植物油取水相层）转移至 100 mL 聚丙烯容量瓶，用草酸溶液定容至 100 mL，准确移取 10 mL 提取液过聚乙烯筛板，然后用氢氧化钠溶液调节 pH 至 3，待净化。

谷物、油料、坚果：称取 5 g（精确至 0.01 g）试样于 250 mL 聚丙烯广口瓶中，准确加入 100 mL 草酸溶液，振荡提取 1 h，转移至离心管，4 000 r/min 离心 5 min，取 10 mL 上清液用氢氧化钠溶液调节 pH 至 3，4 000 r/min 离心 5 min，取上清液过聚乙烯筛板，待净化。

茶叶和香辛料：称取 5 g 试样（精确至 0.01 g）于 250 mL 聚丙烯广口瓶中，准确加入 100 mL 草酸溶液，振荡提取 1 h，转移至离心管，4 000 r/min 离心 5 min，取 10 mL 上清液过聚乙烯筛板，用氢氧化钠溶液调节 pH 至 3，待净化。

（3）净化。HLB 固相萃取柱依次用 5 mL 甲醇和 5 mL 水活化，加入上述的待净化液，加入 5 mL 淋洗液，舍弃流出液，抽干固相萃取柱，再加 3 mL 洗脱液，收集洗脱液于 10 mL 聚丙烯试管中，50 ℃水浴氮气吹至近干，准确加 1 mL 草酸溶液，涡旋 1 min 溶解残渣，过 0.22 μm 有机滤膜，供高效液相色谱测定。

注：全过程应避免接触玻璃器皿。

（4）测定。

① 仪器参考条件。色谱柱：C_{18}，250 mm×4.6 mm（内径），粒径为 5 μm，或相当者；色谱柱温度：40 ℃；检测波长：252 nm；进样体积：20 μL；流动相：甲醇和流动相 A，流速及梯度洗脱程序见表 6 - 8。

表 6 - 8　流动相及梯度洗脱程序

时间/min	流速/(mL/min)	甲醇体积 (V_1)/mL	流动相 A 体积 (V_2)/mL
0	1.0	5	95
10	1.0	5	95
13	1.0	90	10

（续）

时间/min	流速/(mL/min)	甲醇体积（V₁）/mL	流动相 A 体积（V₂）/mL
14	1.0	90	10
16	1.0	5	95
20	1.0	5	95

② 标准曲线的绘制。用草酸溶液将标准工作液逐级稀释得到质量浓度分别为 0.05 mg/L、0.20 mg/L、1.00 mg/L、2.00 mg/L 和 5.00 mg/L 的标准工作溶液，由低至高依次进样测定，以峰面积和质量浓度计算，得到标准曲线回归方程。标准溶液色谱图如图 6-1 所示。

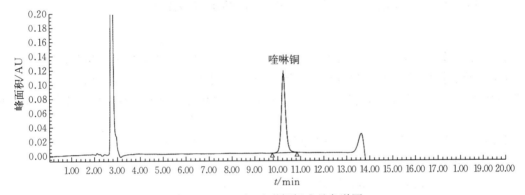

图 6-1　1 mg/L 喹啉铜标准品色谱图

③ 测定。按照保留时间进行定性，样品与标准品保留时间的相对偏差不大于 2%。待测样液中喹啉铜的峰面积应在标准曲线范围内，超过线性范围则应稀释后再进样分析，用外标法定量。同时做空白试验。

5. 计算

$$w = \frac{A \times V_1 \times V_3}{A_s \times V_2 \times m} \times \rho$$

式中：w——试样中的喹啉铜含量，mg/kg；

A——样品溶液中喹啉铜的峰面积；

A_s——标准溶液中喹啉铜的峰面积；

ρ——标准溶液中喹啉铜的质量浓度，mg/L；

V_1——提取溶剂的总体积，mL；

V_2——吸取出用于检测用的提取溶液的体积，mL；

V_3——样品溶液定容体积，mL；

m——试料的质量，g。

计算结果保留两位有效数字，当结果大于 1 mg/kg 时，保留三位有效数字。

在重复性条件下，两次独立测定结果的绝对差不大于重复性限（r），重复性限（r）的数据为：含量为 0.1 mg/kg 时，重复性限（r）为 0.017 3；含量为 1 mg/kg 时，重复性限（r）为 0.138 7；含量为 2 mg/kg 时，重复性限（r）为 0.339 3；含量为 4 mg/kg 时，重复性限（r）为 0.684 0。

在再现性条件下，两次独立测定结果的绝对差不大于再现性限（R）。再现性限（R）的数据为：含量为 0.1 mg/kg 时，再现性限（R）为 0.039 7；含量为 1 mg/kg 时，再现性限（R）为 0.438 3；含量为 2 mg/kg 时，再现性限（R）为 0.607 8；含量为 4 mg/kg 时，再现性限（R）为 1.746 9。

6. 注意　本标准适用于植物源性食品中喹啉铜残留量的测定。本标准方法的定量限为0.1 mg/kg。

实训操作

蔬菜中有机磷和氨基甲酸酯农药残留的测定（GB/T 5009.199—2003）

（一）速测卡法

【实训目的】掌握用速测卡法测定蔬菜中有机磷和氨基甲酸酯类农药残留量。

【实训原理】胆碱酯酶可催化靛酚乙酸酯（红色）水解为乙酸与靛酚（蓝色），有机磷或氨基甲酸酯类农药对胆碱酯酶有抑制作用，使催化、水解、变色的过程发生改变，由此可判断出样品中是否有高剂量有机磷或氨基甲酸酯类农药的存在。

【实训仪器】常量天平；有条件时配备（37±2）℃恒温装置。

【实训试剂】

1. 速测卡　固化有胆碱酯酶和靛酚乙酸酯试剂的纸片。

2. pH＝7.5 缓冲溶液　分别取 15.0 g 磷酸氢二钠 [$Na_2HPO_4 \cdot 12H_2O$] 与 1.59 g 无水磷酸二氢钾（KH_2PO_4），用 500 mL 蒸馏水溶解。

【操作步骤】

1. 整体测定法

（1）选取有代表性的蔬菜样品，擦去表面泥土，剪成边长为 1 cm 的正方形碎片，取 5 g放入带盖瓶中，加入 10 mL 缓冲溶液，振摇 50 次，静置 2 min 以上。

（2）取一片速测卡，用白色药片蘸取提取液，放置 10 min 以上进行预反应，有条件时在 37 ℃恒温装置中放置 10 min。预反应后的药片表面必须保持湿润。

（3）将速测卡对折，用手捏 3 min 或用恒温装置恒温 3 min，使红色药片与白色药片叠合发生反应。

（4）每批测定应设一个缓冲液的空白对照卡。

2. 表面测定法

（1）擦去蔬菜表面泥土，滴 2～3 滴缓冲溶液在蔬菜表面，用另一片蔬菜在滴液处轻轻摩擦。

（2）取一片速测卡，将蔬菜上的液滴滴在白色药片上。

（3）放置 10 min 以上进行预反应，有条件时在 37 ℃恒温装置中放置 10 min，预反应后的药片表面必须保持湿润。

（4）将速测卡对折，用手捏 3 min 或用恒温装置恒温 3 min，使红色药片与白色药片叠合发生反应。

（5）每批测定应设一个缓冲液的空白对照卡。

【结果判定】

结果以酶被有机磷或氨基甲酸酯类农药抑制（为阳性）、未抑制（为阴性）表示。

与空白对照卡比较，白色药片不变色或略有浅蓝色均为阳性。白色药片变为天蓝色或与空白对照卡相同，为阴性。

对阳性结果的样品，可用其他分析方法进一步确定具体农药品种和含量。

（二）酶抑制率法

【实训目的】掌握用酶抑制率法测定蔬菜中有机磷和氨基甲酸酯类农药残留量。

【实训原理】在一定条件下，有机磷和氨基甲酸酯类农药对胆碱酯酶的正常功能有抑制作用，其抑制率与农药的浓度正相关。正常情况下，酶催化神经传导代谢产物（乙酰胆碱）水解，其水解产物与显色剂反应，产生黄色物质，用分光光度计在 412 nm 处测定吸光度随时间的变化值，计算抑制率，通过抑制率可以判断样品中是否有高剂量有机磷或氨基甲酸酯类农药。

【实训仪器】分光光度计或相应测定仪；常量天平；恒温水浴锅或恒温箱。

【实训试剂】

1. pH＝8.0 的缓冲溶液　分别取 11.9 g 无水磷酸氢二钾与 3.2 g 磷酸二氢钾，用 1 000 mL 蒸馏水溶解。

2. 显色剂　分别取 160 mg 二硫代二硝基苯甲酸（DTNB）和 15.6 mg 碳酸氢钠，用 20 mL 缓冲溶液溶解，于 4 ℃冰箱中保存。

3. 底物　取 25.0 mg 硫代乙酰胆碱，加 3.0 mL 蒸馏水溶解，摇匀后置于 4 ℃冰箱中保存备用，有效期不超过两周。

4. 乙酰胆碱酯酶　根据酶的活性情况，用缓冲溶液溶解，3 min 的吸光度变化 ΔA_0 值应控制在 0.3 以上。摇匀后置于 4 ℃冰箱中保存备用，有效期不超过 4 d。

【操作步骤】

1. 样品处理　选取有代表性的蔬菜样品，冲洗掉表面泥土，剪成边长为 1 cm 的正方形碎片，取样品 1 g，放至烧杯或提取瓶中，加入 5 mL 缓冲溶液，振荡 1～2 min，倒出提取液，静置 3～5 min，待用。

2. 对照溶液测试　先向试管中加 2.5 mL 缓冲溶液，再加 0.1 mL 酶液、0.1 mL 显色剂，摇匀后 37 ℃放置 15 min 以上（每批样品的控制时间应一致）。加入 0.1 mL 底物摇匀，此时检液开始显色反应，应立即放至仪器比色池中，记录反应 3 min 的吸光度变化值 ΔA_0。

3. 样品溶液测试　先向试管中加 2.5 mL 样品提取液，再加 0.1 mL 酶液、0.1 mL 显色剂，摇匀后 37 ℃放置 15 min 以上（每批样品的控制时间应一致）。加入 0.1 mL 底物摇匀，此时检液开始显色反应，应立即放至仪器比色池中，记录反应 3 min 的吸光度变化值 ΔA_t。

【结果计算】

$$抑制率（\%）=\frac{\Delta A_0-\Delta A_t}{\Delta A_0}\times 100$$

式中：ΔA_0——对照溶液反应 3 min 吸光度的变化值；

　　　ΔA_t——样品溶液反应 3 min 吸光度的变化值；

100——单位换算系数。

结果以酶被抑制的程度（抑制率）表示。

【结果判定】

当蔬菜样品提取液对酶的抑制率≥50％时，表示蔬菜中有高剂量有机磷或氨基甲酸酯类农药存在，样品为阳性结果。阳性结果的样品需要重复检验 2 次以上。对阳性结果的样品，可用其他方法进一步确定具体农药品种和含量。

任务三 兽药残留测定

兽药残留（residues of veterinary drug）是指用药后蓄积或存留于畜禽机体或产品（如鸡蛋、乳品、肉品等）中原型药物及其代谢产物，包括与兽药有关的杂质的残留。兽药残留的主要兽药有抗生素类、磺胺类、呋喃类、抗寄生虫类和激素类药物。产生兽药残留的主要原因有：非法使用违禁或淘汰药物、不遵守休药期规定、滥用药物、违背有关标签的规定、屠宰前用药。兽药残留不仅对人体健康造成直接危害，还对畜牧业的发展和生态环境造成极大危害，因此对动物性农产品进行兽药残留的检测至关重要。

一、高效液相色谱法（GB 31660.9—2019）

1. 原理 试样中残留的乙氧酰胺苯甲酯用乙腈提取，用正己烷脱脂，用无水硫酸钠脱水，浓缩，用正己烷-丙酮溶解残余物，用固相萃取柱净化，用甲醇洗脱，用高效液相色谱测定，用外标法定量。

2. 仪器

(1) 高效液相色谱仪：配紫外检测器。

(2) 分析天平：感量为 0.000 01 g 和 0.01 g。

(3) 匀浆机。

(4) 离心机：4 000 r/min。

(5) 旋转蒸发仪。

(6) 旋涡混合器：3 000 r/min。

(7) 振荡器。

3. 试剂 除另有规定外，所有试剂均为分析纯，水为符合 GB/T 6682—2008《分析实验室用水规格和试验方法》规定的一级水。

(1) 乙腈（CH_3CN）：色谱纯。

(2) 甲醇（CH_3OH）：色谱纯。

(3) 正己烷（C_6H_{14}）。

(4) 丙酮（CH_3COCH_3）。

(5) 无水硫酸钠（Na_2SO_4）。

(6) 乙氧酰胺苯甲酯（ethopabate，$C_{12}H_{15}O_4N$，CAS 号为 59 - 06 - 3）：含量≥98.5％。

(7) 标准储备液：取乙氧酰胺苯甲酯标准品约 10 mg，精密称定，于 100 mL 量瓶中，加适量甲醇使溶解并稀释至刻度，摇匀。4 ℃保存，有效期为 1 周。

（8）硅酸镁固相萃取柱：100 mg/mL，或相当者。

4. 方法

（1）试料制备。取适量新鲜或解冻的空白或供试组织，绞碎，并使其均质。取均质后的供试样品，作为供试试料。取均质后的空白样品，作为空白试料。取均质后的空白样品，添加适宜浓度的标准工作液，作为空白添加试料。试料−20 ℃储存备用。

（2）提取。称取试样 5 g（精确至±20 mg），置于 50 mL 具塞离心管中，加乙腈 15 mL、无水硫酸钠 10 g、正己烷 10 mL，涡旋混合 1 min，振荡 5 min，4 000 r/min 离心 10 min。取下层乙腈于鸡心瓶中备用。向沉淀中再加入乙腈 15 mL，重新提取一次，合并两次乙腈提取液于同一鸡心瓶中，45 ℃旋转蒸发至近干。加正己烷-丙酮（9＋1）5.0 mL 使溶解，超声 30 s，摇匀，转移至 10 mL 离心管，4 000 r/min 离心 10 min，上清液备用。

（3）净化。硅酸镁固相萃取柱用甲醇 5 mL 预洗。取上述上清液 1.0 mL 过柱，用正己烷 3 mL 淋洗，挤干。用甲醇 1.0 mL 洗脱，挤干，收集洗脱液，过 0.45 μm 有机滤膜，供高效液相色谱测定。

（4）标准曲线的制备。分别精密量取标准储备液适量，用甲醇稀释成浓度分别为 5.0 μg/mL、2.5 μg/mL、1.0 μg/mL、0.5 μg/mL、0.25 μg/mL、0.10 μg/mL、0.05 μg/mL 的标准溶液，供高效液相色谱仪测定。临用前配制。

（5）液相色谱参考条件。色谱柱：C_{18} 柱（250 mm×4.6 mm，5 μm），或相当者。流动相：乙腈-水（30＋70）。流速：1.0 mL/min。检测波长：270 nm。进样量：10 μL。

（6）测定。取试样溶液和相应浓度的标准溶液，作单点或多点校准，按外标法用峰面积计算。标准溶液和试样溶液中乙氧酰胺苯甲酯的峰面积均应在仪器检测的线性范围内。在上述色谱条件下，标准溶液色谱图如图 6－2 所示。同时做空白试验。

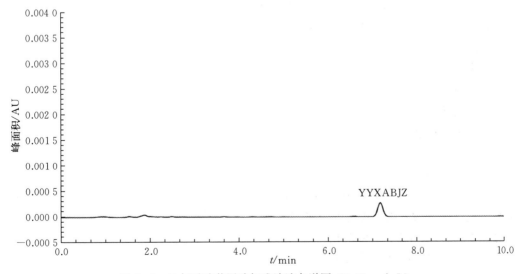

图 6－2　乙氧酰胺苯甲酯标准溶液色谱图（0.05 μg/mL）

5. 计算

$$X = \frac{c_s \times A \times V_1 \times V_3}{A_s \times V_2 \times m}$$

式中：X——试样中乙氧酰胺苯甲酯的残留量，$\mu g/kg$；

c_s——标准溶液中乙氧酰胺苯甲酯的浓度，ng/mL；

A——试样溶液中乙氧酰胺苯甲酯的峰面积；

A_s——标准溶液中乙氧酰胺苯甲酯的峰面积；

V_1——试样提取液浓缩近干后残余物溶解的总体积，mL；

V_2——过硅酸镁固相萃取柱所用备用液的体积，mL；

V_3——洗脱液的体积，mL；

m——试样的质量，g。

计算结果需扣除空白值，以重复性条件下两次独立测定结果的算术平均值表示，保留三位有效数字。

6. 注意　本标准适用于家禽肌肉、肝、肾组织中乙氧酰胺苯甲酯残留量的检测。本方法在禽肌肉组织中的检测限为 20 $\mu g/kg$，定量限为 50 $\mu g/kg$；在禽肝和肾组织中的检测限为 50 $\mu g/kg$，定量限为 100 $\mu g/kg$。本方法在家禽肌肉组织中 $50\sim1\,000\ \mu g/kg$ 添加浓度水平上的回收率为 $70\%\sim110\%$；在家禽肝和肾组织中 $100\sim3\,000\ \mu g/kg$ 添加浓度水平上的回收率为 $70\%\sim110\%$。本方法的批内变异系数 $CV\leqslant10\%$，批间变异系数 $CV\leqslant15\%$。

二、液相色谱-串联质谱法（GB 31660.6—2019）

1. 原理　试样中残留的 α_2-受体激动剂，用碳酸钠缓冲溶液、乙酸乙酯提取，用固相萃取柱净化，用液相色谱-串联质谱测定，用外标法定量。

2. 仪器

（1）液相色谱-串联质谱仪：配电喷雾电离源。

（2）分析天平：感量为 0.000 01 g 和 0.01 g。

（3）均质机。

（4）离心机。

（5）涡旋振荡器。

（6）旋转蒸发仪。

（7）固相萃取装置。

（8）鸡心瓶。

（9）离心管：50 mL。

3. 试剂　除另有规定外，所有试剂均为分析纯，水为符合 GB/T 6682—2008《分析实验室用水规格和试验方法》规定的一级水。

（1）乙腈（CH_3CN）：色谱纯。

（2）甲酸（$HCOOH$）：色谱纯。

（3）甲醇（CH_3OH）。

（4）氨水（NH_4OH）。

（5）无水碳酸钠（Na_2CO_3）。

（6）碳酸氢钠（$NaHCO_3$）。

（7）乙酸乙酯（$CH_3COOC_2H_5$）。

（8）碳酸钠溶液：取无水碳酸钠 10.6 g，用水溶解并稀释至 100 mL。

（9）碳酸氢钠溶液：取碳酸氢钠 8.4 g，用水溶解并稀释至 100 mL。

（10）碳酸钠缓冲溶液：取碳酸钠溶液 90 mL、碳酸氢钠溶液 10 mL，混匀，现用现配。

（11）甲酸溶液（0.2%）：取甲酸 1 mL，用水溶解并稀释至 500 mL。

（12）甲酸-乙腈溶液：取 0.2% 甲酸溶液 80 mL，加乙腈 20 mL，混匀。

（13）氨水甲醇溶液（5%）：取氨水 5 mL，用甲醇溶解并稀释至 100 mL。

（14）盐酸替扎尼定（tizanidine hydrochloride，$C_9H_8ClN_5S \cdot HCl$，CAS 为 64461-82-1）、盐酸赛拉嗪（xylazine Hydrochloride，$C_{12}H_{16}N_2S$，CAS 为 7361-61-7）、溴莫尼定（brimonidine，$C_{11}H_{10}BrN_5$，CAS 为 59803-98-4）、盐酸安普乐定（apraclonidine hydrochloride，$C_9H_{10}N_4Cl_2 \cdot HCl$，CAS 为 73218-79-8）和盐酸可乐定（clonidine hydrochloride，$C_9H_{10}Cl_3N_3$，CAS 为 4205-91-8）：含量均 ≥98%。

（15）标准储备液：取盐酸替扎尼定、盐酸赛拉嗪、溴莫尼定、盐酸安普乐定和盐酸可乐定标准品各约 10 mg，精密称定，分别置于 10 mL 量瓶中，用甲醇溶解并稀释至刻度，配制成浓度均为 1 mg/mL 的盐酸替扎尼定、盐酸赛拉嗪、溴莫尼定、盐酸安普乐定和盐酸可乐定标准储备液。2～8 ℃ 保存，有效期为 6 个月。

（16）混合标准工作液：分别精密量取上述标准储备液各 1 mL，置于 100 mL 量瓶中，用甲醇溶解并稀释至刻度，配制成浓度为 10 μg/mL 的混合标准工作液。2～8 ℃ 保存，有效期为 1 个月。

（17）标准曲线制备：分别精密量取混合标准工作溶液适量，用甲酸-乙腈溶液稀释配制成浓度为 0.5 μg/L、1.0 μg/L、10.0 μg/L、50.0 μg/L 和 100.0 μg/L 的系列混合标准工作液，临用现配。

（18）固相萃取 MCX 柱：60 mg/3 mL，或相当者。

（19）滤膜：有机相，0.22 μm。

4. 方法

（1）试料的制备。取适量新鲜或解冻的空白或供试组织，绞碎并使其均质。取均质的供试样品，作为供试试料。取均质的空白样品，作为空白试料。取均质的空白样品，添加适宜浓度的标准工作溶液，作为空白添加试料。样品 −20 ℃ 以下保存。

（2）提取。取试料 2 g（精确至 ±0.02 g），于 50 mL 离心管中，加碳酸钠缓冲液 5 mL，振荡混匀，加乙酸乙酯 10 mL，充分振荡，8 000 r/min 离心 5 min，取上清液于鸡心瓶中，向下层溶液中加乙酸乙酯 10 mL 重复提取一次，合并两次上清液。55 ℃ 旋转蒸发至干，加甲酸-乙腈溶液 4.0 mL 溶解残余物，备用。

（3）净化。MCX 柱依次用甲醇、水各 3 mL 活化。取备用液过柱，用水 3 mL、甲醇 3 mL 分别淋洗，挤干，用 6 mL 氨水甲醇溶液洗脱，收集洗脱液，60 ℃ 旋转蒸发至干，用甲酸-乙腈溶液 1.0 mL 溶解残余物，滤过，用液相色谱-串联质谱测定。

（4）测定。

① 色谱条件。色谱柱：C_{18}（100 mm×3.0 mm，粒径为 1.8 μm），或相当者；柱温：30 ℃；进样量：10 μL；流速：0.3 mL/min；流动相 A：乙腈，流动相 B：0.2% 甲酸溶液。梯度洗脱程序见表 6-9。

表 6-9 梯度洗脱程序

时间/min	流动相 A（乙腈）/%	流动相 B（0.2% 甲酸溶液）/%
0.0	10	90
3.0	30	70
4.0	30	70
4.5	80	20
5.5	80	20
5.6	10	90

② 质谱条件。离子源：电喷雾离子源；扫描方式：正离子扫描；检测方式：多反应监测；离子源温度：150 ℃；脱溶剂温度：500 ℃；毛细管电压：3.0 V；定性离子对、定量离子对及锥孔电压和碰撞能量见表 6-10。

表 6-10 5 种 α_2 受体激动剂类药物的质谱参数

被测物名称	定性离子对（m/z）	定量离子对（m/z）	锥孔电压/V	碰撞能量/eV
替扎尼定	254.1>44.1	254.1>44.1	38	22
	254.1>210.0			30
赛拉嗪	221.1>90.0	221.1>90.0	30	22
	221.1>164.0			26
溴莫尼定	292.2>170.2	292.2>212.3	40	35
	292.2>212.3			30
安普乐定	245.2>174.2	245.2>174.2	40	28
	245.2>209.2			20
可乐定	230.0>160.0	230.0>213.0	43	34
	230.0>213.0			24

③ 定性测定。在同样的测试条件下，试样液中 α_2-受体激动剂的保留时间与标准工作液中相应 α_2-受体激动剂的保留时间之比，偏差在 ±5% 以内，且检测到离子的相对丰度，应当与浓度相当的校正标准溶液的相对丰度一致，其允许偏差应符合表 6-11 的要求。

表 6-11 定性确证时相对离子丰度的最大允许误差

相对离子丰度/%	>50	20~50	10~20	≤10
允许的最大偏差/%	±20	±25	±30	±50

④定量测定。取试样溶液和相应的标准工作溶液，按外标法以峰面积定量，标准工作液及试样溶液中的 α_2 -受体激动剂类响应值均应在仪器检测的线性范围内。在上述条件下，α_2 -受体激动剂标准溶液特征离子质量色谱图如图6-3所示。同时做空白试验。

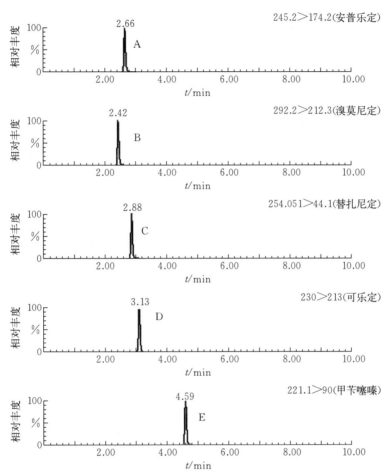

图6-3　10 μg/L α_2 -受体激动剂类药物标准溶液特征离子质量色谱图

A. 安普乐定特征离子质量色谱图（245.2＞174.2）　B. 溴莫尼定特征离子质量色谱图（292.2＞212.3）

C. 替扎尼定特征离子质量色谱图（254.1＞44.1）　D. 可乐定特征离子质量色谱图（230.0＞213.0）

E. 甲苄噻嗪特征离子质量色谱图（221.1＞90.0）

5. 计算

$$X = \frac{c_s \times A \times V}{A_s \times m}$$

式中：X——供试试料中相应的 α_2 -受体激动剂类药物残留量，μg/kg；

　　　c_s——标准溶液中相应的 α_2 -受体激动剂类药物浓度，μg/L；

　　　A——试样溶液中相应的 α_2 -受体激动剂类药物的色谱峰面积；

　　　A_s——标准溶液中相应的 α_2 -受体激动剂类药物色谱峰面积；

　　　V——溶解残余物所用的溶液体积，mL；

m——供试试料质量，g。

计算结果需扣除空白值，测定结果用平行测定的算术平均值表示，保留两位有效数字。

6. 注意　本标准适用于猪肌肉、肝和肾组织及鸡肌肉和肝组织中替扎尼定、赛拉嗪、溴莫尼定、安普乐定和可乐定残留量的测定。本方法的检测限为 0.5 μg/kg，定量限为 1 μg/kg。本方法在 1～100 μg/kg 添加浓度水平上的回收率为 60%～100%。本方法批内相对标准偏差≤15%，批间相对标准偏差≤20%。

实训操作

水产品中氟乐灵残留量的测定（GB 31660.3—2019）

【实训目的】学会并掌握用气相色谱法测定水产品中氟乐灵的残留量。

【实训原理】试样中氟乐灵残留经丙酮提取，用正己烷液液萃取，经弗罗里硅土柱净化后，用气相色谱电子捕获检测器测定，以外标法定量。

【实训仪器】气相色谱仪：配电子捕获检测器；分析天平：感量为 0.000 01 g 和 0.01 g；氮吹仪；均质机；旋涡混合器；离心机：4 000 r/min；超声波振荡器；旋转蒸发器；固相萃取装置；具塞聚丙烯离心管：50 mL 和 100 mL；玻璃离心管：10 mL；棕色鸡心瓶：100 mL。

【实训试剂】除另有规定外，所有试剂均为分析纯，水为符合 GB/T 6682—2008《分析实验室用水规格和试验方法》规定的一级水。

1. **丙酮**（CH_3COCH_3）　色谱纯。

2. **正己烷**（C_6H_{14}）　色谱纯。

3. **二氯甲烷**（CH_2Cl_2）　色谱纯。

4. **无水硫酸钠**（Na_2SO_4）。

5. **2%硫酸钠溶液**　称取无水硫酸钠 2 g，加水溶解并稀释至 100 mL。

6. **10%二氯甲烷正己烷溶液**　取二氯甲烷 10 mL，加正己烷溶解并稀释至 100 mL，混匀。

7. **氟乐灵**（trifluralin，$C_{13}H_{16}F_3N_3O_4$，CAS 号为 1582 - 09 - 9）　含量≥98.0%。

8. **标准储备液**（100 μg/mL）　取氟乐灵约 10 mg，精确称定，置于 100 mL 棕色量瓶中，用正己烷溶解并稀释至刻度，配制成浓度为 100 μg/mL 的标准储备液。4 ℃以下避光保存，有效期为 6 个月。

9. **标准工作溶液**（1 μg/mL）　精密量取标准储备液 1 mL 于 100 mL 棕色量瓶中，用正己烷溶解并稀释至刻度，配制成浓度为 1 μg/mL 的氟乐灵标准工作溶液。4 ℃以下避光保存，有效期为 3 个月。

10. **标准工作溶液**（0.1 μg/mL）　精密量取 1 μg/mL 标准储备液 1 mL，于 10 mL 棕色量瓶中，用正己烷溶解并稀释至刻度，配制成浓度为 0.1 μg/mL 的氟乐灵标准工作液。4 ℃以下避光保存，有效期为两周。

11. **弗罗里硅土固相萃取柱**　1 g/6 mL，或相当者。

【操作步骤】

1. 试料的制备 取适量新鲜或解冻的空白或供试组织，绞碎，并使其均质。取均质后的供试样品，作为供试试料。取均质后的空白样品，作为空白试料。取均质后的空白样品，添加适宜浓度的标准工作液，作为空白添加试料。－18 ℃以下保存，3 个月内进行分析检测。

2. 提取 取试样 2 g（精确至±20 mg），于 50 mL 具塞聚丙烯离心管中，加丙酮 10 mL，旋涡 1 min，4 000 r/min 离心 10 min，取上清液，残渣加丙酮 10 mL，重复提取一次，合并上清液，加正己烷 30 mL、2%硫酸钠溶液 10 mL，旋涡 1 min，4 000 r/min 离心 10 min，取上清液于 100 mL 棕色鸡心瓶中，下层液体再加正己烷 20 mL 重复提取一次，合并上清液，40 ℃旋转蒸发至近干，加正己烷 2 mL 使溶解，转移至 10 mL 玻璃离心管，鸡心瓶用正己烷 2 mL 洗涤一次，将洗涤液合并入 10 mL 玻璃离心管，用氮气吹至约 1 mL，备用。

3. 净化 固相萃取柱用二氯甲烷 5 mL 预洗，吹干，再用正己烷 5 mL 淋洗；取备用液过柱，用正己烷 3 mL 分 3 次洗玻璃离心管，洗液一并上柱，弃流出液；用 10%二氯甲烷正己烷溶液 5 mL 洗脱，收集洗脱液，氮气吹至近干。准确加正己烷 5 mL 溶解残余物，供气相色谱测定。

4. 标准曲线 精密量取氟乐灵标准工作溶液（0.1 μg/mL）适量，用正己烷稀释，配制成浓度为 0.25 ng/mL、1.0 ng/mL、5.0 ng/mL、10 ng/mL、20 ng/mL 的系列标准工作溶液；现用现配。以峰面积为纵坐标，以标准溶液浓度为横坐标，绘制标准曲线。求回归方程和相关系数。

5. 色谱条件 色谱柱：HP-5ms 石英毛细管柱（30 m×0.25 mm×0.25 μm），或相当者；载气：高纯氮气，纯度≥99.999%；流速：1.2 mL/min；进样方式：无分流进样；进样量：1 μL；进样口温度：230 ℃；柱温：初始柱温 70 ℃，保持 1 min，30 ℃/min 升至 185 ℃，保持 2.5 min，再 25 ℃/min 升至 280 ℃，保持 5 min；检测器：ECD；检测器温度：300 ℃。

6. 测定 在规定的色谱条件下，以标准工作溶液浓度为横坐标，以峰面积为纵坐标，绘制标准工作曲线，做单点或多点校准，按外标法计算试样中药物的残留量，标准工作溶液和试样液中待测物的峰面积均应在仪器检测线性范围内。同时做空白试验。

【结果计算】

$$X=\frac{c_s \times A \times V}{A_s \times m}$$

式中：X——试样中氟乐灵的残留量，μg/kg；

c_s——标准溶液中氟乐灵的浓度，μg/L；

A——试样溶液中氟乐灵的峰面积；

A_s——标准溶液中氟乐灵的峰面积；

V——试样溶液定容体积，mL；

m——试料质量，g。

动画：气相
色谱仪的使
用——色谱
柱分离

计算结果须扣除空白值。测定结果用两次平行测定的算术平均值表示，保留三位有效数字。

本方法检测限为 $0.5\ \mu g/kg$；定量限为 $1.0\ \mu g/kg$。氟乐灵在 $1\sim10\ \mu g/kg$ 添加浓度的回收率为 $70\%\sim110\%$。本方法的批内相对标准偏差 $\leqslant15\%$，批间相对标准偏差 $\leqslant15\%$。

任务四 黄曲霉毒素测定（GB 5009.24—2016）

黄曲霉毒素（aflatoxin）是一种有强烈生物毒性的化合物，常由黄曲霉及另外几种霉菌在霉变的谷物中产生，如大米、豆类、花生等，是目前最强的致癌物质。加热至 $280\ ℃$ 以上才开始分解，所以一般的加热不易破坏其结构。黄曲霉毒素主要有 B_1、B_2、G_1 与 G_2 4 种，又以 B_1 的毒性最强。大米储存不当，极容易发霉变黄，产生黄曲霉毒素。黄曲霉毒素与肝癌有密切的关系，还会引起组织失血、厌食等症状。

一、高效液相色谱法

1. 原理 试样中的黄曲霉毒素 M_1（ATF M_1）和黄曲霉毒素 M_2（ATF M_2）用甲醇-水溶液提取，将上清液稀释后，经免疫亲和柱净化和富集，净化液浓缩、定容和过滤后经液相色谱分离，用荧光检测器检测。用外标法定量。

2. 仪器

（1）天平：感量为 $0.01\ g$、$0.001\ g$ 和 $0.000\ 01\ g$。

（2）水浴锅：温控 $(50\pm2)℃$。

（3）涡旋混合器。

（4）超声波清洗器。

（5）离心机：转速 $\geqslant6\ 000\ r/min$。

（6）旋转蒸发仪。

（7）固相萃取装置（带真空泵）。

（8）氮吹仪。

（9）圆孔筛：$1\sim2\ mm$ 孔径。

（10）液相色谱仪（带荧光检测器）。

（11）玻璃纤维滤纸：快速、高载量、液体中颗粒保留 $1.6\ \mu m$。

（12）一次性微孔滤头：带 $0.22\ \mu m$ 微孔滤膜。

（13）免疫亲和柱：柱容量 $\geqslant100\ ng$。对于不同批次的亲和柱在使用前须进行质量验证。

3. 试剂 除非另有说明，本方法所用试剂均为分析纯，水为 GB/T 6682—2008《分析实验室用水规格和试验方法》规定的一级水。

（1）乙腈（CH_3CN）：色谱纯。

（2）甲醇（CH_3OH）：色谱纯。

（3）氯化钠（NaCl）。

（4）磷酸氢二钠（Na_2HPO_4）。

（5）磷酸二氢钾（KH_2PO_4）。

（6）氯化钾（KCl）。

（7）盐酸（HCl）。

（8）石油醚（C_nH_{2n+2}）：沸程为 30～60 ℃。

（9）乙腈-水溶液（25＋75）：量取 250 mL 乙腈加至 750 mL 水中，混匀。

（10）乙腈-甲醇溶液（50＋50）：量取 500 mL 乙腈加至 500 mL 甲醇中，混匀。

（11）磷酸盐缓冲溶液（PBS）：称取 8.00 g 氯化钠、1.20 g 磷酸氢二钠（或 2.92 g 十二水磷酸氢二钠）、0.20 g 磷酸二氢钾、0.20 g 氯化钾，用 900 mL 水溶解后，用盐酸调节 pH＝7.4，再加水至 1 000 mL。

（12）AFT M_1 标准品（$C_{17}H_{12}O_7$，CAS 为 6795-23-9）：纯度≥98％，或经国家认证并授予标准物质证书的标准物质。

（13）AFT M_2 标准品（$C_{17}H_{14}O_7$，CAS 为 6885-57-0）：纯度≥98％，或经国家认证并授予标准物质证书的标准物质。

（14）标准储备溶液（10 μg/mL）：分别称取 AFT M_1 和 AFT M_2 1 mg（精确至 0.01 mg），分别用乙腈溶解并定容至 100 mL。将溶液转移至棕色试剂瓶中，在－20 ℃下避光密封保存。临用前进行浓度校准。

（15）混合标准储备溶液（1.0 μg/mL）：分别准确吸取 10 μg/mL AFT M_1 和 AFT M_2 标准储备液 1.00 mL 于同一个 10 mL 容量瓶中，加乙腈稀释至刻度，得到 1.0 μg/mL 的混合标准液。此溶液密封后避光 4 ℃保存，有效期为 3 个月。

（16）100 ng/mL 混合标准工作液（AFT M_1 和 AFT M_2）：准确移取混合标准储备溶液（1.0 μg/mL）1.0 mL 至 10 mL 容量瓶中，加乙腈稀释至刻度。此溶液密封后避光 4 ℃条件下保存，有效期为 3 个月。

（17）标准系列工作溶液：分别准确移取标准工作液 5 μL、10 μL、50 μL、100 μL、200 μL、500 μL 至 10 mL 容量瓶中，用初始流动相定容至刻度，制成 AFT M_1 和 AFT M_2 的浓度均为 0.05 ng/mL、0.1 ng/mL、0.5 ng/mL、1.0 ng/mL、2.0 ng/mL、5.0 ng/mL 的系列标准溶液。

4. 方法　使用不同厂商的免疫亲和柱，在样品的上样、淋洗和洗脱的操作方面可能略有不同，应该按照供应商所提供的操作说明书的要求进行操作。警示：整个分析操作过程应在指定区域内进行。该区域应避光（直射阳光），具备相对独立的操作台和废弃物存放装置。在整个试验过程中，操作者应按照接触剧毒物的要求采取相应的保护措施。

（1）样品提取。液态乳、酸乳：称取 4 g 混合均匀的试样（精确至 0.001 g）于 50 mL 离心管中，加入 10 mL 甲醇，涡旋 3 min。4 ℃、6 000 r/min 离心 10 min 或用玻璃纤维滤纸过滤，将适量上清液或滤液转移至烧杯中，加 40 mL 水或 PBS 稀释，备用。

乳粉、特殊膳食用食品：称取 1 g 样品（精确至 0.001 g）于 50 mL 离心管中，加入 4 mL 50 ℃热水，涡旋混匀。如果乳粉不能完全溶解，将离心管置于 50 ℃的水浴锅中，将乳粉完全溶解后取出。待样液冷却至 20 ℃后，加入 10 mL 甲醇，涡旋 3 min。4 ℃、6 000 r/min 离心 10 min 或用玻璃纤维滤纸过滤，将适量上清液或滤液转移至烧杯中，加 40 mL 水或 PBS 稀释，备用。

奶油：称取 1 g 样品（精确至 0.001 g）于 50 mL 离心管中，加入 8 mL 石油醚，待奶油溶解，再加 9 mL 水和 11 mL 甲醇，振荡 30 min，将全部液体移至分液漏斗中。加入 0.3 g

氯化钠充分摇动溶解，静置分层后，将下层移到圆底烧瓶中，旋转蒸发至 10 mL 以下，用 PBS 稀释至 30 mL。

奶酪：称取 1 g（精确至 0.001 g）已切细、过孔径 1～2 mm 圆孔筛的混匀样品于 50 mL 离心管中，加入 1 mL 水和 18 mL 甲醇，振荡 30 min，4 ℃、6 000 r/min 离心 10 min 或用玻璃纤维滤纸过滤，将适量上清液或滤液转移至圆底烧瓶中，旋转蒸发至 2 mL 以下，用 PBS 稀释至 30 mL。

（2）净化。先将低温保存的免疫亲和柱恢复至室温。将免疫亲和柱内的液体放弃后，将上述样液移至 50 mL 注射器筒中，调节下滴流速为 1～3 mL/min。待样液滴完后，往注射器筒内加 10 mL 水，以稳定流速淋洗免疫亲和柱。待水滴完后，用真空泵抽干亲和柱。脱离真空系统，在亲和柱下放置 10 mL 刻度的试管，取下 50 mL 的注射器筒，加两次 2 mL 乙腈（或甲醇）洗脱亲和柱，控制 1～3 mL/min 的下滴速度，用真空泵抽干亲和柱，收集全部洗脱液至刻度试管中。在 50 ℃ 条件下用氮气缓缓地将洗脱液吹至近干，用初始流动相定容至 1.0 mL，涡旋 30 s 溶解残留物，用 0.22 μm 滤膜过滤，收集滤液于进样瓶中以备进样。

注：全自动（在线）或半自动（离线）的固相萃取仪器可优化操作参数后使用。为防止黄曲霉毒素被破坏，相关操作在避光（直射阳光）条件下进行。

（3）液相色谱参考条件。液相色谱柱：C_{18}柱（柱长 150 mm，柱内径 4.6 mm；填料粒径 5 μm），或相当者。柱温：40 ℃。流动相 A 相为水；流动相 B 相为乙腈-甲醇（50＋50）。等梯度洗脱条件：流动相 A，70%；流动相 B，30%。流速：1.0 mL/min。荧光检测波长：激发波长 360 nm；发射波长 430 nm。进样量：50 μL。液相色谱图如图 6-4 所示。

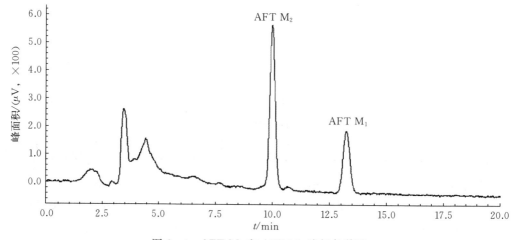

图 6-4　AFT M_1 和 AFT M_2 液相色谱图

（4）测定。将系列标准溶液由低浓度到高浓度依次进样检测，以峰面积-浓度作图，得到标准曲线回归方程。待测样液中的峰面积应在标准曲线线性范围内，超过线性范围的则应稀释后重新进样分析。同时做空白试验，确认不含有干扰待测组分的物质。

5. 计算

$$X=\frac{\rho\times V\times f\times 1\,000}{m\times 1\,000}$$

式中：X——试样中 AFT M_1 或 AFT M_2 的含量，$\mu g/kg$；

ρ——进样溶液中 AFT M_1 或 AFT M_2 的色谱峰由标准曲线所获得的 AFT M_1 或 AFT M_2 的浓度，ng/mL；

V——样品经免疫亲和柱净化洗脱后的最终定容体积，mL；

f——样液稀释因子；

$1\,000$——单位换算系数；

m——试样的称样量，g。

计算结果保留三位有效数字。在重复性条件下获得的两次独立测定结果的绝对差值不得超过算术平均值的 20%。

6. 注意　此法适用于乳、乳制品和含乳特殊膳食用食品中 AFT M_1 和 AFT M_2 的测定。称取液态乳、酸乳 4 g 时，本方法 AFT M_1 的检出限为 $0.005\mu g/kg$，AFT M_2 的检出限为 $0.002\,5\mu g/kg$，AFT M_1 的定量限为 $0.015\mu g/kg$，AFT M_2 的定量限为 $0.007\,5\mu g/kg$。称取乳粉、特殊膳食用食品、奶油和奶酪 1 g 时，本方法 AFT M_1 的检出限为 $0.02\mu g/kg$，AFT M_2 的检出限为 $0.01\mu g/kg$，AFT M_1 的定量限为 $0.05\mu g/kg$，AFT M_2 的定量限为 $0.025\mu g/kg$。

二、酶联免疫吸附筛查法

1. 原理　将试样中的黄曲霉毒素 M_1 经均质、冷冻离心、脱脂或有机溶剂萃取等处理获得上清液。利用被辣根过氧化物酶标记或固定在反应孔中的黄曲霉毒素 M_1 与样品或标准品中的黄曲霉毒素 M_1 竞争性结合特异性抗体。在洗涤后加入相应显色剂显色，经无机酸终止反应，于 450 nm 或 630 nm 波长处检测。样品中的黄曲霉毒素 M_1 与吸光度在一定浓度范围内呈反比。

2. 仪器

（1）微孔板酶标仪：带 450 nm 与 630 nm（可选）滤光片。

（2）天平：最小感量为 0.01 g。

（3）离心机：转速≥6 000 r/min。

（4）旋涡混合器。

3. 试剂　配制溶液所需试剂均为分析纯，水为 GB/T 6682—2008《分析实验室用水规格和试验方法》规定的二级水。按照试剂盒说明书所述，配制所需溶液。所用商品化的试剂盒须按照酶联免疫试剂盒的质量判定方法验证合格后方可使用。

酶联免疫试剂盒的质量判定方法：选取牛乳或其他阴性样品，根据所购酶联免疫试剂盒的检出限，在阴性基质中添加 3 个浓度水平的 AFT M_1 标准溶液（$0.1\,\mu g/kg$、$0.3\,\mu g/kg$、$0.5\,\mu g/kg$）。按照说明书的操作方法，用读数仪度数，做 3 次平行试验。针对每个加标浓度，回收率在 50%～120% 容许范围内的该批次产品方可使用。

4. 方法

（1）样品前处理。

① 液态样品。取约 100 g 待测样品摇匀，将其中 10 g 样品用离心机在 6 000 r/min 或更高转速下离心 10 min。取下层液体约 1 g 于另一试管内，该溶液可直接测定，或者利用试剂盒提供的方法稀释后测定（待测液）。

② 乳粉、特殊膳食用食品。称取 10 g 待测样品（精确至 0.1 g）到小烧杯中，加水溶解，转移到 100 mL 容量瓶中，用水定容至刻度。将其中 10 g 样品用离心机在 6 000 r/min 或更高转速下离心 10 min。取下层液体约 1 g 于另一试管内，该溶液可直接测定，或者利用试剂盒提供的方法稀释后测定（待测液）。

③ 奶酪。称取 50 g 待测样品（精确至 0.1 g），去除表面非食用部分，硬质奶酪可用粉碎机直接粉碎；软质奶酪须先 −20 ℃ 冷冻过夜，然后立即用粉碎机进行粉碎。称取 5 g 混合均匀的待测样品（精确至 0.1 g），加入试剂盒所提供的提取液，按照试剂盒说明书进行提取，提取液即待测液。

（2）定量检测。根据标准品浓度与吸光度变化关系绘制标准工作曲线。按照酶联免疫试剂盒所述操作步骤对待测试样（液）进行定量检测。

5. 计算

$$X = \frac{\rho \times V \times f}{m}$$

式中：X——食品中黄曲霉毒素 M_1 的含量，$\mu g/kg$；

ρ——待测液中黄曲霉毒素 M_1 的浓度，$\mu g/L$；

V——定容体积（针对乳粉、特殊膳食用食品、液态样品）或者提取液体积（针对奶酪），L；

f——稀释倍数；

m——样品取样量，kg。

计算结果保留至小数点后两位。在重复性条件下获得的两次独立测定结果的绝对差值不得超过算数平均值的 20%。

6. 注意　此法适用于乳、乳制品和含乳特殊膳食用食品中 AFT M_1 的筛查测定。称取液态乳 10 g 时，方法检出限为 0.01 $\mu g/kg$，定量限为 0.03 $\mu g/kg$。称取乳粉和含乳特殊膳食用食品 10 g 时，方法检出限为 0.1 $\mu g/kg$，定量限为 0.3 $\mu g/kg$。称取奶酪 5 g 时，方法检出限为 0.02 $\mu g/kg$，定量限为 0.06 $\mu g/kg$。

 实训操作

乳粉中黄曲霉毒素的测定

【实训目的】学会并掌握用酶联免疫吸附筛查法测定乳粉中黄曲霉毒素的含量。

【实训原理】将试样中的黄曲霉毒素 M_1 经均质、冷冻离心、脱脂或有机溶剂萃取等处理后获得上清液。利用被辣根过氧化物酶标记或固定在反应孔中的黄曲霉毒素 M_1 与样品或标准品中的黄曲霉毒素 M_1 竞争性结合特异性抗体。在洗涤后加入相应显色剂显色，经无机酸终止反应，于 450 nm 或 630 nm 波长处检测。样品中的黄曲霉毒素 M_1 与吸光度在一定浓度范围内成反比。

【实训仪器】微孔板酶标仪：带 450 nm 与 630 nm（可选）滤光片。天平：最小感量为 0.01 g。离心机：转速≥6 000 r/min。旋涡混合器。

【实训试剂】配制溶液所需试剂均为分析纯，水为 GB/T 6682—2008《分析实验室用水规格和试验方法》规定的二级水。按照试剂盒说明书要求配制所需溶液。所用商品化的试剂盒按照酶联免疫试剂盒的质量判定方法验证合格后方可使用。

【操作步骤】

1. 样品前处理 称取 10 g 乳粉（精确至 0.1 g）到小烧杯中，加水溶解，转移到 100 mL 容量瓶中，用水定容至刻度。将其中 10 g 样品用离心机在 6 000 r/min 或更高转速下离心 10 min。取下层液体约 1 g 于另一试管内，该溶液可直接测定，或者利用试剂盒提供的方法稀释后测定（待测液）。

2. 定量检测 根据标准品浓度与吸光度变化关系绘制标准工作曲线。按照酶联免疫试剂盒所述操作步骤对待测试样（液）进行定量检测。

【结果计算】

$$X = \frac{\rho \times V \times f}{m}$$

式中：X——乳粉中黄曲霉毒素 M_1 的含量，$\mu g/kg$；

ρ——乳粉待测液中黄曲霉毒素 M_1 的浓度，$\mu g/L$；

V——定容体积，L；

f——稀释倍数；

m——样品取样量，kg。

计算结果保留至小数点后两位。在重复性条件下获得的两次独立测定结果的绝对差值不得超过算数平均值的 20%。

任务五 接触材料有害物质测定

农产品接触材料及制品是指在正常使用条件下，各种已经或预期可能与食品或食品添加剂接触、或其成分可能转移到农产品中的材料和制品，包括农产品生产、加工、包装、运输、储存、销售和使用过程中用于农产品的包装材料、容器、工具和设备，及可能直接或间接接触农产品的油墨、黏合剂、润滑油等。包装是实现农产品商品价值和使用价值的重要手段，由于包装材料直接与农产品接触，很多材料成分可迁移到农产品中，造成农产品污染，如：塑料和橡胶包装容器中残留的单体、添加剂及裂解物等可迁移到农产品中；纸包装中的造纸助剂、荧光增白剂、印刷油墨中的多氯联苯等可造成农产品的化学污染；搪瓷、陶瓷、金属等包装容器所含有害金属溶出后可移至盛装的农产品中。因此，农产品接触材料中的有害物质的检测日趋引起人们的重视。

一、甲醛迁移量的测定（GB 31604.48—2016）

甲醛为较高毒性的物质，甲醛对人体健康的影响主要表现在嗅觉异常、刺激、过敏、肺功能异常、肝功能异常和免疫功能异常等方面，具有强烈的促癌和致癌作用，已经被世界卫生组织确定为致癌和致畸物质，是公认的变态反应源，也是潜在的强致突变物之一。

1. 原理 食品模拟物与试样接触后，试样中甲醛迁移至食品模拟物中。甲醛在乙酸铵存在的条件下与乙酰丙酮反应生成黄色的 3，5 -二乙酰 - 1，4 -二氢二甲基吡啶，用分光光度计在 410 nm 处测定试液的吸光度，与标准系列比较得出食品模拟物中甲醛的含量，进而得出试样中甲醛的迁移量。

2. 仪器

（1）紫外可见分光光度计。

（2）恒温水浴锅：精度控制在 $\pm1\ ℃$。

（3）具塞比色管：10 mL（带刻度）。

3. 试剂 除非另有说明，本方法所用试剂均为分析纯，水为 GB/T 6682—2008《分析实验室用水规格和试验方法》规定的三级水。

（1）无水乙醇（CH_3CH_2OH）。

（2）无水乙酸铵（CH_3COONH_4）。

（3）乙酰丙酮（$C_5H_8O_2$）。

（4）冰乙酸（CH_3COOH）：优级纯。

（5）氢氧化钠（NaOH）。

（6）水基食品模拟物：按照 GB 5009.156—2016《食品安全国家标准　食品接触材料及制品迁移试验预处理方法通则》的规定配制。

（7）乙酰丙酮溶液：称取 15.0 g 无水乙酸铵溶在适量水中，移至 100 mL 容量瓶中，加 40 μL 乙酰丙酮和 0.5 mL 冰乙酸，用水定容至刻度，混匀。此溶液现用现配。

（8）甲醛溶液（37%～40%，质量分数）：0～4 ℃保存。

（9）甲醛标准储备液：吸取甲醛溶液 5.0 mL 至 1 000 mL 容量瓶中，用水定容至刻度，0～4 ℃保存，有效期为 12 个月，临用前进行标定，或直接使用甲醛溶液标准品进行配制。

（10）甲醛标准使用液：根据标定的甲醛浓度，准确移取一定体积的甲醛标准储备溶液，分别用相应的模拟物稀释至每升相当于 10 mg 甲醛，该使用液现用现配。

4. 方法

（1）迁移试验。根据待测样品的预期用途和使用条件，按照 GB 5009.156—2016《食品安全国家标准　食品接触材料及制品迁移试验预处理方法通则》和 GB 31604.1—2015《食品安全国家标准　食品接触材料及制品迁移试验通则》的要求，对样品进行迁移试验。迁移试验过程中至测定前，应注意密封，以避免甲醛的挥发损失。同时做空白试验。

（2）显色反应。分别吸取 5.0 mL 模拟物试样溶液和空白溶液至 10 mL 比色管中，分别加入 5.0 mL 乙酰丙酮溶液，盖上瓶塞后充分摇匀。将比色管置于 40 ℃水浴锅中 30 min，取出后置于室温条件下冷却。

（3）标准曲线的制作。取 7 支 10 mL 比色管，根据迁移试验所使用的模拟物种类，分别加入甲醛标准使用液 0.0 mL、0.5 mL、1.0 mL、1.5 mL、2.0 mL、2.5 mL、3.0 mL，用相应的模拟物补加至 5.0 mL，分别加入 5.0 mL 乙酰丙酮溶液，盖上瓶塞后充分摇匀。将比色管置于 40 ℃水浴锅中 30 min，取出后置于室温条件下冷却。甲醛标准工作系列浓度分别为 0.0 mg/L、1.0 mg/L、2.0 mg/L、3.0 mg/L、4.0 mg/L、5.0 mg/L、6.0 mg/L。

将显色反应后的标准工作溶液系列装至 10 mm 比色皿中，以显色后的空白溶液为参比，在 410 nm 处测定标准溶液的吸光度。以标准溶液的浓度为横坐标，以吸光度为纵坐标，绘制标准曲线。

（4）试样溶液和空白溶液的测定。将显色反应后的试样溶液和空白溶液装至 10 mm 比色皿中，以显色后的空白溶液为参比，在 410 nm 处测定试样溶液的吸光度，由标准曲线计算试样溶液中甲醛的浓度（mg/L）。

5. 计算

（1）食品模拟物中甲醛浓度的计算。

$$\rho = \frac{A - b}{a}$$

式中：ρ——食品模拟物中甲醛的浓度，mg/L 或 mg/kg；

A——食品模拟物中甲醛的吸光度；

b——标准工作曲线的截距；

a——标准工作曲线的斜率。

（2）甲醛迁移量的计算。由上式得到的食品模拟物中甲醛的浓度，按 GB 5009.156—2016《食品安全国家标准　食品接触材料及制品迁移试验预处理方法通则》进行迁移量的计算，得到食品接触材料及制品中甲醛的迁移量。

结果保留至小数点后两位。在重复性条件下获得的两次独立测定结果的绝对差值不得超过算术平均值的 10%。

6. 注意

（1）本方法为乙酰丙酮分光光度法，适用于食品接触材料及制品中甲醛迁移量的测定。

（2）以高于空白溶液吸光度 0.01 的吸光度所对应的浓度值为检出限，以 3 倍检出限为方法的定量限。以每平方厘米试样表面积接触 2 mL 模拟物计，方法的检出限和定量限分别为 0.02 mg/dm² 和 0.06 mg/dm²。

二、荧光增白剂的测定（GB 31604.47—2016）

荧光增白剂（fluorescent brightener）是一种荧光染料，或称为白色染料，是一种复杂的有机化合物。它的特性是能激发入射光线产生荧光，使所染物质获得类似萤石的闪闪发光的效应，使肉眼看到的物质很白，达到增白的效果。由于近几年人们发现荧光增白剂有致癌作用，对人体健康有很大害处，所以在造纸行业禁止使用荧光增白剂制造食品包装纸和餐巾纸等。

1. 原理　由于荧光增白剂在吸收近紫外光（波长范围在 300～400 nm）后，分子中的电子会从基态跃迁，然后在极短的时间内又回到基态，同时发射出蓝色或紫色荧光（波长范围在 420～480 nm）。因此，在波长 365 nm 紫外灯的照射下，通过观察试样是否有明显荧光现象来定性测定试样中是否含有荧光增白剂。如果试样出现多处不连续小斑点状荧光或试样有荧光现象但不明显时，可用碱性提取液提取，然后将提取液调节为酸性，再用纱布吸附提取液中的荧光增白剂，在波长 365 nm 紫外灯下，观察纱布是否有明显荧光现象，来确证试样中是否含有荧光增白剂。

2. 仪器 所有直接接触试样的仪器与设备在紫外灯下应无荧光现象。

（1）紫外灯：波长 365 nm。

（2）剪刀。

（3）直角三角板。

（4）超声波清洗器。

（5）高速粉碎机：转速≥10 000 r/min。

（6）旋转蒸发仪。

（7）恒温水浴锅。

（8）pH 计：精度为 0.1。

（9）分析天平：感量分别为 1 mg 和 0.1 mg。

（10）鸡心瓶：250 mL。

（11）具塞锥形瓶：250 mL。

（12）玻璃漏斗。

（13）玻璃表面皿。

（14）托盘。

（15）离心机：转速≥3 500 r/min。

3. 试剂 除非另有规定，所用试剂均为分析纯，水为 GB/T 6682—2008《分析实验室用水规格和试验方法》规定的一级水。所用试剂和材料在紫外灯下应无荧光现象。

（1）乙腈（CH_3CN）：色谱纯。

（2）三乙胺 $[(CH_3CH_2)_3N]$。

（3）氢氧化钠（NaOH）：优级纯。

（4）盐酸。

（5）盐酸溶液（10%，体积分数）：用量筒或移液管按 9+1 的体积比分别量取水和盐酸，放入合适的容器中，混匀即可。

（6）乙腈溶液（40%，体积分数）：用量筒按 40+60 的体积比分别量取乙腈和水，放入合适的容器中，混匀即可。

（7）碱性提取液：用量筒或移液管按 40+60+1 的体积比分别量取乙腈、水和三乙胺，放入合适的容器中，混匀即可。

（8）荧光增白剂 220 标准品（$C_{40}H_{40}N_{12}O_{16}S_4Na_4$，简称 C. I. 220，CAS 号为 16470 - 24 - 9），纯度大于 95%。

（9）标准储备液（1.00 mg/mL）：于避光条件下，准确称取 C. I. 220 标准品 10 mg（精确至 0.1 mg）于烧杯中，用碱性提取液溶解，转移至 10 mL 棕色容量瓶中，并定容至刻度，在−18 ℃以下于黑暗处保存，有效期为 90 d。

（10）标准工作液（40.0 μg/mL）：将标准储备液用乙腈溶液（40%，体积分数）逐级稀释成 40.0 μg/mL 的标准工作液，于 4 ℃左右避光保存，有效期为 15 d。

（11）纱布：尺寸为 5 cm×5 cm。

（12）玻璃棉。

4. 方法

（1）试样制备。对于食品用纸或纸板，如食品包装纸、糖果纸、冰棍纸等，从试样中随机取 5 张，用剪刀和直角三角板裁剪成 100 cm²。

对于食品用纸制品，如纸杯、纸碗、纸桶、纸盒、纸碟、纸盘、纸袋等，从试样中随机取 2 个同批次的产品，用剪刀和直角三角板将待测纸层裁剪成 100 cm²。

对于需要确证试验的试样，称取 10 g（精确至 1 mg），剪成约 5 mm×5 mm 的纸屑，再用高速粉碎机（转速为 10 000 r/min）粉碎至棉絮状，备用。如不能立即检测，应用干净的聚乙烯塑料袋盛放，在室温下避光保存。

（2）荧光增白剂的直接测定。于暗室或暗箱内，打开紫外灯的电源开关，检测波长选择 365 nm。将制作好的 100 cm² 试样置于紫外灯光源下约 20 cm 处，观察试样是否有明显的蓝色或紫色荧光。

如试样出现多处不连续小斑点状荧光，或试样有荧光现象但不明显，则需进行荧光增白剂的确证试验。

（3）荧光增白剂的确证。

① 标准对照纱布的制备。称取粉碎均匀的空白纸样 2.0 g（精确至 1 mg）于 250 mL 锥形瓶中，加入 0.5 mL 标准工作液（40.0 μg/mL），相当于纸样中荧光增白剂 220 含量为 10 mg/kg，于避光状态下（要求照度小于 20 lx）加入 100 mL 碱性提取液，50 ℃超声提取 40 min。提取结束后冷却至室温，将提取液通过装有少许玻璃棉（要求不含荧光物质）的玻璃漏斗过滤到鸡心瓶中，或者采用离心的方式（3 500 r/min 离心 5 min）获得澄清的提取液。将提取液在 50 ℃条件下减压浓缩至 40～50 mL，将浓缩液转移至 250 mL 烧杯中，用水洗涤鸡心瓶后，将洗液一并转至 250 mL 烧杯中，用盐酸溶液（10%，体积分数）调 pH 至 3～5，并加水定容至 100 mL。然后将一块规格为 5 cm×5 cm 的纱布浸没于提取液中，40 ℃水浴吸附 30 min。用镊子取出纱布后，用手挤去大部分液体，将纱布叠成 4 层，每层规格约为 2.5 cm×2.5 cm，放于玻璃表面皿中。

② 试样提取与吸附。称取粉碎均匀的试样 2.0 g（精确至 1.0 mg）于 250 mL 锥形瓶中，于避光状态下（要求照度小于 20 lx）加入 100 mL 碱性提取液，50 ℃超声提取 40 min。提取结束后冷却至室温，将提取液通过装有少许玻璃棉（要求不含荧光物质）的玻璃漏斗过滤到鸡心瓶中，或者采用离心的方式（3 500 r/min 离心 5 min）获得澄清的提取液。将提取液在 50 ℃条件下减压浓缩至 40～50 mL，将浓缩液转移至 250 mL 烧杯中，用水洗涤鸡心瓶后，将洗液一并转至 250 mL 烧杯中，用盐酸溶液（10%，体积分数）调 pH 至 3～5，并加水定容至 100 mL。然后将一块规格为 5 cm×5 cm 的纱布浸没于提取液中，40 ℃水浴吸附 30 min。用镊子取出纱布后，用手挤去大部分液体后，将纱布叠成 4 层，每层规格约为 2.5 cm×2.5 cm，放于玻璃表面皿中。每个试样进行两次平行试验。

③ 空白试验。称取水 2.0 g（精确至 1.0 mg）于 250 mL 锥形瓶中，于避光状态下（要求照度小于 20 lx）加入 100 mL 碱性提取液，50 ℃超声提取 40 min。提取结束后冷却至室温，将提取液通过装有少许玻璃棉（要求不含荧光物质）的玻璃漏斗过滤到鸡心瓶中，或者采用离心的方式（3 500 r/min 离心 5 min）获得澄清的提取液。将提取液在 50 ℃条件下减压浓缩至 40～50 mL，将浓缩液转移至 250 mL 烧杯中，用水洗涤鸡心瓶后，将洗液一并转

至 250 mL 烧杯中，用盐酸溶液（10％，体积分数）调 pH 至 3～5，并加水定容至 100 mL。然后将一块规格约为 5 cm×5 cm 的纱布浸没于提取液中，40 ℃水浴吸附 30 min。用镊子取出纱布后，用手挤去大部分液体后，将纱布叠成 4 层，每层规格为 2.5 cm×2.5 cm，放于玻璃表面皿中。每个试样进行两次平行试验。

④ 荧光增白剂的测定。于暗室或暗箱内，打开紫外灯的电源开关，检测波长选择 365 nm。将放置标准对照纱布、试样纱布及空白试验纱布的表面皿一起置于紫外灯光源下约 20 cm 处，观察试样纱布是否比空白试验纱布有明显的蓝色或紫色荧光。

5. 结果

（1）荧光增白剂的直接测定试验。对于食品用纸或纸板，如果 5 张中任何一张的荧光面积大于 5 cm²，则判定该试样中荧光增白剂为阳性，否则判定该试样中荧光增白剂为阴性；对于食品用纸制品，两个同批次的产品中任何一个的荧光面积大于 5 cm²，则判定该试样中荧光增白剂为阳性，否则判定该试样中荧光增白剂为阴性。

（2）荧光增白剂确证试验。如果试样的两个平行试验均无明显荧光现象，则判定该试样中荧光增白剂为阴性，如果两个平行试验均有明显荧光现象，则判定该试样中荧光增白剂为阳性，如只有一个试样纱布有明显荧光现象，需要重新进行两个平行试验，如重新试验后两个平行试验均无明显荧光现象，则判定该试样中荧光增白剂为阴性，否则判定该试样中荧光增白剂为阳性。

6. 注意　本方法适用于食品用纸、纸板及纸制品中荧光增白剂的测定。

三、总迁移量的测定（GB 31604.8—2021）

1. 原理　试样用各种食品模拟物浸泡，将浸泡液蒸发并干燥后，得到试样向浸泡液迁移的不挥发物质的总量。

2. 仪器

（1）天平：感量为 0.1 mg。

（2）电热恒温干燥箱。

（3）玻璃蒸发皿：规格为 50 mL。

3. 试剂　除非另有说明，本方法所用试剂均为分析纯，水为 GB/T 6682—2008《分析实验室用水规格和试验方法》规定的二级水。

（1）三氯甲烷（$CHCl_3$）。

（2）食品模拟物：按 GB 31604.1—2015《食品安全国家标准　食品接触材料及制品迁移试验通则》操作。

（3）食品模拟物的配制：按 GB 5009.156—2016《食品安全国家标准　食品接触材料及制品迁移试验预处理方法通则》操作。

4. 方法

（1）采样方法。按 GB 5009.156—2016《食品安全国家标准　食品接触材料及制品迁移试验预处理方法通则》中的采样方法操作。

（2）试样的清洗。按 GB 5009.156—2016《食品安全国家标准　食品接触材料及制品迁移试验预处理方法通则》中试样的清洗操作。

（3）试样的食品模拟物及模拟条件的选择。按相应的产品标准操作。

（4）试样的迁移试验预处理方法。按 GB 5009.156—2016《食品安全国家标准　食品接触材料及制品迁移试验预处理方法通则》中的试验方法操作。

（5）试样的测定。

① 总迁移量的测定。取各食品模拟物试液 200 mL，分次置于预先在（100±5）℃干燥箱中干燥 2 h 的 50 mL 玻璃蒸发皿中，在各浸泡液沸点温度的水浴上蒸干，擦去皿底的水滴，置于（100±5）℃干燥箱中干燥 2 h 后取出，在干燥器中冷却 0.5 h 后称量。同时做空白试验。

② 三氯甲烷提取物的测定。向总迁移量的测定所得残渣中加入 50 mL 的三氯甲烷，振摇，用定量滤纸过滤，将滤液收集在已干燥 2 h 的蒸发皿中，如此重复，用三氯甲烷提取 3次。再用三氯甲烷冲洗滤纸，将滤液并入蒸发皿中，将所得滤液水浴蒸发近干，将蒸发皿移至 105 ℃烘箱中干燥 2 h，然后取出蒸发皿，冷却 0.5 h 后称量，得到三氯甲烷提取物残渣的量。

注：本测定步骤适用于植物纤维类食品容器。当各食品模拟物总迁移量超过规定限量时，再将残渣用三氯甲烷提取过滤后，测定三氯甲烷提取物的残渣含量。

5. 计算

（1）试样中总迁移量计算。

$$X_1 = \frac{(m_1 - m_2) \times V}{V_1 \times S}$$

式中：X_1——试样的总迁移量，mg/dm^2；

　　　m_1——试样测定用浸泡液残渣的质量，mg；

　　　m_2——空白浸泡液的残渣质量，mg；

　　　V——试样浸泡液的总体积，mL；

　　　V_1——测定用浸泡液的体积，mL；

　　　S——试样与浸泡液接触的面积，dm^2。

$$X_2 = X_1 \times \frac{S_2}{V_2} \times 1\,000$$

式中：X_2——按实际使用情形计算试样的总迁移量，mg/L 或 mg/kg；

　　　X_1——试样的总迁移量，mg/dm^2；

　　　S_2——试样实际包装接触面积，dm^2；

　　　V_2——试样实际包装的接触体积或质量，mL 或 g；

　　　1 000——单位换算系数。

$$X_3 = \frac{(m_3 - m_4) \times V}{V_1 \times (S + S_3)}$$

式中：X_3——盖子、垫圈、连接件等密封装置试样的总迁移量，mg/dm^2；

　　　m_3——试样测定用浸泡液残渣的质量，mg；

　　　m_4——空白浸泡液的残渣质量，mg；

　　　V——试样浸泡液的总体积，mL；

V_1——测定用浸泡液的体积，mL；

S——试样与浸泡液接触的面积，dm^2；

S_3——试样实际使用的容器可接触食品的面积，dm^2。

$$X_3 = \frac{(m_3 - m_4) \times V \times 1\,000}{V_1 \times V_3}$$

式中：X_3——盖子、垫圈、连接件等密封装置试样的总迁移量，mg/L；

m_3——试样测定用浸泡液残渣的质量，mg；

m_4——空白浸泡液的残渣质量，mg；

V——试样浸泡液的总体积，mL；

$1\,000$——单位换算系数；

V_1——测定用浸泡液的体积，mL；

V_3——试样实际使用的容器的体积，mL。

(2) 试样中经三氯甲烷提取的总迁移量计算。

$$X_4 = \frac{(m_5 - m_6) \times V}{V_1 \times S}$$

式中：X_4——试样的总迁移量，mg/dm^2；

m_5——试样测定用经三氯甲烷提取的残渣质量，mg；

m_6——空白浸泡液经三氯甲烷提取的质量，mg；

V——试样浸泡液的总体积，mL；

V_1——测定用浸泡液的体积，mL；

S——试样与浸泡液接触的面积，dm^2。

$$X_5 = X_4 \times \frac{S_2}{V_2} \times 1\,000$$

式中：X_5——按实际使用情形计算试样的总迁移量，mg/L 或 mg/kg；

X_4——试样的总迁移量，mg/dm^2；

S_2——试样实际包装的接触面积，dm^2；

V_2——试样实际包装的接触体积或质量，mL 或 g；

$1\,000$——单位换算系数。

计算结果以重复性条件下获得的两次独立测定结果的算术平均值表示，结果保留两位有效数字。在重复性条件下获得的两次独立测定结果的绝对差值不得超过算术平均值的 20%。

6. 注意 本标准适用于食品接触材料及制品中总迁移量的测定。不适用于植物油类食品模拟物总迁移量的测定。

📧 **实训操作**

食品接触材料及制品脱色试验（GB 31604.7—2016）

【实训目的】掌握食品接触材料及制品脱色试验的方法。

【实训原理】试样经溶剂擦拭及浸泡液浸泡，观察颜色变化情况。

【实训材料】脱脂棉。

【实训试剂】除非另有说明，本方法所用试剂均为分析纯，水为 GB/T 6682—2008《分析实验室用水规格和试验方法》规定的二级水。

1. 无水乙醇（C_2H_6O）分析纯。

2. 乙醇溶液（65+35）量取 65 mL 无水乙醇，加 35 mL 水，混匀。

3. 植物油无色或浅色植物油。

4. 浸泡液按 GB 5009.156—2016《食品安全国家标准 食品接触材料及制品迁移试验预处理方法通则》中浸泡液的制备操作。

【操作步骤】

1. 采样方法按 GB 5009.156—2016《食品安全国家标准 食品接触材料及制品迁移试验预处理方法通则》中的采样方法操作。

2. 试样清洗按 GB 5009.156—2016《食品安全国家标准 食品接触材料及制品迁移试验预处理方法通则》中试样的清洗操作。

3. 试样浸泡试样的浸泡液及浸泡条件的选择，按相应的产品标准操作。

4. 预处理方法试样的浸泡试验预处理方法，按 GB 5009.156—2016《食品安全国家标准 食品接触材料及制品迁移试验预处理方法通则》中试样的浸泡试验预处理方法操作。

5. 试样的测定取试样一个，用蘸有植物油的脱脂棉，在接触食品部位的约 4 cm×2 cm 小范围内，用力往返擦拭 100 次。另取试样一个，用蘸有无水乙醇或乙醇溶液（65+35）的脱脂棉，在接触食品部位的约 4 cm×2 cm 小范围内，用力往返擦拭 100 次。观察浸泡液的颜色。

【结果表述】

脱脂棉上未染颜色，结果表述为阴性。浸泡液无颜色，结果表述为阴性。

项目总结

农产品中的有毒有害成分主要包括重金属、农药残留、兽药残留、生物毒素（mycotoxins）以及接触材料中的有害物质，这些有毒有害成分的含量一旦超标直接影响到农产品的食用安全，进而危害人类的健康，因此必须加强农产品质量检测。

问题思考

1. 简述石墨炉原子吸收光谱法测定农产品中铅含量的方法。

2. 简述高效液相色谱法测定植物源性食品中喹啉铜残留量的样品提取过程。

3. 简述液相色谱-串联质谱法测定动物性食品中 5 种 α_2-受体激动剂残留量的操作步骤。

4. 农药污染的可能原因是什么？

5. 如何减少农产品中接触材料的污染？

6. 简述酶联免疫吸附筛查法测定试样中的黄曲霉毒素 M_1 的原理。

Project 7

项目七
转基因检测

【知识目标】
1. 了解转基因产品检测的通用要求。
2. 掌握转基因产品检测的原理和方法。

【技能目标】
1. 能够正确使用转基因产品检测所用的仪器设备。
2. 能够熟练掌握转基因产品检测的操作技能。

项目导入

　　转基因产品是指利用基因工程技术改变基因组构成的动物、植物和微生物生产的产品。自转基因番茄于 1994 年在美国获批上市后，转基因产品迅猛发展，产品品种及产量成倍增长，有关转基因产品的安全性问题也日渐凸显。

任务一　检测要求

　　转基因产品的检测要求包括通用要求和通用检测方法。

一、通用要求

　　为防止生物污染，转基因产品检测时必须严格按照 GB/T 19495.2—2004《转基因产品检测　实验室技术要求》规定的实验室要求、材料试剂和标准物质要求、抽样要求、制样要求及检测方法要求进行操作，并且做好安全防护和有毒有害及废弃物质的处理。

　　1. 实验室要求　转基因成分检测实验室应符合 GB/T 27025—2019《检测和校准实验室能力的通用要求》和 GB/T 19495.2—2004《转基因产品检测　实验室技术要求》的规定。

　　转基因产品检测实验室应参加由实验室认可主管部门组织的水平测试且结果合格，并获得国家实验室认可主管部门授权从事动物、植物、微生物及它们的加工产品中转基因成分的检测资格。

　　2. 材料要求　所用的引物应是 PCR 级和（或）HPLC 级，探针应是 HPLC 级；分析过程中所有试验仅用不含 DNA 和 DNA 酶的分析纯或生化试剂；所用的水应符合 GB/T

6682—2008《分析实验室用水规格和试验方法》中一级水的要求；对关键试剂应在使用前进行质量测定；所配制的溶液需要高压灭菌保存，且在容器上注明试剂名称、浓度、配制时间、保存条件、失效日期及配制者姓名，不宜高压灭菌的试剂应使用超滤设备（孔径为 $0.22\,\mu m$）除菌；商品化试剂盒应注明到货日期，且按照规定的储存条件存放；PCR 试剂应小量保存以减少污染；材料、容器及试剂的保存都应该有防污染措施；菌种、质粒、细胞组织的储存与保管应符合规定。所用的标准物质应由认可机构制备，具有证书，并有溯源性，或是具有其他的经过认证机构颁发的文件证明。

3. 抽样要求　抽样的方法应采用相应国家标准或国际标准。样品的数量及实验室样品量应根据样品的状态和特性和 GB/T 19495.7—2004《转基因产品检测　抽样和制样方法》的规定确定。

4. 制样要求　转基因产品检测所接收的待检样品应置于原始包装袋（或容器）中，不能接收其他检测、检验等分出来的样品，以避免样品间交叉污染。

实验室收到样品后，应对申请单进行确认，审查抽样报告，核查样品标识，确认无误后，再进行测试样品的制备。

将实验室样品均匀混合，取一半作为存留样品，另一半用于检测。

测试样品的制备应按 GB/T 19495.2—2004《转基因产品检测　实验室技术要求》的规定进行，防止污染。

测试样品的制备方法应根据样品的状态和特性，采用 GB/T 19495.3—2004《转基因产品检测　核酸提取纯化方法》和 GB/T 19495.7—2004《转基因产品检测　抽样和制样方法》中规定的方法。

5. 检测要求　实验室应采取满足客户要求的检测方法，包括采用国家标准或国际标准，实验室应确保使用标准的最新有效版本。客户未指定所用方法时，实验室应选择已在国际标准或国家标准中颁布的有关方法。实验室制定的方法或被实验室选定的其他方法须经过有效验证方能采用。

二、通用检测（GB/T 38505—2020）

本标准适用于水稻、玉米、大豆、油菜、马铃薯、甜菜、苜蓿等及其加工产品中转基因成分的实时荧光 PCR 通用检测。

本标准方法的最低检出限为 0.1%（质量分数）。

1. 仪器

（1）分析天平：感量为 0.1 mg。

（2）生物安全柜。

（3）实时荧光 PCR 仪。

（4）纯水仪。

（5）涡旋振荡仪。

（6）微量移液器。

2. 试剂　除另有规定外，所有试剂均为分析纯或生化试剂。试验用水符合 GB/T 6682—

2008《分析实验室用水规格和试验方法》中一级水的要求。

（1）实时荧光 PCR 预混液。采用经验证符合实时荧光 PCR 要求的实时荧光 PCR 预混液。

（2）乙二胺四乙酸二钠溶液（500 mmol/L，pH＝8.0）。称取乙二胺四乙酸二钠 18.6 g，加至 70 mL 水中，并用 NaOH 溶液调 pH 至 8.0，加水定容至 100 mL。在 103.4 kPa（121 ℃）条件下灭菌 20 min。

（3）三羟甲基氨基甲烷-盐溶液（1 mol/L，pH＝8.0）。称取 121.1 g 三羟甲基氨基甲烷溶解于 800 mL 水中，用盐酸调 pH 至 8.0，加水定容至 1 000 mL。在 103.4 kPa（121 ℃）条件下灭菌 20 min。

（4）TE 缓冲液（pH＝8.0）。分别量取 10 mL 三羟甲基氨基甲烷-盐溶液（1 mol/L）和 2 mL 乙二胺四乙酸二钠溶液（500 mmol/L），加水定容至 1 000 mL。在 103.4 kPa（121 ℃）条件下灭菌 20 min。

（5）引物和探针。内源和外源基因或元件检测引物和探针序列见表 7-1。引物和探针用 TE 缓冲液或双蒸水稀释，稀释浓度见表 7-1。探针的 5′端标记荧光报告基团（如 FAM、HEX 等），3′端标记荧光淬灭基团（如 TAMRA、BHQ1 等）。

表 7-1 引物和探针信息

靶标	引物名称	序列（5′-3′）	稀释终浓度 /(nmol/L)	目的片段 大小/bp
18S rRNA 内源基因	上游引物	CCTGAGAAACGGCTACCAT	400	137
	下游引物	CGTGTCAGGATTGGGTAAT	400	
	探针	TGCGCGCCTGCTGCCTTCCT	200	
CaMV 35S 启动子	上游引物	TTCCAACCACGTCTTCAAAGC	400	95
	下游引物	GGAAGGGTCTTGCGAAGGATA	400	
	探针	CCACTGACGTAAGGGATGACGCACAATCC	200	
CaMV 35S 终止子	上游引物	TCACCAGTCTCTCTCTACAAATCTATC	400	101
	下游引物	CAACACATGAGCGAAACCCTATAA	400	
	探针	TGTGTGAGTAGTTCCCAGATAAGGGAATTAGGGT	200	
NOS 终止子	上游引物	GCATGACGTTATTTATGAGATGGG	400	97
	下游引物	TCCTAGTTTGCGCGCTATATTT	400	
	探针	AGAGTCCCGCAATTATACATTTAATACGCG	200	
pat 基因	上游引物	GGAGAGGAGACCAGTTGAGATTAG	400	119
	下游引物	GTGTTTGTGGCTCTGTCCTAAAG	400	
	探针	ATCACAAACCGCGGCCATATCAGCTGC	200	
Pin Ⅱ 终止子	上游引物	GACTTGTCCATCTTCTGGATTGG	400	105
	下游引物	CACACAACTTTGATGCCCACAT	400	
	探针	AGTGATTAGCATGTCACTATGTGTGCATCC	200	

（续）

靶标	引物名称	序列（5′-3′）	稀释终浓度/(nmol/L)	目的片段大小/bp
E9 终止子	上游引物	TCTTGTACCATTTGTTGTGCTTGT	400	108
	下游引物	GGACCATATCATTCATTAACTCTTCTCC	400	
	探针	CGGTTTTCGCTATCGAACTGTGAAATGGAAATGG	200	
RbcS4 启动子	上游引物	CCACTCCACCATCACACAATTTC	400	112
	下游引物	GGAGAGGTGTTGAGACCCTTATC	400	
	探针	ACGTGGCATTATTCCAGCGGTTCAAGCC	200	
DAS40278 5′ 边界序列	上游引物	CACGAACCATTGAGTTACAATC	400	88
	下游引物	TGGTTCATTGTATTCTGGCTTTG	400	
	探针	CGTAGCTAACCTTCATTGTATTCCG	200	
DP305423 3′ 边界序列	上游引物	CGTGTTCTCTTTTTGGCTAGC	400	93
	下游引物	GTGACCAATGAATACATAACACAAACTA	400	
	探针	TGACACAAATGATTTTCATACAAAAGTCGAGA	200	
CV127 5′ 边界序列	上游引物	AACAGAAGTTTCCGTTGAGCTTTAAGAC	400	98
	下游引物	CATTCGTAGCTCGGATCGTGTAC	400	
	探针	TTTGGGGAAGCTGTCCCATGCCC	200	

对于不明确是否为转基因产品的样品，应选用上述所有内源和外源基因进行检测。对于确定物种的转基因样品，应根据表7-2选用基因或元件进行检测。

表7-2　确定物种选用基因或元件

物种	选用基因/元件
大豆及其加工产品	内源基因、CaMV 35S 启动子、NOS 终止子、pat 基因、Pin Ⅱ 终止子、E9 终止子、RbcS4 启动子、DP305423 3′边界序列、CV127 5′边界序列
玉米及其加工产品	内源基因、CaMV 35S 启动子、CaMV 35S 终止子、NOS 终止子、pat 基因、Pin Ⅱ 终止子、DAS40278 5′边界序列
油菜及其加工产品	内源基因、CaMV 35S 启动子、CaMV 35S 终止子、NOS 终止子、E9 终止子、Pin Ⅱ 终止子
水稻及其加工产品	内源基因、CaMV 35S 启动子、CaMV 35S 终止子、NOS 终止子
马铃薯及其加工产品	内源基因、NOS 终止子、RbcS4 启动子
苜蓿及其加工产品	内源基因、NOS 终止子、E9 终止子
甜菜及其加工产品	内源基因、E9 终止子

3. 方法

（1）抽样和制样。按照 GB/T 19495.1—2004《转基因产品检测　通用要求和定义》和 GB/T 19495.7—2004《转基因产品检测　抽样和制样方法》的规定执行。

（2）试样预处理。按照 GB/T 19495.1—2004《转基因产品检测　通用要求和定义》和 GB/T 19495.3—2004《转基因产品检测　核酸提取纯化方法》的规定执行。

（3）DNA模板制备。按照GB/T 19495.1—2004《转基因产品检测 通用要求和定义》和GB/T 19495.3—2004《转基因产品检测 核酸提取纯化方法》的规定执行。或可采用具有相同效果的植物基因组DNA提取试剂盒进行DNA模板制备。

（4）DNA浓度测定。采用紫外分光光度法测定DNA浓度，将DNA溶液做适当的稀释，于260 nm处测定其光密度（OD），根据测定的OD值计算DNA浓度（260 nm处，双链DNA浓度＝OD值×50 μg/mL），OD值应该在0.2～0.8。于280 nm处测定其吸光度，根据测定的OD值计算DNA溶液的OD_{260}/OD_{280}，比值应在1.8～2.0。

4. PCR检测

（1）阴性对照、阳性对照和空白对照的设置。以非转基因样品为阴性对照，以对应的转基因植物样品品系或含有相应外源基因的转基因植物样品基因组DNA，或含有上述片段的质粒标准分子DNA为阳性对照，以水或TE缓冲液为空白对照。

（2）实时荧光PCR反应体系。PCR反应体系见表7-3或按照经验证符合要求的试剂盒推荐体系进行配制。每个DNA样品做两个平行管。加样时应使样品DNA溶液完全加入反应液中，不要黏附于管壁上，加样后应尽快盖紧管盖。

表 7-3 实时荧光 PCR 反应体系

试剂名称	终浓度	加样体积/μL
实时荧光PCR预混液	1×	12.5
上游引物（10 μmol/L）	0.4 μmol/L	1
下游引物（10 μmol/L）	0.4 μmol/L	1
探针（10 μmol/L）	0.2 μmol/L	0.5
DNA模板（50 ng/μL）	4.0 ng/μL	2
补水至	—	25*

* 反应体系中各试剂的量可根据反应体系的总体积进行适当调整。

（3）仪器设置。设置PCR反应管荧光信号收集条件，应与探针标记的报告基团一致。具体设置方法可参照仪器使用说明书。

（4）PCR反应参数。实时荧光PCR扩增反应参数：50 ℃保持2 min；95 ℃保持10 min；95 ℃保持15 s，60 ℃保持60 s，大于或等于40个循环。

注：95 ℃保持10 min专门适用于化学变构的热启动 *Taq* 酶。以上参数可根据不同型号实时荧光PCR仪和所选PCR扩增试剂体系做调整。

（5）PCR反应运行。将PCR反应管依次摆放至实时荧光PCR仪上（上机前注意检查各反应管是否盖紧，以免荧光物质泄漏污染仪器），开始运行仪器进行实时荧光PCR反应。

5. 结果分析

（1）阈值设定。实时荧光PCR反应结束后，设置荧光信号阈值，阈值设定原则根据仪器噪声情况进行调整，以阈值线刚好超过正常阴性样品扩增曲线的最高点为准。

（2）质量控制。空白对照：内参基因检测未出现典型扩增曲线，所有外源基因检测未出现典型扩增曲线，或 C_t 值（每个反应管内的荧光信号到达设定的域值时所经历的循环数）

大于或等于40。阴性对照：内参基因检测出现典型扩增曲线，且C_t值小于或等于30，所有外源基因检测未出现典型扩增曲线，或C_t值大于或等于40。阳性对照：内参基因检测出现典型扩增曲线，且C_t值小于或等于30，所有外源基因检测出现典型扩增曲线，且C_t值小于或等于34。

6. 判定表述

（1）结果判定。测试样品全部平行反应外源基因检测未出现典型扩增曲线，或C_t值大于或等于40；内源基因检测出现典型扩增曲线，且C_t值小于或等于30，则可判定该样品不含所检的外源基因。

测试样品全部平行反应外源基因检测出现典型扩增曲线，C_t值小于或等于36，内源基因检测出现典型扩增曲线，C_t值小于或等于30，判定该样品含有对应的外源基因。

测试样品全部平行反应外源基因检测出现典型扩增曲线，但C_t值在36~40，内源基因检测C_t值出现典型扩增曲线，且小于或等于30，应在排除污染的情况下重新处理样品上机检测。再次扩增后的内源基因检测出现典型扩增曲线，且C_t值小于或等于30，外源基因检测出现典型扩增曲线，且C_t值仍小于40，则可判定为该样品含有所检的外源基因。再次扩增后的内源基因检测出现典型扩增曲线，且C_t值小于或等于30，外源基因检测未出现典型扩增曲线，或C_t值大于或等于40，则可判定为该样品不含所检的外源基因。

（2）结果表述。如下所示：

样品未检出××外源基因。

样品检出××外源基因。

7. 注意　存查样品保存期限按照 GB/T 19495.1—2004《转基因产品检测　通用要求和定义》中的规定执行。

任务二　检测方法

转基因产品检测的工作流程为：实验室样品到样验收（确定是否具备检验的基本条件）→混样→获取测试样品→测试样品的制备（待检状态）→核酸和（或）蛋白质等目标物质的提取→PCR试验（包括扩增和产物分析）和（或）蛋白质检测→结果判定→结果表述，出具检验报告。

所有试验操作应在规定的区域进行，待检样品的流动应遵照转基因产品检测工作流程的顺序，严格按单一方向进行。

一、PCR 检测方法（GB/T 19495.4—2018）

1. 原理　提取样品 DNA 后，通过实时荧光 PCR 技术对样品 DNA 进行筛选检测，根据实时荧光 PCR 扩增结果，判断该样品中是否含有转基因成分。对外源基因检测结果为阳性的样品，或已知为转基因阳性的样品，如需进一步进行品系鉴定，则对品系特异性片段进行实时荧光 PCR 检测，根据结果判定该样品中含有哪种（些）转基因品系成分。

2. 仪器

（1）实时荧光 PCR 仪。

（2）样品粉碎仪或研磨机。

（3）天平：感量为 0.01 g。

（4）水浴锅或恒温孵育器。

（5）冷冻离心机。

（6）高压灭菌锅。

（7）涡旋振荡器。

（8）生物安全柜。

（9）pH 计。

（10）核酸蛋白分析仪或紫外分光光度计。

（11）微量移液器（2 μL、10 μL、100 μL、200 μL、1 000 μL）。

3. 试剂 除特别说明外，所有试剂均为分析纯或生化试剂，试验用水应符合 GB/T 6682—2008《分析实验室用水规格和试验方法》中一级水的规格。

（1）实时荧光 PCR 预混液。为 Taq DNA 聚合酶（5U/ μL）、PCR 反应缓冲液、$MgCl_2$（3～7 mmol/L）、dNTPs（含 dATP、dUTP、dCTP、dGTP）、UNG 酶等混合配制的溶液。

（2）ROX。荧光校正试剂（50 倍，使用时稀释 1 倍）。

（3）筛选检测引物探针。筛选检测基因的引物和探针参照 GB/T 19495.4—2018《转基因产品检测　实时荧光定性聚合酶链式反应（PCR）检测方法》附录 A 中表 A.1 的序列合成，加超纯水配制成 100 μmol/L 的储备液，实时荧光 PCR 扩增的引物和探针工作液浓度为 10 μmol/L。

（4）品系特异性检测引物探针。根据需要检测的转基因植物品系，参照 GB/T 19495.4—2018《转基因产品检测　实时荧光定性聚合酶链式反应（PCR）检测方法》附录 B 中表 B.1 的序列合成引物和探针，加超纯水配制成 100 μmol/L 的储备液，实时荧光 PCR 扩增的引物和探针工作液浓度为 10 μmol/L。

4. 方法

（1）取样和制样。按照 GB/T 19495.7—2004《转基因产品检测　抽样和制样方法》中规定的方法执行。

（2）样品 DNA 的提取与纯化。按照 GB/T 19495.3—2004《转基因产品检测　核酸提取纯化方法》的方法或采用具有相同效果的植物基因组 DNA 提取试剂盒进行 DNA 提取。每个样品应制备两个测试样品提取 DNA（提取平行重复）。

（3）DNA 浓度测定和定量。按照 GB/T 19495.3—2004《转基因产品检测　核酸提取纯化方法》中规定的方法执行。

（4）实时荧光 PCR 检测。

① 转基因成分筛选检测基因的选择。对于未知是否为转基因产品的样品，按照表 7-4 选用筛选基因进行检测。

表 7-4　转基因筛选检测基因选用

物种	选用基因
大豆及其加工品	内源基因、pCaMV 35S、pFMV 35S、$tNOS$、BAR、PAT、GOX、CP4 - EPSPS、CTP2 - CP4 - EPSPS、$tE9$

（续）

物种	选用基因
玉米及其加工品	内源基因、pCaMV 35S、pFMV 35S、tNOS、NPT II、BAR、PAT、GOX、CP4 - EP-SPS、CTP2 - CP4 - EPSPS、Cry3A、tCaMV 35S、PMI、Cry I A (b)、Cry I A (c)、pRice - Eactin
油菜及其加工品	内源基因、pCaMV 35S、pFMV 35S、tNOS、NPT II、BAR、PAT、GOX、CP4 - EPSPS、CTP2 - CP4 - EPSPS、pNOS、pSSuAra、pTA29、tCaMV 35S、tE9、tOCS、tg7
水稻及其加工品	内源基因、pCaMV 35S、tNOS、BAR、Cry I A (b)、CRY I A (c)
棉花及其加工品	内源基因、pCaMV 35S、pFMV 35S、tNOS、NPT II、BAR、PAT、CP4 - EP-SPS、pUbi、tE9、Cry I A (b)、CRY I A (c)
马铃薯及其加工品	内源基因、pCaMV 35S、pFMV 35S、tNOS、NPT II、CP4 - EPSPS、Cry3A、pNOS
亚麻及其加工品	内源基因、pCaMV 35S、pFMV 35S、tNOS、NPT II
甜菜及其加工品	内源基因、pCaMV 35S、pFMV 35S、tNOS、NPT II、PAT、CP4 - EPSPS、CTP2 - CP4 - EPSPS
苜蓿及其加工品	内源基因、pFMV 35S、CTP2 - CP4 - EPSPS、tE9
番茄	pCaMV 35S、pFMV 35S、tNOS、NPT II、CRY I A (c)
苹果	pCaMV 35S、pFMV 35S、tNOS、NPT II
菊苣	pCaMV 35S、pFMV 35S、tNOS、BAR、NPT II
剪股颖	pCaMV 35S、pFMV 35S、tNOS、CP4 - EPSPS
烟草	pCaMV 35S、pFMV 35S、tNOS、NPT II
李子	pCaMV 35S、pFMV 35S、tNOS、NPT II
甜瓜	pCaMV 35S、pFMV 35S、tNOS、NPT II
木瓜	pCaMV 35S、pFMV 35S、tNOS、NPT II
小麦	pCaMV 35S、pFMV 35S、tNOS、CP4 - EPSPS
茄子	pCaMV 35S、pFMV 35S、tNOS、NPT II、CRY I A (c)
桉树	pCaMV 35S、pFMV 35S、tNOS、NPT II

② 实时荧光 PCR 反应体系。实时荧光 PCR 反应体系的配制见表 7 - 5。每个样品设置两个重复。

表 7 - 5　实时荧光 PCR 检测体系

名称	储液浓度	终浓度
10×PCR 缓冲液	10×	1×
$MgCl_2$	25 mmol/L	2.5 mmol/L
dNTP（含 dUTP）	2.5 mmol/L	0.2 mmol/L

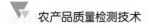

（续）

名称	储液浓度	终浓度
UNG 酶	5 U/μL	0.075 U/μL
上游引物	10 μmol/L	见 GB/T 19495.4—2018 的附表 A.1、附表 B.1
下游引物	10 μmol/L	见 GB/T 19495.4—2018 的附表 A.1、附表 B.1
探针	10 μmol/L	见 GB/T 19495.4—2018 的附表 A.1、附表 B.1
Taq 酶	5 U/μL	0.05 U/μL
DNA 模板	—	50～250 ng
超纯水	—	补足至 25 μL

注：可选用含有 PCR 缓冲液、MgCl$_2$、dNTP 和 Taq 酶等成分的基于 Taqman 探针的实时荧光 PCR 预混液进行实时荧光 PCR 扩增；ROX 荧光试剂仅在具有 ROX 校正通道的实时荧光 PCR 仪上进行扩增时添加，否则用超纯水补足；反应体系中各试剂的量可根据具体情况或不同的反应总体积进行适当调整。

③ 实时荧光 PCR 反应程序。实时荧光 PCR 反应参数为：50 ℃保持 2 min；95 ℃保持 10 min；95 ℃保持 15 s，60 ℃保持 60 s，40 个循环。

注：95 ℃保持 10 min 专门适用于化学变构的热启动 Taq 酶。以上参数可根据不同型号实时荧光 PCR 仪和所选 PCR 扩增试剂体系不同做调整。

④ 仪器检测通道的选择。将 PCR 反应管或反应板放入实时荧光 PCR 仪后，设置 PCR 反应荧光信号收集条件，应与探针标记的报告基团一致。具体设置方法可参照仪器使用说明书。

⑤ 试验对照的设立。试验设置如下对照：

阳性对照为目标转基因植物品系基因组 DNA，或含有上述片段的质粒标准分子 DNA；阴性对照为相应的非转基因植物样品 DNA；空白对照设两个，一是提取 DNA 时设置的提取空白对照（以双蒸水代替样品），二是 PCR 反应的空白对照（以双蒸水代替 DNA 模板）。

5. 计算　测试样品外源基因检测 C_t 值≥40，内源基因检测 C_t 值≤30，则可判定该样品不含所检基因或品系。

测试样品外源基因检测 C_t 值≤35，内源基因检测 C_t 值≤30，判定该样品含有所检基因或品系。

测试样品外源基因检测 C_t 值在 35～40，应调整模板浓度，重做实时荧光 PCR。再次扩增后的外源基因检测 C_t 值仍在 35～40，则可判定为该样品含有所检基因或品系。再次扩增后的外源基因检测 C_t 值≥40，则可判定为该样品不含所检基因或品系。

结果为阳性的，表述为"检出××外源基因"或"检出××转基因品系"。

结果为阴性的，表述为"未检出××外源基因"或"未检出××转基因品系"。

对于核酸无法有效提取的样品，检测结果为"未检出核酸成分"。

6. 注意

（1）质量控制。下述指标有一项不符合者，需重新进行实时荧光 PCR 扩增。

空白对照：内源基因检测 C_t 值≥40，外源基因或品系特异性检测 C_t 值≥40。

阴性对照：内源基因检测 C_t 值≤30，转化事件特异性检测 C_t 值≥40。

阳性对照：内源基因检测 C_t 值≤30，转化事件特异性检测 C_t 值≤35。

（2）防污染措施。检测过程中防止交叉污染的措施按照 GB/T 27403—2008《实验室质量控制规范　食品分子生物学检测》和 GB/T 19495.2—2004《转基因产品检测　实验室技术要求》中的规定执行。

（3）最低检出限。各基因片段的实时荧光 PCR 扩增的最低检出限（LOD）为 0.01%。

二、目标序列测序法（GB/T 38570—2020）

1. 原理　通过抽样与制样获得待测样品与质控样品，提取并片段化样品基因组 DNA、连接接头序列、PCR 扩增连接产物、探针捕获扩增产物、扩增捕获产物获得测序文库、高通量测序、分析测序数据和进行质量控制并得出检测结论。

本方法通过不同的样品条形码识别并控制实验室气溶胶污染；通过外源基因特征片段识别外源基因并区分微生物污染；通过与多种转基因元件匹配的杂交探针同时检测多种转基因成分。

2. 仪器　高通量测序仪。

3. 试剂　除非另有规定，仅使用分析纯试剂。

（1）水：GB/T 6682—2008《分析实验室用水规格和试验方法》规定的一级水。

（2）文库构建试剂盒。

（3）高通量测序试剂盒。

（4）探针序列：见 GB/T 38570—2020《植物转基因成分测定　目标序列测序法》附录 A。

（5）人工 DNA 序列：见 GB/T 38570—2020《植物转基因成分测定　目标序列测序法》附录 B。

4. 方法

（1）抽样和制样。

① 待测样品抽样与制样。按 GB/T 19495.7—2004《转基因产品检测　抽样和制样方法》中规定的方法执行。

② 质控样品制样。从待测样品制样开始到结束的过程中，把 1 ng/μL 的人工 DNA 的溶液暴露于制样环境中，作为质控样品。

（2）DNA 提取与纯化。按 GB/T 19495.3—2004《转基因产品检测　核酸提取纯化方法》的方法或具有相同效果的基因组 DNA 提取试剂盒，提取并纯化待测样品和质控样品 DNA。

（3）文库构建。利用文库构建试剂盒及其操作说明进行文库构建。

① DNA 片段化。利用酶切消化或机械破碎的方法，将待测样品和质控样品基因组 DNA 片段化至 100～1 000 bp。片段化时，基因组 DNA 的最低加入量参照 GB/T 19495.5—2018《转基因产品检测　实时荧光定量聚合酶链式反应（PCR）检测方法》中附录 B 中规定的定量下限为 0.1% 时的 DNA 模板最低加入量。

② 末端修复与接头连接。对 DNA 片段化的产物进行末端修复并连接接头序列。接头序列应包括 3 个部分：约 20 个碱基的通用序列、8 个碱基组成的随机条形码序列和 12 个碱基的样品条形码序列。其中，不同的待测样品或质控样品使用不同的样品条形码序列，且在同一个实验室中相同的样品条形码序列在 30 d 内只使用一次。按试剂盒说明纯化连接产物。

③ PCR 扩增。利用末端修复与接头连接中接头上的通用序列设计引物对末端修复与接头连接中获得的产物进行扩增，扩增循环数≤15 个。其中，所设计的引物序列包含高通量测序仪的测序引物序列。按试剂盒说明纯化扩增产物。将具有不同样品条形码的待测样品或质控样品等质量混合后得到混合样品，每个混合样品中待测样品或质控样品的数目不宜超过 4 个。

④ 杂交捕获。将 GB/T 38570—2020《植物转基因成分测定　目标序列测序法》附录 A 中的探针，按等摩尔质量混合，形成混合探针，利用混合探针对 PCR 扩增获得的产物进行杂交捕获。按试剂盒说明纯化捕获产物。

⑤ PCR 扩增。利用高通量测序仪的测序引物序列对杂交捕获中的产物进行扩增，扩增循环数≤20 个，获得测序文库。按试剂盒说明纯化测序文库。

（4）高通量测序。利用高通量测序试剂盒及其操作说明对测序文库进行高通量测序，每个待测样品的测序碱基数据量设置为≥1G。

5. 计算　利用多位点多核苷酸多态性（MLMNP）转基因鉴定软件计算待测样品中外源基因特征片段的数目（TEF）。

当 TEF<3 时，表述为"未检出××外源基因（或××转基因品系）"。

当 TEF≥3 时，表述为"检出××外源基因（或××转基因品系）"。

对于无法有效提取 DNA 的样品，表述为"未检出核酸成分"。

6. 注意

（1）质量控制。利用转基因鉴定软件对获得的测序数据进行质量控制，并输出质量控制结论。质量控制程序要求如下：

——当质量控制结论为制样过程中存在交叉污染时，从头开始试验。

——当质量控制结论为模板片段数量不足时，加大基因组 DNA 用量后从文库构建或之前的步骤开始重新试验。

——当质量控制结论为文库构建失败时，从文库构建或之前的步骤开始重新试验。

——当质量控制结论为测序数据量不足时，从高通量测序或之前的步骤开始重新试验。

——当质量控制结论为测序数据质量合格时，进行结果分析。

（2）防污染措施。从抽样和制样到 DNA 提取与纯化至 DNA 片段化的测定步骤的防污染措施，执行 GB/T 27403—2008《实验室质量控制规范　食品分子生物学检测》和 GB/T 19495.2—2004《转基因产品检测　实验室技术要求》中的规定。

实训操作

DNA 提取和纯化（农业部 1485 号公告-4-2010）

【实训目的】学会并掌握转基因植物及其产品中 DNA 提取和纯化的方法和技术要求。

说明：此法为十六烷基三甲基溴化铵（CTAB）法，适用于富含多糖的植物及其粗加工测试样品的 DNA 提取和纯化，如植物叶片、种子及粗加工材料等。

【实训原理】通过物理和化学方法使 DNA 从样品的不同组分中分离出来。利用不同的纯化方法，弃除样品中的蛋白质、脂肪、多糖、其他次生代谢物以及 DNA 提取过程中加入的氯仿、异戊醇、异丙醇等化合物，获得纯化的 DNA。

【实训仪器】

高速冷冻离心机；高速台式离心机；紫外分光光度计；磁力搅拌器；高压灭菌锅；凝胶成像系统或照相系统；其他相关仪器和设备。

【实训试剂】除非另有说明，仅使用分析纯试剂和重蒸馏水或符合 GB/T 6682—2008《分析实验室用水规格和试验方法》规定的二级水。

1. α-淀粉酶（1 500~3 000 U/mg）

2. 氯仿（$CHCl_3$）

3. 乙醇（C_2H_5OH）（95%，体积百分比） —20 ℃保存备用。

4. 二水乙二铵四乙酸二钠盐（$C_{10}H_{14}N_2O_8Na_2 \cdot 2H_2O$，$Na_2EDTA \cdot 2H_2O$）

5. 十六烷基三甲基溴化铵（$C_{19}H_{42}BrN$，CTAB）

6. 盐酸（HCl）（37%，体积百分比）

7. 异丙醇 $[CH_3CH(OH)CH_3]$

8. 蛋白酶 K（>20 U/mg）

9. 无 DNA 酶的 RNA 酶 A（>50 U/mg）

10. 氯化钠（NaCl）

11. 氢氧化钠（NaOH）

12. 三羟甲基氨基甲烷（$C_4H_{11}NO_3$，Tris）

13. 异硫氰酸胍（$CH_5N_3 \cdot HSCN$）

14. 曲拉通 100 $[C_{14}H_{22}O(C_2H_4O)_n]$

15. α-淀粉酶溶液（10 g/L） 称取 α-淀粉酶 10 mg，溶解于 1 mL 无菌水中。不可高压灭菌。分装成数管后于—20 ℃条件下保存，避免反复冻融。

16. 三羟甲基氨基甲烷-盐酸溶液（1 mol/L，pH=7） 称取 121.1 g 三羟甲基氨基甲烷（Tris）溶解于约 800 mL 水中，用盐酸溶液调 pH 至 7.5，加水定容至 1 000 mL，在 103.4 kPa 和 121 ℃条件下，灭菌 15 min 后使用。

17. 三羟甲基氨基甲烷-盐酸溶液（1 mol/L，pH=6.4） 称取 121.1 g 三羟甲基氨基甲烷（Tris）溶解于约 800 mL 水中，用盐酸溶液调 pH 至 6.4，加水定容至 1 000 mL，在 103.4 kPa 和 121 ℃条件下，灭菌 15 min 后使用。

18. 氢氧化钠溶液（10 mol/L） 在约 160 mL 水中加入 80.0 g 氢氧化钠（NaOH），溶解后加水定容至 200 mL。

19. 乙二铵四乙酸二钠溶液（0.5 mol/L，pH=8.0） 称取 18.6 g 乙二铵四乙酸二钠（$Na_2EDTA \cdot 2H_2O$），加至约 70 mL 水中，再加入适量氢氧化钠溶液（10 mol/L），加热至完全溶解后，冷却至室温，用氢氧化钠溶液（10 mol/L）调 pH 至 8.0，加水定容至 100 mL，在 103.4 kPa 和 121 ℃条件下，灭菌 15 min 后使用。

20. CTAB 提取缓冲液（pH=8.0） 在约 600 mL 水中加入 81.7 g 氯化钠（NaCl）、20 g 十六烷基三甲基溴化铵（CTAB），充分溶解后，加入 100 mL 三羟甲基氨基甲烷-盐酸溶液（1 mol/L，pH=7）和 40 mL 乙二铵四乙酸二钠溶液（0.5 mol/L，pH=8.0），用盐酸或氢氧化钠溶液（10 mol/L）调 pH 至 8.0，加水定容至 1 000 mL，在 103.4 kPa 和 121 ℃条件下，灭菌 15 min 后使用。

21. 70%乙醇溶液 量取 737 mL 乙醇（95%），加水定容至 1 000 mL。

22. 蛋白酶 K 溶液（20 g/L） 称取 20 mg 蛋白酶 K，溶解于 1 mL 无菌水中。不可高压灭菌。分装成数管后于−20 ℃条件下保存，避免反复冻融。

23. RNA 酶 A 溶液（10 g/L） 称取 10 mg 无 DNA 酶的 RNA 酶 A，溶解于 1 mL 无菌水中，在 100 ℃沸水中放置 15～20 min，冷却至室温后，分装成数管后于−20 ℃条件下保存，避免反复冻融。

24. 乙酸钾溶液（3 mol/L，pH＝5.2） 在约 60 mL 水中加 29.4 g 乙酸钾，充分溶解，用冰乙酸调 pH 至 5.2，加水定容至 100 mL。不要高压灭菌。必要时，使用 0.22 μm 微孔滤膜过滤除菌。

25. TE 缓冲液（pH＝8.0） 在约 800 mL 水中依次加 10 mL 三羟甲基氨基甲烷-盐酸溶液（1 mol/L，pH＝7）和乙二铵四乙酸二钠溶液（0.5 mol/L，pH＝8.0），用盐酸或氢氧化钠溶液（10 mol/L）调 pH 至 8.0，加水定容至 1 000 mL，在 103.4 kPa 和 121 ℃条件下，灭菌 15 min 后使用。

26. 过柱缓冲液 在约 600 mL 水中加 590.8 g 异硫氰酸胍，充分溶解后加入 50 mL 三羟甲基氨基甲烷-盐酸溶液（1 mol/L，pH＝6.4）、20 mL 乙二铵四乙酸二钠溶液（0.5 mol/L，pH＝8.0）、1 mL 曲拉通 100，用盐酸或氢氧化钠溶液（10 mol/L）调 pH 至 6.4，加水定容至 1 000 mL。

27. 洗脱缓冲液Ⅰ 在约 600 mL 水中加 590.8 g 异硫氰酸胍，充分溶解后，加入 10 mL 三羟甲基氨基甲烷-盐酸溶液（1 mol/L，pH＝6.4），用盐酸或氢氧化钠溶液（10 mol/L）调 pH 至 6.4，加水定容至 1 000 mL。

28. 洗脱缓冲液Ⅱ 称取 2.9 g 氯化钠（NaCl），加至约 100 mL 水中充分溶解后，加入 10 mL 三羟甲基氨基甲烷-盐酸溶液（1 mol/L，pH＝7）和 737 mL 乙醇（95%），加水定容至 1 000 mL。

29. 离心柱 硅胶膜 DNA 离心吸附柱，其硅胶膜饱和 DNA 吸附效率不低于 800 μg/m²。

【操作步骤】

（1）称取 0.1 g 待测样品（依试样的不同，可适当增加待测样品，并在提取过程中相应增加试剂及溶液用量）。在液氮中充分研磨成粉末后转移至离心管中（不需研磨的试样直接加入）。

（2）加入 1.0 mL 预热至 65 ℃的 CTAB 提取缓冲液，充分混合、悬浮试样（依试样不同，可适当增加缓冲液的用量）。加入 α-淀粉酶溶液 10 μL（依试样不同，可不加）和 RNA 酶 A 溶液 10 μL，并轻柔混合。65 ℃温浴 30 min，其间每 3～5 min 颠倒混匀一次（依试样不同，可不加 RNA 酶 A 溶液）。

（3）加入 10 μL 蛋白酶 K 溶液，轻柔混合，65 ℃温浴 30 min，其间每 3～5 min 颠倒混匀一次。依试样不同，也可略过此步骤。

（4）12 000 r/min 离心 15 min，转移上清液至一新离心管，加入 0.7～1 倍体积氯仿，充分混合。12 000 r/min 离心 15 min，转移上清液至一新离心管中。

（5）加入 0.6 倍体积的异丙醇和 0.1 倍体积的乙酸钾溶液，轻柔颠倒混合，室温条件下放置 20 min，12 000 r/min 离心 15 min，弃去上清液。

（6）加入 70％乙醇溶液 500 μL，并颠倒混合数次。12 000 r/min 离心 10 min，弃去上清液。

（7）干燥 DNA 沉淀。加 100 μL 水或 TE 缓冲液溶解 DNA。

（8）加 300 μL 过柱缓冲液，上下颠倒 10 次，充分混匀。

（9）将离心柱放置在 2 mL 的配套管上，将 DNA 溶液加到离心柱中，放置 2 min。

（10）将离心柱和套管一起用 8 000 r/min 离心 30 s，弃去套管中的溶液，在离心柱中加 200 μL 洗脱缓冲液Ⅰ，8 000 r/min 离心 30 s，弃去套管中的溶液。

（11）向离心柱中加 200 μL 洗脱缓冲液Ⅰ，8 000 r/min 离心 30 s，弃去溶液。

（12）向离心柱中加 200 μL 洗脱缓冲液Ⅱ，8 000 r/min 离心 30 s，弃去溶液。

（13）向离心柱中加 200 μL 洗脱缓冲液Ⅱ，8 000 r/min 离心 30 s，弃去溶液。

（14）12 000 r/min 离心 30 s，以除去离心柱中痕量残余溶液。

（15）将离心柱放置在一个新的 2 mL 离心管中，在离心柱底部中央小心加入 TE 缓冲液或水 50 μL，37 ℃放置 2 min，12 000 r/min 离心 30 s。若需提高 DNA 获得率，可吸取离心管中 DNA 溶液再次加到离心柱底部中央，37 ℃放置 2 min，12 000 r/min 离心 30 s。

（16）离心管中的溶液即 DNA 溶液。

项目总结

转基因产品是指利用基因工程技术改变基因组构成的动物、植物和微生物生产的产品。转基因产品检测的通用要求包括：实验室要求、材料试剂和标准物质要求、抽样要求、制样要求和检测方法要求。

转基因产品的检测方法很多，主要是通过检测 DNA 和蛋白质来判断产品中是否有转基因成分。

问题思考

1. 什么是转基因产品检测？

2. 转基因产品检测的通用要求是什么？

3. 核酸检测的原理是什么？

4. 蛋白质检测的原理是什么？

Project 8

项目八
微生物检测

【知识目标】

1. 了解农产品微生物检测指标。

2. 掌握农产品微生物的检验程序和方法。

【技能目标】

1. 能够正确使用农产品微生物检测所用的仪器设备。

2. 能够熟练掌握农产品微生物检测的操作技能。

项目导入

食品的微生物污染控制是从食品生产制造到食用的各个环节,采取各种有效措施,防止微生物污染食品,使食品处于食用安全状态。而加强食品的微生物检验,搞好食品的卫生监督与检查,对保证消费者吃到安全放心的食品具有重要意义。反映食品卫生质量的微生物指标主要有菌落总数、大肠菌群、致病菌等。

任务一 卫生检验

一、菌落总数测定(GB 4789.2—2016)

菌落总数(aerobic plate count)是指食品检样经过处理,在一定条件下(如培养基、培养温度和培养时间等)培养后,每克(毫升)检样中形成的微生物菌落总数。

本方法适用于食品中菌落总数的测定。

1. 检验程序 菌落总数的检验程序如图8-1所示。

2. 检验方法

(1)样品的稀释。固体和半固体样品:称取25 g样品置于盛有225 mL磷酸盐缓冲液或生理盐水的无菌均质杯内,8 000～10 000 r/min均质1～2 min,或放入盛有225 mL稀释液的无菌均质袋中,用拍击式均质器拍打1～2 min,制成1∶10的样品匀液。

液体样品:以无菌吸管吸取25 mL样品置于盛有225 mL磷酸盐缓冲液或生理盐水的无菌锥形瓶(瓶内预置适量的无菌玻璃珠)中,充分混匀,制成1∶10的样品匀液。

用 1 mL 无菌吸管或微量移液器吸取 1∶10 样品匀液 1 mL，沿管壁缓慢注于盛有 9 mL 稀释液的无菌试管中（注意吸管或吸头尖端不要触及稀释液面），振摇试管或换用 1 支无菌吸管反复吹打使其混合均匀，制成 1∶100 的样品匀液。按此操作，制备 10 倍系列稀释样品匀液。每递增稀释一次，换用 1 次 1 mL 无菌吸管或吸头。

根据对样品污染状况的估计，选择 2～3 个适宜稀释度的样品匀液（液体样品可包括原液），在进行 10 倍递增稀释时，吸取 1 mL 样品匀液于无菌平皿内，每个稀释度做两个平皿。同时，分别吸取 1 mL 空白稀释液至两个无菌平皿内作空白对照。

及时将 15～20 mL 冷却至 46 ℃的平板计数琼脂培养基［可放置于（46±1）℃恒温水浴箱中保温］倾注平皿，并转动平皿使其混合均匀。

（2）培养。待琼脂凝固后，将平板翻转，（36±1）℃培养（48±2）h。水产品（30±1）℃培养（72±3）h。

如果样品中可能含有在琼脂培养基表面弥漫生长的菌落，可在凝固后的琼脂表面覆盖一薄层琼脂培养基（约 4 mL），凝固后翻转平板，按上述条件进行培养。

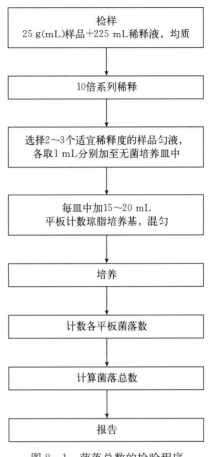

图 8-1　菌落总数的检验程序

（3）菌落计数。可用肉眼观察，必要时用放大镜或菌落计数器，记录稀释倍数和相应的菌落数量。菌落计数以菌落形成单位（colony-forming units，CFU）表示。

选取菌落数在 30～300 CFU、无蔓延菌落生长的平板计数菌落总数。低于 30 CFU 的平板记录具体菌落数，大于 300 CFU 的可记录为多不可计。每个稀释度的菌落数应采用两个平板的平均数。

其中一个平板有较大片状菌落生长时，则不宜采用，而应以无片状菌落生长的平板作为该稀释度的菌落数；若片状菌落不到平板的一半，而其余一半中菌落分布又很均匀，即可计算半个平板后乘以 2，代表一个平板菌落数。当平板上出现菌落间无明显界线的链状生长时，则将每条单链作为一个菌落计数。

3. 结果报告

（1）菌落总数的计算方法。若只有一个稀释度平板上的菌落数在适宜计数范围内，计算两个平板菌落数的平均值，再将平均值乘以相应稀释倍数，作为每克（毫升）样品中的菌落总数。

若有两个连续稀释度的平板菌落数在适宜计数范围内，按以下公式计算：

$$N = \frac{\sum C}{(n_1 + 0.1n_2)d}$$

式中：N——样品中菌落数；

$\sum C$——平板（含适宜范围菌落数的平板）菌落数之和；

n_1——第一稀释度（低稀释倍数）平板个数；

n_2——第二稀释度（高稀释倍数）平板个数；

d——稀释因子（第一稀释度）。

示例：

稀释度为 1：100（第一稀释度），菌落数为 232 CFU 或 244 CFU，稀释度为 1：1 000（第一稀释度），菌落数为 33 CFU 或 35 CFU。

$$N = \frac{\sum C}{(n_1 + 0.1n_2)d} = \frac{232 + 244 + 33 + 35}{[2 + (0.1 \times 2)] \times 10^{-2}} = \frac{544}{0.022} = 24\ 727$$

上述数据数字修约后，表示为 25 000 或 2.5×10^4。

若所有稀释度的平板上菌落数均大于 300 CFU，则对稀释度最高的平板进行计数，其他平板可记录为多不可计，结果按平均菌落数乘以最高稀释倍数计算。

若所有稀释度的平板菌落数均小于 30 CFU，则应按稀释度最低的平均菌落数乘以稀释倍数计算。

若所有稀释度（包括液体样品原液）平板均无菌落生长，则以小于 1 乘以最低稀释倍数计算。

若所有稀释度的平板菌落数均不在 30～300 CFU，其中一部分小于 30 CFU 或大于 300 CFU 时，则以最接近 30 CFU 或 300 CFU 的平均菌落数乘以稀释倍数计算。

（2）菌落总数的报告。菌落数小于 100 CFU 时，按"四舍五入"原则修约，以整数报告。

菌落数大于或等于 100 CFU 时，第三位数字采用"四舍五入"原则修约后，取前两位数字，后面用 0 代替位数；也可用 10 的指数形式来表示，按"四舍五入"原则修约后，采用两位有效数字。

若所有平板上为蔓延菌落而无法计数，则报告菌落蔓延。若空白对照上有菌落生长，则此次检测结果无效。

称重取样以 CFU/g 为单位报告，体积取样以 CFU/mL 为单位报告。

二、大肠菌群计数（GB 4789.3—2016）

大肠菌群（coliforms）是指在一定培养条件下能发酵乳糖、产酸产气的需氧和兼性厌氧革兰氏阴性无芽孢杆菌。

大肠菌群 MPN 计数法适用于大肠菌群含量较低的食品中大肠菌群的计数。

1. 检验原理　MPN 法是统计学和微生物学结合的一种定量检测法。待测样品经系列稀释并培养后，根据其未生长的最低稀释度与生长的最高稀释度，应用统计学概率论推算出待测样品中大肠菌群的最大可能数。

2. 检验程序 大肠菌群 MPN 计数的检验程序如图 8-2 所示。

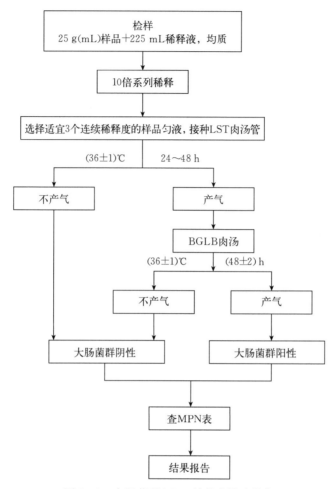

图 8-2 大肠菌群 MPN 计数法检验程序

3. 检验方法

(1) 样品的稀释。

① 固体和半固体样品。称取 25 g 样品，放入盛有 225 mL 磷酸盐缓冲液或生理盐水的无菌均质杯内，8 000~10 000 r/min 均质 1~2 min，或放入盛有 225 mL 磷酸盐缓冲液或生理盐水的无菌均质袋中，用拍击式均质器拍打 1~2 min，制成 1∶10 的样品匀液。

② 液体样品。以无菌吸管吸取 25 mL 样品置于盛有 225 mL 磷酸盐缓冲液或生理盐水的无菌锥形瓶（瓶内预置适当数量的无菌玻璃珠）或其他无菌容器中充分振摇或置于机械振荡器中振摇，充分混匀，制成 1∶10 的样品匀液。

样品匀液的 pH 为 6.5~7.5，必要时分别用 1 mol/L NaOH 或 1 mol/L HCl 调节。

用 1 mL 无菌吸管或微量移液器吸取 1∶10 样品匀液 1 mL，沿管壁缓缓注入 9 mL 磷酸盐缓冲液或生理盐水的无菌试管中（注意吸管或吸头尖端不要触及稀释液面），振摇试管或换用 1 支 1 mL 无菌吸管反复吹打，使其混合均匀，制成 1∶100 的样品匀液。

根据对样品污染状况的估计，按上述操作，依次制成 10 倍递增系列稀释样品匀液。每递增稀释 1 次，换用 1 支 1 mL 无菌吸管或吸头。从制备样品匀液至样品接种完毕，全过程不得超过 15 min。

（2）初发酵试验。每个样品，选择 3 个适宜的连续稀释度的样品匀液（液体样品可以选择原液），每个稀释度接种 3 管月桂基硫酸盐胰蛋白胨（LST）肉汤，每管接种 1 mL（如接种量超过 1 mL，则用双料 LST 肉汤），（36±1）℃培养（24±2）h，观察倒管内是否有气泡产生，（24±2）h 产气者进行复发酵试验（证实试验），如未产气则继续培养至（48±2）h，产气者进行复发酵试验。未产气者为大肠菌群阴性。

（3）复发酵试验（证实试验）。用接种环从产气的 LST 肉汤管中分别取培养物 1 环，移种于煌绿乳糖胆盐肉汤（BGLB）管中，（36±1）℃培养（48±2）h，观察产气情况。产气者，计为大肠菌群阳性管。

4. 结果报告　按复发酵试验（证实试验）确证的大肠菌群 BGLB 阳性管数，检索 MPN 表（GB 4789.3—2016《食品安全国家标准　食品微生物学检验　大肠菌群计数》附录 B），报告每克（毫升）样品中大肠菌群的 MPN 值。

实训操作

大肠菌群计数（GB 4789.3—2016）

【实训目的】学会并掌握大肠菌群平板计数法和技术要求。

【实训原理】大肠菌群在固体培养基中发酵乳糖产酸，在指示剂的作用下形成可计数的红色或紫色带有或不带有沉淀环的菌落。

【检验程序】大肠菌群平板计数法的检验程序如图 8-3 所示。

【操作步骤】

1. 样品的稀释

（1）固体和半固体样品。称取 25 g 样品，放入盛有 225 mL 磷酸盐缓冲液或生理盐水的无菌均质杯内，8 000～10 000 r/min 均质 1～2 min，或放入盛有 225 mL 磷酸盐缓冲液或生理盐水的无菌均质袋中，用拍击式均质器拍打 1～2 min，制成 1∶10 的样品匀液。

（2）液体样品。以无菌吸管吸取 25 mL 样品置于盛有 225 mL 磷酸盐缓冲液或生理盐水的无菌锥形瓶（瓶内预置适当数量的无菌玻璃珠）或其他无菌容器中充分振摇或置于机械振荡器中振摇，充分混匀，制成 1∶10 的样品匀液。

注：样品匀液的 pH 为 6.5～7.5，必要时分别用 1 mol/L NaOH 或 1 mol/L HCl 调节。

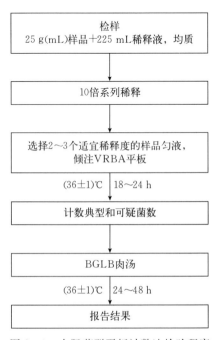

图 8-3　大肠菌群平板计数法检验程序

用 1 mL 无菌吸管或微量移液器吸取 1∶10 样品匀液 1 mL，沿管壁缓缓注入 9 mL 磷酸盐缓冲液或生理盐水的无菌试管中（注意吸管或吸头尖端不要触及稀释液面），振摇试管或换用 1 支 1 mL 无菌吸管反复吹打，使其混合均匀，制成 1∶100 的样品匀液。

根据对样品污染状况的估计，按上述操作，依次制成 10 倍递增系列稀释样品匀液。每递增稀释 1 次，换用 1 支 1 mL 无菌吸管或吸头。从制备样品匀液至样品接种完毕，全过程不得超过 15 min。

2. 平板计数 选取 2～3 个适宜的连续稀释度，每个稀释度接种 2 个无菌平皿，每皿 1 mL。同时取 1 mL 生理盐水加入无菌平皿作空白对照。

及时将 15～20 mL 融化并恒温至 46 ℃的结晶紫中性红胆盐琼脂（VRBA）倾注于每个平皿中。小心旋转平皿，将培养基与样液充分混匀，待琼脂凝固后，再加 3～4 mL VRBA 覆盖平板表层。翻转平板，（36±1）℃培养 18～24 h。

3. 平板菌落数的选择 选取菌落数在 15～150 CFU 的平板，分别计数平板上出现的典型和可疑大肠菌群菌落（如菌落直径较典型、菌落小）。典型菌落为紫红色，菌落周围有红色的胆盐沉淀环，菌落直径为 0.5 mm 或更大，最低稀释度平板低于 15 CFU 的记录具体菌落数。

4. 证实试验 从 VRBA 平板上挑取 10 个不同类型的典型和可疑菌落，少于 10 个菌落的挑取全部典型和可疑菌落。分别移种于 BGLB 肉汤管内，（36±1）℃培养 24～48 h，观察产气情况。凡 BGLB 肉汤管产气，即可报告为大肠菌群阳性。

【结果报告】

经最后证实为大肠菌群阳性的试管比例乘以步骤 3 中计数的平板菌落数，再乘以稀释倍数，即每克（毫升）样品中的大肠菌群数。

例：10^{-4} 样品稀释液 1 mL，在 VRBA 平板上有 100 个典型和可疑菌落，挑取其中 10 个接种于 BGLB 肉汤管，证实有 6 个阳性管，则该样品的大肠菌群数为：$100 \times 6/10 \times 10^4/g$（mL）＝ 6.0×10^5 CFU/g（mL）。若所有稀释度（包括液体样品原液）平板均无菌落生长，则以小于 1 乘以最低稀释倍数计算。

任务二 致病菌检测

食品致病菌是可以引起食物中毒或以食品为传播媒介的致病性细菌。致病性细菌直接或间接污染食品及水源，人经口感染可导致肠道传染病的发生及食物中毒以及畜禽传染病的流行。食源性致病菌是食品安全问题的重要来源。

一、沙门氏菌检验（GB 4789.4—2016）

1. 检验程序 沙门氏菌检验程序如图 8-4 所示。

2. 检验方法

（1）预增菌。无菌操作称取 25 g（mL）样品，置于盛有 225 mL 缓冲蛋白胨水（BPW）的无菌均质杯或合适容器内，8 000～10 000 r/min 均质 1～2 min，或置于盛有 225 mL BPW 的无菌均质袋中，用拍击式均质器拍打 1～2 min。若样品为液态，不需要均质，振荡混匀。

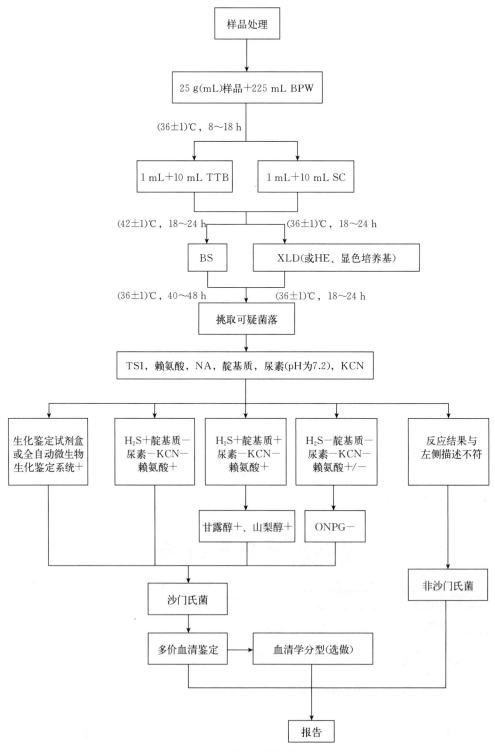

图 8-4 沙门氏菌检验程序

如需调整 pH，用 1 mol/mL 无菌 NaOH 或 HCl 调 pH 至 6.8±0.2。无菌操作将样品转至 500 mL 锥形瓶或其他合适容器内（如均质杯本身具有无孔盖，可不转移样品），如使用均质袋，可直接进行培养，(36±1)℃培养 8～18 h。

如为冷冻产品，应在 45 ℃以下不超过 15 min，或 2～5 ℃不超过 18 h 解冻。

（2）增菌。轻轻摇动培养过的样品混合物，移取 1 mL，转种于 10 mL 四硫磺酸钠煌绿（TTB）增菌液内，(42±1)℃培养 18～24 h。同时，另取 1 mL，转种于 10 mL 四硒酸盐胱氨酸（SC）增菌液内，(36±1)℃培养 18～24 h。

（3）分离。分别用直径 3 mm 的接种环取增菌液 1 环，划线接种于一个亚硫酸铋（BS）琼脂平板和一个木糖赖氨酸脱氧胆盐（XLD）琼脂平板（或 HE 琼脂平板或沙门氏菌属显色培养基平板），(36±1)℃分别培养 40～48 h（BS 琼脂平板）或 18～24 h（XLD 琼脂平板、HE 琼脂平板、沙门氏菌属显色培养基平板），观察各个平板上生长的菌落，各个平板上的菌落特征见表 8-1。

表 8-1 沙门氏菌属在不同选择性琼脂平板上的菌落特征

选择性琼脂平板	沙门氏菌
BS 琼脂	菌落为黑色有金属光泽、棕褐色或灰色，菌落周围培养基可呈黑色或棕色；有些菌株形成灰绿色的菌落，周围培养基不变
HE 琼脂	蓝绿色或蓝色，多数菌落中心黑色或几乎全黑色；有些菌株为黄色，中心黑色或几乎全黑色
XLD 琼脂	菌落呈粉红色，带或不带黑色中心，有些菌株可呈现大的带光泽的黑色中心，或呈现全部黑色的菌落；有些菌株为黄色菌落，带或不带黑色中心
沙门氏菌属显色培养基	按照显色培养基的说明进行判定

（4）生化试验。

① 在自选择性琼脂平板上分别挑取 2 个以上典型或可疑菌落，接种三糖铁（TSI）琼脂，先在斜面划线，再于底层穿刺；接种针不要灭菌，直接接种赖氨酸脱羧酶试验培养基和营养（NA）琼脂平板，(36±1)℃培养 18～24 h，必要时可延长至 48 h。在三糖铁琼脂和赖氨酸脱羧酶试验培养基内，沙门氏菌属的反应结果见表 8-2。

表 8-2 沙门氏菌属在三糖铁琼脂和赖氨酸脱羧酶试验培养基内的反应结果

三糖铁琼脂				赖氨酸脱羧酶试验培养基	初步判断
斜面	底层	产气	硫化氢		
K	A	+（-）	+（-）	+	可疑沙门氏菌属
K	A	+（-）	+（-）	-	可疑沙门氏菌属
A	A	+（-）	+（-）	+	可疑沙门氏菌属
A	A	+/-	+/-	-	非沙门氏菌
K	K	+/-	+/-	+/-	非沙门氏菌

注：K 为产碱，A 为产酸；+为阳性，-为阴性；+（-）为多数阳性，少数阴性；+/-为阳性或阴性。

② 接种三糖铁琼脂和赖氨酸脱羧酶试验培养基的同时，可直接接种蛋白胨水（做靛基质试验）、尿素琼脂（pH＝7.2）、氰化钾（KCN）培养基，也可在初步判断结果后从营养琼脂平板上挑取可疑菌落接种。(36 ± 1)℃培养 18～24 h，必要时可延长至 48 h，按表 8-3 的判定结果。将已挑菌落的平板储存于 2～5 ℃或室温条件下至少 24 h，以备必要时复查。

表 8-3　沙门氏菌属生化反应初步鉴别

反应序号	硫化氢（H_2S）	靛基质	pH＝7.2尿素	氰化钾（KCN）	赖氨酸脱羧酶
A1	＋	－	－	－	＋
A2	＋	＋	－	－	＋
A3	－	－	－	－	＋/－

注：＋为阳性；－为阴性；＋/－为阳性或阴性。

反应序号 A1：典型反应判定为沙门氏菌属。如尿素、KCN 和赖氨酸脱羧酶 3 项中有 1 项异常，按表 8-4 可判定为沙门氏菌。如有 2 项异常为非沙门氏菌。

表 8-4　沙门氏菌属生化反应初步鉴别

pH＝7.2尿素	氰化钾（KCN）	赖氨酸脱羧酶	判定结果
－	－	－	甲型副伤寒沙门氏菌（要求血清学鉴定结果）
－	＋	＋	沙门氏菌Ⅳ或Ⅴ（要求符合本群生化特性）
＋	－	＋	沙门氏菌个别变体（要求血清学鉴定结果）

注：＋为阳性；－为阴性。

反应序号 A2：补做甘露醇和山梨醇试验，沙门氏菌靛基质阳性变体 2 项试验结果均为阳性，但需要结合血清学鉴定结果进行判定。

反应序号 A3：补做 ONPG。ONPG 阴性为沙门氏菌，同时赖氨酸脱羧酶阳性，甲型副伤寒沙门氏菌为赖氨酸脱羧酶阴性。

必要时按表 8-5 进行沙门氏菌生化群的鉴别。

表 8-5　沙门氏菌属各生化群的鉴别

项目	Ⅰ	Ⅱ	Ⅲ	Ⅳ	Ⅴ	Ⅵ
卫矛醇	＋	＋	－	－	＋	－
山梨醇	＋	＋	＋	＋	＋	－
水杨苷	－	－	－	＋	－	－
ONPG	－	－	＋	－	＋	－
丙二酸盐	－	＋	＋	－	－	－
KCN	－	－	－	＋	＋	－

注：＋为阳性；－为阴性。

③ 如选择生化鉴定试剂盒或全自动微生物生化鉴定系统，可根据①的初步判断结果，从营养琼脂平板上挑取可疑菌落，用生理盐水制备成浊度适当的菌悬液，使用生化鉴定试剂

盒或全自动微生物生化鉴定系统进行鉴定。

（5）血清学鉴定。

① 检查培养物有无自凝性。一般采用 1.2%～1.5%的琼脂培养物作为玻片凝集试验用的抗原。首先排除自凝集反应，在洁净的玻片上滴加一滴生理盐水，将待试培养物混合于生理盐水滴内，使成为均一的混浊悬液，将玻片轻轻摇动 30～60 s，在黑色背景下观察反应（必要时用放大镜观察），若出现可见的菌体凝集，即认为有自凝性，反之无自凝性。对无自凝的培养物参照下面的方法进行血清学鉴定。

② 多价菌体抗原（O）鉴定。在玻片上划出 2 个约 1 cm×2 cm 的区域，挑取 1 环待测菌，各放 1/2 环于玻片上的每一区域上部，在其中一个区域下部加 1 滴多价菌体（O）抗血清，在另一区域下部加 1 滴生理盐水，作为对照。再用无菌的接种环或针分别将两个区域内的菌苔研成乳状液。将玻片倾斜摇动混合 1 min，并对着黑暗背景进行观察，任何程度的凝集现象皆为阳性反应。O 血清不凝集时，将菌株接种在琼脂量较高的（如 2%～3%）培养基上再检查；如果是由于 Vi 抗原的存在阻止了 O 凝集反应，可挑取菌苔于 1 mL 生理盐水中做成浓菌液，于酒精灯火焰上煮沸后再检查。

多价鞭毛抗原（H）鉴定：操作同多价菌体抗原（O）鉴定。H 抗原发育不良时，将菌株接种在 0.55%～0.65%半固体琼脂平板的中央，待菌落蔓延生长时，在其边缘部分取菌检查；或将菌株通过接种装有 0.3%～0.4%半固体琼脂的小玻管 1～2 次，自远端取菌培养后再检查。

3. 结果报告 综合以上生化试验和血清学鉴定的结果，报告 25 g（mL）样品中检出或未检出沙门氏菌。

二、诺如病毒检验（GB 4789.42—2016）

本方法适用于贝类，生食蔬菜，胡萝卜、瓜、坚果等硬质表面食品，草莓、番茄、葡萄等软质水果等食品中诺如病毒核酸的检测。

1. 检验程序 诺如病毒检验程序如图 8-5 所示。

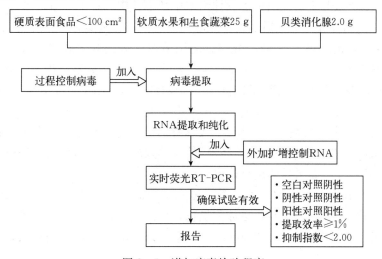

图 8-5　诺如病毒检验程序

2. 检验方法

（1）病毒提取。样品一般应在 4 ℃以下的环境中进行运输。实验室接到样品后应尽快进行检测，如果暂时不能检测应将样品保存在 -80 ℃冰箱中，试验前解冻。样品处理和 PCR 反应应在单独的工作区域或房间进行。每个样品可设置 2～3 个平行处理。

① 软质水果和生食蔬菜。将 25 g 软质水果或生食蔬菜切成约 2.5 cm×2.5 cm×2.5 cm 的小块（如水果或蔬菜小于该体积，可不切）。将样品小块移至带有 400 mL 网状过滤袋的样品袋，加入 40 mL Tris/甘氨酸/牛肉膏（TGBE）缓冲液（软质水果样品，需加入 30 U *Aspergillus niger* 果胶酶，或 1 140 U *Aspergillus aculeatus* 果胶酶），加入 10 μL 过程控制病毒。室温，60 次/min 振荡 20 min。酸性软质水果需在振荡过程中，每隔 10 min 检测 pH，如 pH 低于 9.0，使用 1 mol/L NaOH 调 pH 至 9.5，每调整一次 pH，延长振荡时间 10 min。将振荡液转移至离心管，如体积较大，可使用 2 根离心管。10 000 r/min、4 ℃离心 30 min。取上清液至干净试管或三角瓶，用 1 mol/L HCl 调 pH 至 7.0。加入 0.25 倍体积 5×PEG/NaCl 溶液，使终溶液浓度为 100 g/L PEG，加 0.3 mol/L NaCl。摇匀 60 s，4 ℃、60 次/min 振荡 60 min，10 000 r/min、4 ℃离心 30 min，弃去上清液。10 000 r/min、4 ℃离心 5 min，使沉淀紧实，弃去上清液。取 500 μL 磷酸盐缓冲液（PBS）悬浮沉淀。如食品样品为生食蔬菜，可直接将悬浮液转移至干净试管，测定并记录悬浮液体积，用于后续 RNA 提取。如食品样品为软质水果，将悬浮液转移至耐氯仿试管中。加入 500 μL 氯仿-丁醇混合液，涡旋混匀，室温条件下静置 5 min。10 000 r/min、4 ℃离心 15 min，将液相部分仔细转移至干净试管，测定并记录悬浮液体积，用于后续 RNA 提取。

② 硬质表面食品。将无菌棉拭子使用 PBS 湿润后，用力擦拭食品表面（<100 cm²）。记录擦拭面积。将 10 μL 过程控制病毒添加至该棉拭子。将棉拭子浸入含 490 μL PBS 的试管中，紧贴试管一侧挤压出液体。如此重复浸入和挤压 3～4 次，确保挤压出最大量的病毒，测定并记录液体体积，用于后续 RNA 提取。硬质食品表面过于粗糙，可能会损坏棉拭子，可使用多个棉拭子。

③ 贝类。戴上防护手套，使用无菌贝类剥刀打开至少 10 个贝类。使用无菌剪刀、手术钳或其他等效器具在胶垫上解剖出贝类软体组织中的消化腺，置于干净培养皿中。收集 2.0 g 消化腺。使用无菌刀片或等效均质器将消化腺匀浆后，转移至离心管。加入 10 μL 过程控制病毒。加入 2.0 mL 蛋白酶 K 溶液，混匀。使用恒温摇床或等效装置，37 ℃、320 次/min 振荡 60 min。将试管放入 60 ℃水浴锅或等效装置 15 min。室温条件下 3 000 r/min 离心 5 min，将上清液转移至干净试管，测定并记录上清液体积，用于后续 RNA 提取。

（2）病毒 RNA 提取和纯化。病毒 RNA 可手工提取和纯化，也可使用商品化病毒 RNA 提取纯化试剂盒。提取完成后，为延长 RNA 保存时间可选择性加入 RNase 抑制剂。操作过程中应佩戴一次性橡胶或乳胶手套，并经常更换。提取出来的 RNA 立即进行反应，或保存在 4 ℃条件下小于 8 h。如果长期储存建议 -80 ℃保存。

病毒裂解：将病毒提取液加入离心管，加入病毒提取液等体积 Trizol 试剂，混匀，激烈振荡，室温放置 5 min，加入 0.2 倍体积氯仿，涡旋剧烈混匀 30 s（不能太剧烈，以免产生乳化层，也可用手颠倒混匀），12 000 r/min 离心 5 min，将上层水相移入新离心管中，不能吸出中间层。

病毒 RNA 提取：在离心管中加入等体积异丙醇，颠倒混匀，室温放置 5 min，12 000 r/min 离心 5 min，弃去上清液，倒置于吸水纸上，蘸干液体（不同样品须在吸水纸不同地方蘸干）。

病毒 RNA 纯化：每次加入等体积 75% 乙醇，颠倒洗涤 RNA 沉淀 2 次。4 ℃、12 000 r/min 离心 10 min，小心弃去上清液，倒置于吸水纸上，蘸干液体（不同样品须在吸水纸不同地方蘸干）。或小心倒去上清液，用微量加样器将其吸干，一份样本换用一个吸头，吸头不要碰到沉淀，室温干燥 3 min，不能过于干燥，以免 RNA 不溶。加入 16 μL 无 RNase 超纯水，轻轻混匀，溶解管壁上的 RNA，2 000 r/min 离心 5 s，在冰上保存备用。

（3）质量控制。

① 空白对照。以无 RNase 超纯水作为空白对照（A 反应孔）。

② 阴性对照。以不含有诺如病毒的贝类提取 RNA 作为阴性对照（B 反应孔）。

③ 阳性对照。以外加扩增控制 RNA 作为阳性对照（J 反应孔）。

④ 过程控制病毒。以食品中过程控制病毒 RNA 的提取效率表示食品中诺如病毒 RNA 的提取效率，作为病毒提取过程控制。将过程控制病毒按（2）的步骤提取和纯化 RNA。可大量提取，分装为 10 μL 过程控制病毒的 RNA 量，−80 ℃保存，每次检测时取出使用。将 10 μL 过程控制病毒的 RNA 进行数次 10 倍梯度稀释（D～G 反应孔），加入过程控制病毒引物、探针，采用与诺如病毒实时荧光 RT‑PCR 反应相同的反应条件确定未稀释和梯度稀释过程病毒 RNA 的 C_t 值。以未稀释和梯度稀释过程控制病毒 RNA 的浓度 lg 值为 X 轴，以其 C_t 值为 Y 轴，建立标准曲线，标准曲线 r^2 应≥0.98。未稀释过程控制病毒 RNA 浓度为 100%，梯度稀释过程控制 RNA 浓度分别为 10^{-1}、10^{-2}、10^{-3}等。向含过程控制病毒食品样品 RNA（C 反应孔），加入过程控制病毒引物、探针，采用与诺如病毒实时荧光 RT‑PCR 反应相同的反应体系和参数，进行实时荧光 RT‑PCR 反应，确定 C_t 值，代入标准曲线，计算经过病毒提取等步骤后的过程控制病毒 RNA 浓度。计算提取效率，提取效率＝经病毒提取等步骤后的过程控制病毒 RNA 浓度×100%，即（C 反应孔）C_t 值对应浓度×100%。

⑤ 外加扩增控制。通过外加扩增控制 RNA，计算扩增抑制指数，作为扩增控制。外加扩增控制 RNA 分别加入含过程控制病毒食品样品 RNA（H 反应孔）、10^{-1} 稀释的含过程控制病毒食品样品 RNA（I 反应孔）、无 RNase 超纯水（J 反应孔），加入 GⅠ 或 GⅡ 型引物探针，采用 GB 4789.42—2016《食品安全国家标准 食品微生物学检验 诺如病毒检验》附录 C 的反应体系和参数，进行实时荧光 RT‑PCR 反应，确定 C_t 值。计算扩增抑制指数，抑制指数＝（含过程控制病毒食品样品 RNA＋外加扩增控制 RNA）C_t 值−（无 RNase 超纯水＋外加扩增控制 RNA）C_t 值，即抑制指数＝（H 反应孔）C_t 值−（J 反应孔）C_t 值。如抑制指数≥2.00，需比较 10 倍稀释食品样品的抑制指数，即抑制指数＝（I 反应孔）C_t 值−（J 反应孔）C_t 值。

（4）实时荧光 RT‑PCR。实时荧光 RT‑PCR 反应体系和反应参数详见 GB 4789.42—2016《食品安全国家标准 食品微生物学检验 诺如病毒检验》附录 B。反应体系中各试剂的量可根据具体情况或不同的反应总体积进行适当调整。可采用商业化实时荧光 RT‑PCR 试剂盒。也可增加调整反应孔，实现一次反应完成 GⅠ 和 GⅡ 型诺如病毒的独立检测。将 18.5 μL 实时荧光 RT‑PCR 反应体系添加至反应孔后，不同反应孔加入下述不同物质，检测 GⅠ或 GⅡ基因型诺如病毒。

A 反应孔：空白对照，加入 5 μL 无 RNase 超纯水＋1.5 μL GⅠ或 GⅡ型引物探针。

B 反应孔：阴性对照，加入 5 μL 阴性提取对照 RNA＋1.5 μL GⅠ或 GⅡ型引物探针。

C 反应孔：病毒提取过程控制 1，加入 5 μL 含过程控制病毒食品样品 RNA＋1.5 μL 过程控制病毒引物探针。

D 反应孔：病毒提取过程控制 2，加入 5 μL 过程控制病毒 RNA＋1.5 μL 过程控制病毒引物探针。

E 反应孔：病毒提取过程控制 3，加入 5 μL 10^{-1} 倍稀释过程控制病毒 RNA＋1.5 μL 过程控制病毒引物探针。

F 反应孔：病毒提取过程控制 4，加入 5 μL 10^{-2} 倍稀释过程控制病毒 RNA＋1.5 μL 过程控制病毒引物探针。

G 反应孔：病毒提取过程控制 5，加入 5 μL 10^{-3} 倍稀释过程控制病毒 RNA＋1.5 μL 过程控制病毒引物探针。

H 反应孔：扩增控制 1，加入 5 μL 含过程控制病毒食品样品 RNA＋1 μL 外加扩增控制 RNA＋1.5 μL GⅠ或 GⅡ型引物探针。

I 反应孔：扩增控制 2，加入 5 μL 10^{-1} 倍稀释的含过程控制病毒食品样品 RNA＋1 μL 外加扩增控制 RNA＋1.5 μL GⅠ或 GⅡ型引物探针。

J 反应孔：扩增控制 3/阳性对照，加入 5 μL 无 RNase 超纯水＋1 μL 外加扩增控制 RNA＋1.5 μL GⅠ或 GⅡ型引物探针。

K 反应孔：样品 1，加入 5 μL 含过程控制病毒食品样品 RNA＋1.5 μL GⅠ或 GⅡ型引物探针。

L 反应孔：样品 2，加入 5 μL 10^{-1} 倍稀释的含过程控制病毒食品样品 RNA＋1.5 μL GⅠ或 GⅡ型引物探针。

3. 结果报告

（1）检测有效性判定。需满足以下质量控制要求，检测方有效：空白对照阴性（A 反应孔）；阴性对照阴性（B 反应孔）；阳性对照（J 反应孔）阳性。过程控制（C～G 反应孔）需满足：提取效率≥1%；如提取效率＜1%，需重新检测；但如提取效率＜1%，检测结果为阳性，也可酌情判定为阳性。扩增控制（H～J 反应孔）需满足：抑制指数＜2.00；如抑制指数≥2.00，需比较 10 倍稀释食品样品的抑制指数；如 10 倍稀释食品样品扩增的抑制指数＜2.00，则扩增有效，且需采用 10 倍稀释食品样品 RNA 的 C_t 值作为结果；10 倍稀释食品样品扩增的抑制指数也≥2.00 时，扩增可能无效，需要重新检测；但如抑制指数≥2.00，检测结果为阳性，也可酌情判定为阳性。

（2）结果判定。待测样品的 C_t 值≥45 时，判定为诺如病毒阴性；待测样品的 C_t 值≤38 时，判定为诺如病毒阳性；待测样品 38＜C_t 值＜45 时，应重新检测；重新检测结果≥45 时，判定为诺如病毒阴性；重新检测结果≤38 时，判定为诺如病毒阳性。

（3）报告。根据检测结果，报告"检出诺如病毒基因"或"未检出诺如病毒基因"。

三、李斯特氏菌检验（GB 4789.30—2016）

本方法适用于食品中单核细胞增生李斯特氏菌的定性检验。

1. 检验程序　单核细胞增生李斯特氏菌定性检验程序如图 8-6 所示。

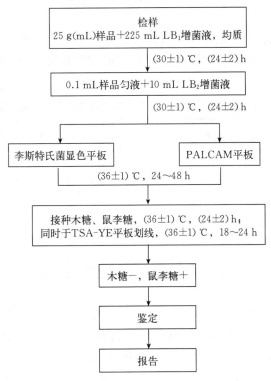

图 8-6　单核细胞增生李斯特氏菌定性检验程序

2. 检验方法

（1）增菌。以无菌操作取样品 25 g（mL）加到含有 225 mL LB$_1$ 增菌液（李氏增菌肉汤）的均质袋中，在拍击式均质器上连续均质 1～2 min；或放入盛有 225 mL LB$_1$ 增菌液的均质杯中，8 000～10 000 r/min 均质 1～2 min。（30±1）℃培养（24±2）h，移取 0.1 mL，转种于 10 mL LB$_2$ 增菌液（李氏增菌肉汤）内，（30±1）℃培养（24±2）h。

（2）分离。取 LB$_2$ 二次增菌液划线接种于李斯特氏菌显色平板和 PALCAM 琼脂平板，（36±1）℃培养 24～48 h，观察各个平板上生长的菌落。典型菌落在 PALCAM 琼脂平板上为小的圆形灰绿色菌落，周围有棕黑色水解圈，有些菌落有黑色凹陷；在李斯特氏菌显色平板上的菌落特征，参照产品说明进行判定。

（3）初筛。自选择性琼脂平板上分别挑取 3～5 个典型或可疑菌落，分别接种木糖、鼠李糖发酵管，（36±1）℃培养（24±2）h，同时在含 0.6% 酵母浸膏的胰酪胨大豆琼脂（TSA-YE）平板上划线，（36±1）℃培养 18～24 h，然后选择木糖阴性、鼠李糖阳性的纯培养物继续进行鉴定。

（4）鉴定（或选择生化鉴定试剂盒或全自动微生物鉴定系统等）。

① 染色镜检。李斯特氏菌为革兰氏阳性短杆菌，大小为（0.4～0.5 μm）×（0.5～2.0 μm）；用生理盐水制成菌悬液，在油镜或相差显微镜下观察，该菌出现轻微旋转或翻滚样的运动。

② 动力试验。挑取纯培养的单个可疑菌落穿刺半固体或 SIM 动力培养基，25～30 ℃培养 48 h，李斯特氏菌有动力，在半固体或 SIM 培养基上方呈伞状生长，如伞状生长不明显，可继续培养 5 d，再观察结果。

③ 生化鉴定。挑取纯培养的单个可疑菌落，进行过氧化氢酶试验，过氧化氢酶阳性反应的菌落继续进行糖发酵试验和 MR-VP 试验。单核细胞增生李斯特氏菌的主要生化特征见表 8-6。

表 8-6 单核细胞增生李斯特氏菌生化特征与其他李斯特氏菌的区别

菌种	溶血反应	葡萄糖	麦芽糖	MR-VP	甘露醇	鼠李糖	木糖	七叶苷
单核细胞增生李斯特氏菌	+	+	+	+/+	−	+	−	+
格氏李斯特氏菌	−	+	+	+/+	+	+	−	+
斯氏李斯特氏菌	+	+	+	+/+	−	−	+	+
威氏李斯特氏菌	+	+	+	+/+	−	V	+	+
伊氏李斯特氏菌	+	+	+	+/+	−	−	+	+
英诺克李斯特氏菌	−	+	+	+/+	−	V	+	+

注：＋阳性；－阴性；V 反应不定。

④ 溶血试验。将新鲜的羊血琼脂平板底面划分为 20～25 个小格，挑取纯培养的单个可疑菌落刺种到血平板上，每格刺种一个菌落，并刺种阳性对照菌（单增李斯特氏菌、伊氏李斯特氏菌和斯氏李斯特氏菌）和阴性对照菌（英诺克李斯特氏菌），穿刺时尽量接近底部，但不要触到底面，同时避免琼脂破裂，（36±1）℃培养 24～48 h，于明亮处观察，单增李斯特氏菌呈现狭窄、清晰、明亮的溶血圈，斯氏李斯特氏菌在刺种点周围产生弱的透明溶血圈，英诺克李斯特氏菌无溶血圈，伊氏李斯特氏菌产生宽的、轮廓清晰的 β-溶血区域，若结果不明显，可置于 4 ℃冰箱中 24～48 h 再观察。

注：也可用划线接种法。

⑤ 协同溶血试验 cAMP（可选项目）。在羊血琼脂平板上平行划线接种金黄色葡萄球菌和马红球菌，挑取纯培养的单个可疑菌落垂直划线接种于平行线之间，垂直线两端不要触及平行线，距离 1～2 mm，同时接种单核细胞增生李斯特氏菌、英诺克李斯特氏菌、伊氏李斯特氏菌和斯氏李斯特氏菌，（36±1）℃培养 24～48 h。单核细胞增生李斯特氏菌在靠近金黄色葡萄球菌处出现约 2 mm 的 β-溶血增强区域，斯氏李斯特氏菌也出现微弱的溶血增强区域，伊氏李斯特氏菌在靠近马红球菌处出现 5～10 mm 的箭头状 β-溶血增强区域，英诺克李斯特氏菌不产生溶血现象。若结果不明显，可置于 4 ℃冰箱中 24～48 h 再观察。

注：5％～8％的单核细胞增生李斯特氏菌在马红球菌一端有溶血增强现象。

（5）小鼠毒力试验（可选项目）。将符合上述特性的纯培养物接种于含 0.6％酵母浸膏的胰酪胨大豆肉汤（TSB-YE）中，（36±1）℃培养 24 h，4 000 r/min 离心 5 min，弃去上清液，用无菌生理盐水制备成浓度为 10^{10} CFU/mL 的菌悬液，取此菌悬液对 3～5 只小鼠进行腹腔注射，每只 0.5 mL，同时观察小鼠死亡情况。接种致病株的小鼠于 2～5 d 内死亡。试验设单增李斯特氏菌致病株和灭菌生理盐水对照组。单核细胞增生李斯特氏菌、伊氏李斯特氏菌对小鼠有致病性。

3. 结果报告 综合以上生化试验和溶血试验的结果，报告 25 g（mL）样品中检出或未检出单核细胞增生李斯特氏菌。

 实训操作

金黄色葡萄球菌检验（GB 4789.10—2016）

【实训目的】学会并掌握金黄色葡萄球菌的定性检验方法和技术要求。

【检验程序】金黄色葡萄球菌的检验程序如图 8-7 所示。

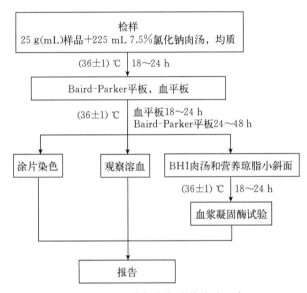

图 8-7 金黄色葡萄球菌检验程序

【操作步骤】

1. 样品的处理 称取 25 g 样品至盛有 225 mL 7.5％氯化钠肉汤的无菌均质杯内，8 000～10 000 r/min 均质 1～2 min，或放入盛有 225 mL 7.5％氯化钠肉汤的无菌均质袋中，用拍击式均质器拍打 1～2 min。若样品为液态，吸取 25 mL 样品至盛有 225 mL 7.5％氯化钠肉汤的无菌锥形瓶（瓶内可预置适当数量的无菌玻璃珠）中，振荡混匀。

2. 增菌 将上述样品匀液（36±1）℃培养 18～24 h。金黄色葡萄球菌在 7.5％氯化钠肉汤中生长，致使肉汤混浊。

3. 分离 将增菌后的培养物，分别划线接种到 Baird-Parker 平板和血平板，血平板（36±1）℃培养 18～24 h。Baird-Parker 平板（36±1）℃培养 24～48 h。

4. 初步鉴定 金黄色葡萄球菌在 Baird-Parker 平板上呈圆形、表面光滑、凸起、湿润、菌落直径为 2～3 mm，颜色呈灰黑色至黑色，有光泽，常有浅色（非白色）的边缘，周围绕以不透明圈（沉淀），其外常有一清晰带。当用接种针触及菌落时具有黄油样黏稠感。有时可见到不分解脂肪的菌株，除没有不透明圈和清晰带外，其他外观基本相同。从长期储存的冷冻或脱水食品中分离的菌落，其黑色常较典型菌落浅些，且外观可能较粗糙，质地较

干燥。在血平板上，形成菌落较大，圆形、光滑凸起、湿润、金黄色（有时为白色），菌落周围可见完全透明溶血圈。挑取上述可疑菌落进行革兰氏染色镜检及血浆凝固酶试验。

5. 确证鉴定

（1）染色镜检。金黄色葡萄球菌为革兰氏阳性球菌，排列呈葡萄球状，无芽孢，无荚膜，直径为 $0.5\sim1~\mu m$。

（2）血浆凝固酶试验。挑取 Baird‐Parker 平板或血平板上至少 5 个可疑菌落（小于 5 个全选），分别接种到 5 mL 脑心浸出液肉汤（BHI）和营养琼脂小斜面，（36±1）℃培养 18～24 h。

取新鲜配制兔血浆 0.5 mL，放入小试管中，再加入 BHI 培养物 0.2～0.3 mL，振荡摇匀，置于（36±1）℃温箱或水浴箱内，每半小时观察一次，观察 6 h，如呈现凝固（即将试管倾斜或倒置时，呈现凝块）或凝固体积大于原体积的一半，判定为阳性结果。同时以血浆凝固酶试验阳性和阴性葡萄球菌菌株的肉汤培养物作为对照。也可用商品化的试剂，按说明书操作，进行血浆凝固酶试验。

结果如可疑，挑取营养琼脂小斜面的菌落到 5 mL BHI，（36±1）℃培养 18～48 h，重复试验。

6. 葡萄球菌肠毒素的检验（选做）　可疑食物中毒样品或产生葡萄球菌肠毒素的金黄色葡萄球菌菌株的鉴定，应按 GB 4789.10—2016《食品安全国家标准　食品微生物学检验　金黄色葡萄球菌检验》附录 B 检测葡萄球菌肠毒素。

【结果报告】

结果判定：符合初步鉴定和确证鉴定，可判定为金黄色葡萄球菌。

结果报告：在 25 g（mL）样品中检出或未检出金黄色葡萄球菌。

项目总结

食品中菌落总数、大肠菌群和致病菌这三项微生物指标，反映了食品在生产过程中的卫生情况，体现食品被细菌污染的程度，是做出科学卫生评价的重要指标。生产实践中在利用菌落总数评定食品的卫生质量时，还必须结合大肠菌群和致病菌的检验结果综合分析，才能得出比较正确的判断。

问题思考

1. 什么是菌落总数？

2. 要使平板菌落计数准确，要掌握哪几个关键？

3. 什么是大肠菌群？

4. 大肠菌群 MPN 计数法测定大肠菌群的原理是什么？

5. 沙门氏菌的检测有哪些基本的步骤？

6. 诺如病毒的检测有哪些基本的步骤？

7. 李斯特氏菌的检测有哪些基本的步骤？

参 考 文 献

贾君，2018. 食品分析与检验技术［M］. 北京：中国农业出版社 .

姜黎，2010. 食品理化检验与分析［M］. 天津：天津大学出版社 .

林继元，边亚娟，2011. 食品理化检验技术［M］. 武汉：武汉理工大学出版社 .

陆叙元，2012. 食品分析检测［M］. 杭州：浙江大学出版社 .

彭珊珊，2011. 食品分析检测及其实训教程［M］. 北京：中国轻工业出版社 .

唐三定，2010. 农产品质量检测技术［M］. 北京：中国农业大学出版社 .

王朝臣，吴君艳，2013. 食品理化检验项目化教程［M］. 北京：化学工业出版社 .

王辉，2010. 农产品营养物质分析［M］. 北京：中国农业大学出版社 .

徐思源，2013. 食品分析与检验［M］. 北京：中国劳动社会保障出版社 .

杜宗绪，刘小宁，2017. 园艺产品质量检测［M］.2 版 . 北京：中国农业出版社 .

王正云，孙卫华，2015. 农产品质量检测技术［M］. 北京：中国农业出版社 .

朱克永，2011. 食品检测技术［M］. 北京：科学出版社 .

读者意见反馈

亲爱的读者：

感谢您选用中国农业出版社出版的职业教育规划教材。为了提升我们的服务质量，为职业教育提供更加优质的教材，敬请您在百忙之中抽出时间对我们的教材提出宝贵意见。我们将根据您的反馈信息改进工作，以优质的服务和高质量的教材回报您的支持和爱护。

地　　址：北京市朝阳区麦子店街 18 号楼（100125）

　　　　　中国农业出版社职业教育出版分社

联系方式：QQ（1492997993）

教材名称：＿＿＿＿＿＿＿　ISBN：＿＿＿＿＿＿＿

个人资料

姓名：＿＿＿＿＿＿＿＿＿　所在院校及所学专业：＿＿＿＿＿＿＿＿＿

通信地址：＿＿＿＿＿＿＿＿＿＿＿＿＿＿＿＿＿＿＿＿＿＿＿＿

联系电话：＿＿＿＿＿＿＿＿＿　电子信箱：＿＿＿＿＿＿＿＿＿＿＿

您使用本教材是作为：□指定教材□选用教材□辅导教材□自学教材

您对本教材的总体满意度：

　从内容质量角度看□很满意□满意□一般□不满意

　　改进意见：＿＿＿＿＿＿＿＿＿＿＿＿＿＿＿＿＿＿＿＿＿＿＿

　从印装质量角度看□很满意□满意□一般□不满意

　　改进意见：＿＿＿＿＿＿＿＿＿＿＿＿＿＿＿＿＿＿＿＿＿＿＿

本教材最令您满意的是：

□指导明确□内容充实□讲解详尽□实例丰富□技术先进实用□其他＿＿＿＿＿

您认为本教材在哪些方面需要改进？（可另附页）

□封面设计□版式设计□印装质量□内容□其他＿＿＿＿＿＿＿＿＿＿

您认为本教材在内容上哪些地方应进行修改？（可另附页）

＿＿＿＿＿＿＿＿＿＿＿＿＿＿＿＿＿＿＿＿＿＿＿＿＿＿＿＿＿＿＿＿

＿＿＿＿＿＿＿＿＿＿＿＿＿＿＿＿＿＿＿＿＿＿＿＿＿＿＿＿＿＿＿＿

本教材存在的错误：（可另附页）

第＿＿＿＿页，第＿＿＿＿行：＿＿＿＿＿＿应改为：＿＿＿＿＿＿

第＿＿＿＿页，第＿＿＿＿行：＿＿＿＿＿＿应改为：＿＿＿＿＿＿

第＿＿＿＿页，第＿＿＿＿行：＿＿＿＿＿＿应改为：＿＿＿＿＿＿

您提供的勘误信息可通过 QQ 发给我们，我们会安排编辑尽快核实改正，所提问题一经采纳，会有精美小礼品赠送。非常感谢您对我社工作的大力支持！

欢迎访问"全国农业教育教材网"http：//www. qgnyjc. com（此表可在网上下载）

欢迎登录"中国农业教育在线"http：//www. ccapedu. com 查看更多网络学习资源

欢迎登录"智农书苑"read. ccapedu. com 阅读更多纸数融合教材

图书在版编目（CIP）数据

农产品质量检测技术 / 杜宗绪，王正云主编 . —2
版 . —北京：中国农业出版社，2021.12
高等职业教育农业农村部"十三五"规划教材 高等
职业教育"十四五"规划教材
ISBN 978 - 7 - 109 - 28949 - 9

Ⅰ.①农…　Ⅱ.①杜…②王…　Ⅲ.①农产品－质量
检验－高等职业教育－教材　Ⅳ.①S37

中国版本图书馆 CIP 数据核字（2021）第 242850 号

中国农业出版社出版

地址：北京市朝阳区麦子店街 18 号楼
邮编：100125
责任编辑：彭振雪　文字编辑：郝小青
版式设计：杜　然　责任校对：沙凯霖
印刷：北京印刷一厂
版次：2015 年 4 月第 1 版　2021 年 12 月第 2 版
印次：2021 年 12 月第 2 版北京第 1 次印刷
发行：新华书店北京发行所
开本：787mm×1092mm　1/16
印张：16.25
字数：370 千字
定价：48.80 元